Java Web 程序开发入门

传智播客高教产品研发部 编著

清华大学出版社
北 京

内容简介

本书从 Web 开发初学者的角度出发，深刻且通俗地揭示了 Java Web 开发的内幕。全书共 9 章，详细讲解了从 XML 基础到 HTTP 协议，从 Tomcat 开发 Web 站点到 HttpServletResponse 和 HttpservletRequest 的应用，从 Servlet 技术到 JSP 技术，以及 Cookie、Session、JavaBean 等 Java Web 开发的各方面的知识和技巧。本书深入浅出，用通俗易懂的语言阐述其中涉及的概念，并通过结合典型翔实的 Web 应用案例、分析案例代码、解决常见问题等方式，帮助初学者真正明白 Web 应用程序开发的全过程。

本书为 Java Web 开发入门教材，让初学者达到能够灵活使用 Java 语言开发 Web 应用程序的程度。为了让初学者易于学习，本书力求内容通俗易懂，讲解寓教于乐，同时针对书中的每个知识点，都精心设计了经典案例，让初学者真正理解这些知识点在实际工作中如何去运用。

本书附有配套视频、源代码、习题、教学课件等资源；另外，为了帮助初学者更好地学习本书讲解的内容，还提供了在线答疑，希望得到更多读者的关注。

本书适合作为高等院校计算机相关专业程序设计或者 Web 项目开发的教材，是一本适合广大计算机编程爱好者的优秀读物。

图书在版编目(CIP)数据

Java Web 程序开发入门/传智播客高教产品研发部编著. —北京：清华大学出版社，2015（2023.7重印）
ISBN 978-7-302-38794-7

Ⅰ.①J… Ⅱ.①传… Ⅲ.①JAVA 语言—程序设计 Ⅳ.①TP312

中国版本图书馆 CIP 数据核字(2014)第 287328 号

责任编辑：袁勤勇　薛　阳
封面设计：傅瑞学
责任校对：白　蕾
责任印制：刘海龙

出版发行：清华大学出版社
网　　址：http://www.tup.com.cn，http://www.wqbook.com
地　　址：北京清华大学学研大厦 A 座　　**邮　　编：**100084
社 总 机：010-83470000　　**邮　　购：**010-62786544
投稿与读者服务：010-62776969，c-service@tup.tsinghua.edu.cn
质量反馈：010-62772015，zhiliang@tup.tsinghua.edu.cn
课件下载：http://www.tup.com.cn，010-83470236
印 装 者：三河市天利华印刷装订有限公司
经　　销：全国新华书店
开　　本：185mm×260mm　**印　张：**18.75　**插　页：**1　**字　数：**438 千字
(附光盘 1 张)
版　　次：2015 年 2 月第 1 版　　**印　　次：**2023 年 7 月第 20 次印刷
定　　价：56.00元

产品编号：062803-05

序言

本书的创作公司——江苏传智播客教育科技股份有限公司(简称"传智教育")作为第一个实现A股IPO上市的教育企业,是一家培养高精尖数字化专业人才的公司,公司主要培养人工智能、大数据、智能制造、软件、互联网、区块链、数据分析、网络营销、新媒体等领域的人才。公司成立以来紧随国家科技发展战略,在讲授内容方面始终保持前沿先进技术,已向社会高科技企业输送数十万名技术人员,为企业数字化转型、升级提供了强有力的人才支撑。

公司的教师团队由一批拥有10年以上开发经验,且来自互联网企业或研究机构的IT精英组成,他们负责研究、开发教学模式和课程内容。公司具有完善的课程研发体系,一直走在整个行业的前列,在行业内竖立起了良好的口碑。公司在教育领域有2个子品牌:黑马程序员和院校邦。

一、黑马程序员——高端IT教育品牌

"黑马程序员"的学员多为大学毕业后想从事IT行业,但各方面条件还不成熟的年轻人。"黑马程序员"的学员筛选制度非常严格,包括了严格的技术测试、自学能力测试,还包括性格测试、压力测试、品德测试等。百里挑一的残酷筛选制度确保了学员质量,并降低了企业的用人风险。

自"黑马程序员"成立以来,教学研发团队一直致力于打造精品课程资源,不断在产、学、研3个层面创新自己的执教理念与教学方针,并集中"黑马程序员"的优势力量,有针对性地出版了计算机系列教材百余种,制作教学视频数百套,发表各类技术文章数千篇。

二、院校邦——院校服务品牌

院校邦以"协万千名校育人、助天下英才圆梦"为核心理念,立足于中国职业教育改革,为高校提供健全的校企合作解决方案,其中包括原创教材、高校教辅平台、师资培训、院校公开课、实习实训、协同育人、专业共建、传智杯大赛等,形成了系统的高校合作模式。院校邦旨在帮助高校深化教学改革,实现高校人才培养与企业发展的合作共赢。

(一)为大学生提供的配套服务

1. 请同学们登录"高校学习平台",免费获取海量学习资源。平台可以帮助高校学生解决各类学习问题。

高校学习平台

2. 针对高校学生在学习过程中的压力等问题，院校邦面向大学生量身打造了 IT 学习小助手——“邦小苑”，可提供教材配套学习资源。同学们快来关注“邦小苑”微信公众号。

小苑”微信公众号

(二) 为教师提供的配套服务

1. 院校邦为所有教材精心设计了“教案＋授课资源＋考试系统＋题库＋教学辅助案例”的系列教学资源。高校老师可登录“高校教辅平台”免费使用。

高校教辅平台

2. 针对高校教师在教学过程中存在的授课压力等问题，院校邦为教师打造了教学好帮手——“传智教育院校邦”，可搜索公众号“传智教育院校邦”，也可扫描“码大牛”老师微信(或 QQ：2770814393)，获取最新的教学辅助资源。

大牛老师微信号

三、意见与反馈

为了让教师和同学们有更好的教材使用体验，您如有任何关于教材的意见或建议请扫描下方二维码进行反馈。感谢对我们工作的支持。

前言 Foreword

关于本书

作为一种技术的入门教程，最重要且最难的一件事情就是要将一些非常复杂、难以理解的思想和问题简单化，让初学者能够轻松理解并快速掌握。本教材对每个知识点都进行了深入的分析，并针对每个知识点精心设计了相关案例，然后模拟这些知识点在实际工作中的运用，真正做到了知识的由浅入深、由易到难。为确保教材通俗易懂，在教材编写的过程中，我们还让600多名初学者参与到了教材试读中，对初学者反馈上来的难懂地方均作了一一修改。

为了加快推进党的二十大精神进教材、进课堂、进头脑，本书秉承“坚持教育优先发展，加快建设教育强国、科技强国、人才强国”的思想对教材的编写进行策划。通过教材研讨会、师资培训等渠道，广泛调动教学改革经验丰富的高校教师以及具有多年开发经验的技术人员共同参与教材编写与审核，让知识的难度与深度、案例的选取与设计，既满足职业教育特色，又满足产业发展和行业人才需求。

本书结合创新驱动发展的重要意义，以任务驱动的方式对知识进行讲解。在针对Java Web基础知识进行深入分析的同时，以市场需求作为知识的学习导向，设计对应的知识任务，每个任务的实现都经过逐层分解，融入解决问题的思路，尽可能地使读者可以学以致用，具备解决实际问题的能力。从而全面提高人才自主培养质量，加快现代信息技术与教育教学的深度融合，进一步推动高质量教育体系的发展。

本教材共分为9章，接下来分别对每章进行简单的介绍，具体如下：

- 第1章主要介绍了XML的相关知识。通过本章的学习，初学者需要真正认识XML，知道XML是一种实现数据交换的语言，并且要学会使用DTD和Schema约束定义和描述XML文档。
- 第2章讲解了Tomcat开发Web站点的一些基础知识，包括Tomcat的安装、Web应用的发布、虚拟主机的配置以及Eclipse配置Tomcat服务器，通过本章的学习，要求初学者能够自己动手搭建Web站点，并且自己会配置Tomcat服务器。

- 第 3 章针对 HTTP 协议进行了详细讲解，HTTP 是浏览器和服务器交互最重要的协议，对于 Web 开发者而言，掌握 HTTP 协议是非常重要的，要求初学者能熟练掌握 HTTP 请求和响应消息每个字段所代表的含义，深入理解 HTTP 协议。
- 第 4～8 章是 Java Web 开发的核心技术，主要讲解了开发动态 Web 网页的 Servlet 和 JSP 技术、请求和响应对象的应用以及会话技术，要求初学者掌握开发动态网页的原理，学会编写简单的 Servlet 和 JSP，可以独立开发一些常见网站的功能。
- 第 9 章讲解了 JSP 开发中的一些常见模型，包括 JSP Model 和 MVC 模型。在讲解 JSP 常见模型时，采用图例的形式，将不同模型的工作原理形象地描绘出来，并且对不同的模型进行比较，加深初学者对不同模型优缺点的认识，以便实际开发中更好地应用模型进行 Web 开发。

在上面所提到的 9 章中，第 1～3 章主要是针对 Web 开发一些比较重要的概念进行详细讲解，这些知识多而细，要求初学者深入理解，奠定好学习后面知识的基础。第 4～8 章是 Web 开发的核心技术，初学者不仅需要掌握原理，还需要动手实践，认真完成教材中每个知识点对应的案例。

另外，如果读者在理解知识点的过程中遇到困难，建议不要纠结于某个地方，可以先往后学习，通常来讲，看到后面对知识点的讲解或者其他小节的内容后，前面看不懂的知识点一般就能理解了。如果读者在动手练习的过程中遇到问题，建议多思考，理清思路，认真分析问题发生的原因，并在问题解决后多总结。

致谢

本教材的编写和整理工作由传智教育完成，主要参与人员有高美云、梁桐、李印东、姜涛、黄云，研发小组全体成员在这近一年的编写过程中付出了很多辛勤的汗水。除此之外，还有传智播客 600 多名学员也参与到了教材的试读工作中，他们站在初学者的角度对教材提供了许多宝贵的修改意见，在此一并表示衷心的感谢。

意见反馈

尽管我们尽了最大的努力，但教材中难免会有不妥之处，欢迎各界专家和读者朋友们给予宝贵意见，我们将不胜感激。若您在阅读本书时发现任何问题或有不认同之处，可以通过电子邮件(itcast_book@vip. sina. com)与我们联系。

江苏传智播客教育科技股份有限公司　高教产品研发部

2023-6 于北京

目录 Contents

第1章 chapter 1

XML 基础

学习目标

- 掌握 XML 的概念，可以区分 XML 与 HTML 的不同。
- 掌握 XML 语法，学会定义 XML。
- 掌握 DTD 约束，会使用 DTD 对 XML 文档进行约束。
- 掌握 Schema 约束，熟练使用 Schema 对 XML 文档进行约束。

思政案例

1.1 XML 概述

在实际开发中，由于不同操作系统存储数据的格式不兼容，因此，当这些系统在进行数据传输时，势必会变得很困难。为此，W3C 组织推出了一种新的数据交换标准——XML，它是一种通用的数据交换格式，可以使数据在各种应用程序之间轻松地实现数据的交换。本章的学习目的就是为了帮助读者快速了解和掌握 XML，为后面深入学习 Java Web 开发技术奠定基础。

1.1.1 W3C 组织简介

W3C 是 World Wide Web Consortium（万维网联盟）的缩写，它是对网络标准定制的一个非赢利组织，如 HTML、XHTML、CSS、XML 的标准就是由 W3C 来制定的。由于 Web 标准的制定无论在影响范围或投资方面都很重要，因此，它不能够由任何一家组织单独控制。在这种情况下，W3C 组织实现了会员制度。W3C 组织的会员包括软件开发商、内容提供商、企业用户、通信公司、研究机构、研究实验室、标准化团体以及政府，会员中包括一些知名 IT 企业，如 IBM、Microsoft、America Online、Apple、Adobe、Macromedia 和 Sun Microsystems 等。

W3C 组织制定了一系列标准。由 W3C 正式发布的标准称为 W3C 推荐标准，一项技术要成为 W3C 的推荐标准，需要经过 7 个步骤。

1. W3C 收到一份提交

任何 W3C 的成员都可以向联盟提交希望成为 Web 标准的某项建议，如果建议的内容在 W3C 的工作范围之内，W3C 将决定是否要对此展开工作。

2. 由 W3C 发布一份记录

通常，一项对 W3C 的提交会成为一份记录，记录是对某项建议的描述，它作为一份公共文档仅供讨论使用。记录的发布并不代表 W3C 对其认可。记录可在任何时间被更新、替换或者废弃。记录的内容由提交此记录的会员来编辑，而不是 W3C。记录的发布也不表明 W3C 已启动与此记录相关的任何工作。

3. 由 W3C 创建一个工作组

当某项提交建议被 W3C 认可后，一个工作组就会成立，其中包括会员和其他有兴趣的团体。工作组通常会定义一个时间表，并发布有关被提议标准的工作草案。

4. 由 W3C 发布一份工作草案

W3C 工作草案通常会被发布于 W3C 的网站上，工作草案会说明当前工作的进展，由于其内容可在任何时间被更新、替换或废弃，因此它不应该被作为工作的参考材料。

5. 由 W3C 发布一份候选的推荐标准

当某些规范比较复杂时，它可能需要会员和软件开发商花费更多的经费、时间来测试。这些规范可能会作为候选推荐标准来发布。候选推荐标准同工作草案一样，也是一种“正在进行的工作”，同样不应被作为工作的参考材料。因为此文档可能在任何时间被更新、替换或废弃。

6. 由 W3C 发布一份被提议的推荐标准

提议的推荐标准的发布意味着工作组中工作的最后阶段。提议的推荐标准也是一种“正在进行的工作”。此文档可在任何时间被更新、替换或废弃。不过，即使它不意味着 W3C 任何官方的认可，在极多的情况下，提议的推荐标准无论在内容还是时间上都已接近于最后的推荐标准。

7. 由 W3C 发布推荐标准

W3C 推荐标准已经通过了 W3C 会员们的评审，并得到了 W3C 主任的正式批准。W3C 推荐标准是一份稳定的文档，可被用作参考材料。

1.1.2 什么是 XML

在现实生活中，很多事物之间都存在着一定的关联关系，例如中国有很多省份，每个省份下又有很多城市。这些省市之间的关联关系可以通过一张树状结构图来描述，具体如图 1-1 所示。

图 1-1 直观地描述了中国与所辖省、市之间的层次关系。但是对于程序而言，解析图片内容非常困难，这时，采用 XML 文件保存这种具有树状结构的数据是最好的选择。

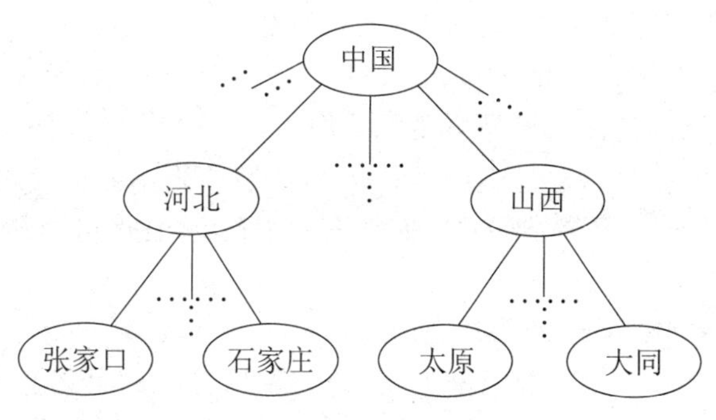

图 1-1 城市关系图

XML是EXtensible Markup Language的缩写，它是一种类似于HTML的标记语言，称为可扩展标记语言。所谓可扩展，指的是用户可以按照XML规则自定义标记。

下面通过一个XML文档来描述如图1-1所示的关系，如例1-1所示。

例 1-1 city. xml

```
1  <中国>
2      <河北>
3          <城市>张家口</城市>
4          <城市>石家庄</城市>
5      </河北>
6      <山西>
7          <城市>太原</城市>
8          <城市>大同</城市>
9      </山西>
10 </中国>
```

在例1-1中，<中国>、<河北>、<城市>都是用户自己创建的标记，它们都可称为元素，这些元素必须成对出现，即包括开始标记和结束标记。例如，在<中国>元素中的开始标记为<中国>，结束标记为</中国>。<中国>被视为整个XML文档的根元素，在它下面有两个子元素，分别是<河北>和<山西>，在这两个子元素中又分别包含两个<城市>元素。在XML文档中，通过元素的嵌套关系可以很准确地描述具有树状层次结构的复杂信息，因此，越来越多的应用程序都采用XML格式来存放相关的配置信息，从而便于读取和修改。

1.1.3 XML与HTML的比较

XML和HTML都是标记文本，它们在结构上大致相同，都是以标记的形式来描述信息。但实际上它们有着本质的区别，为了让初学者不产生混淆，接下来对HTML和XML进行比较，具体如下。

(1) HTML中的标记是用来显示数据的，而XML中的标记用来描述数据的性质和结构。

(2) HTML是不区分大小写的,而XML是严格区分大小写的。

(3) HTML可以有多个根元素,而格式良好的XML有且只能有一个根元素。

(4) HTML中,属性值的引号是可用可不用的,而XML中属性值必须放在引号中。

(5) HTML中,空格是自动过滤的,而XML中空格则不会自动删除。

(6) HTML中的标记是预定义的,而XML中的标记是可以随便定义的,并且可扩展。

需要注意的是,XML不是HTML的升级,也不是HTML的替代产品,虽然两者有些相似,但它们的应用领域和范围完全不同。HTML规范的最终版本是HTML 4.01,它已经被XHTML取代。而XHTML是HTML和XML的混合物,它完全采用XML的语法规则来编写Web页面,有效地结合了HTML的简单性和XML的可扩展性,并且XML可以应用在金融、科研等各个领域,而XHTML只是XML在Web领域的一种应用。

1.2 XML语法

1.2.1 文档声明

在一个完整的XML文档中,可以包含一个XML文档的声明,并且该声明必须位于文档的第一行。这个声明表示该文档是一个XML文档,以及遵循哪个XML版本的规范。XML文档声明的语法格式如下所示:

```
<?xml 版本信息 [编码信息] [文档独立性信息]?>
```

从上面的语法格式中可以看出,文档声明以符号“<?”开头,以符号“?>”结束,中间可以声明版本信息,编码信息以及文档独立性信息。需要注意的是,在“<”和“?”之间、“?”和“>”之间以及第一个“?”和“xml”之间不能有空格;另外,中括号([])括起来的部分是可选的。接下来,针对语法格式中的版本信息、编码信息、文档独立性信息进行详细讲解,具体如下。

1. 版本声明

由于解析器对不同版本的XML文档解析方式不同,因此在文档声明时,必须指定版本信息。版本声明的具体示例如下所示:

```
<?xml version="1.0"?>
```

在上述版本声明中,version属性表示XML的版本。目前,最常用的XML版本是1.0。

2. 文档编码声明

由于人们可以采用不同的字符集编码来书写一个字符内容完全相同的XML文档,

所以，XML软件工具需要知道XML文档所使用的编码方式，这时，可以通过在XML文档声明中指定encoding属性来说明。默认情况下，XML文档使用的是UTF-8编码方式。如果要将字符编码声明为GB2312，则示例代码如下所示：

```
<?xml version="1.0" encoding="gb2312"?>
```

3. 独立文档声明

如果我们的文档不依赖外部文档，在XML声明中，可以通过standalone="yes"来声明这个文档是独立的文档。如果文档依赖于外部文档，可以通过standalone="no"来声明。默认情况下，standalone属性的值为no。一个完整的XML声明如下所示：

```
<?xml version="1.0" encoding="gb2312" standalone="yes"?>
```

上面所提的依赖，是指文档需要DTD文件验证其中的标识是否有效，或者需要XSL、CSS文件控制显示外观等，关于DTD文件等相关知识，将在后面的章节中进行详细讲解。

注意：XML声明必须位于文档的第一行，前面不能有任何字符。在XML声明时，如果同时设置了encoding和standalone属性，standalone属性要位于encoding属性之后。

动手体验：加深对encoding属性的理解

对于含有中文字符的XML文档，其中的字符需要采用Unicode或GB2312（简体中文字符编码）编码来表示；同时，XML文档中字符使用的编码方式必须和文档声明中的encoding属性值一致，否则会发生中文乱码问题。接下来，通过一个案例来演示encoding属性的使用，具体步骤如下。

(1) 用Windows自带的记事本程序创建一个名为book.xml的文件，文件内容具体如例1-2所示。

例1-2 book.xml

```
1  <?xml version="1.0"?>
2  <书架>
3      <书>
4          <书名>Java就业培训教程</书名>
5          <作者>张孝祥</作者>
6          <售价>58.00元</售价>
7      </书>
8      <书>
9          <书名>EJB3.0入门经典</书名>
10         <作者>黎活明</作者>
11         <售价>39.00元</售价>
12     </书>
13 </书架>
```

(2) 用IE9.0以下的浏览器打开book.xml文件,结果如图1-2所示。

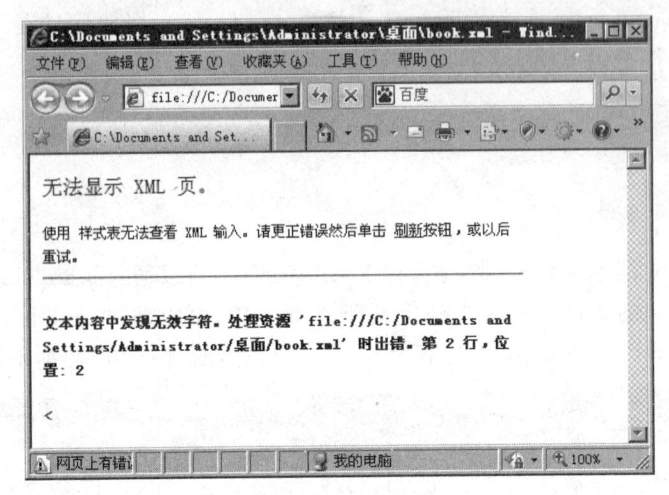

图1-2 运行结果

从图1-2中可以看出,浏览器在解析文档时发生了错误,错误提示信息是“文本内容中发现无效字符”。这是因为在book.xml文档声明语句中没有指定文档中的字符编码方式,浏览器就会用默认的Unicode编码来解析该文档,而该文档中的字符实际上使用的是GB2312编码,而非Unicode编码。需要注意的是,由于IE浏览器的不断更新,IE9以上的浏览器在解析文档时不会提示错误。

(3) 使用记事本程序打开book.xml文件,对第1行进行修改,指定encoding属性的值为GB2312,具体如下:

```
<?xml version="1.0" encoding="GB2312" ?>
```

保存修改后的内容,刷新显示book.xml文件的浏览器窗口,结果如图1-3所示。

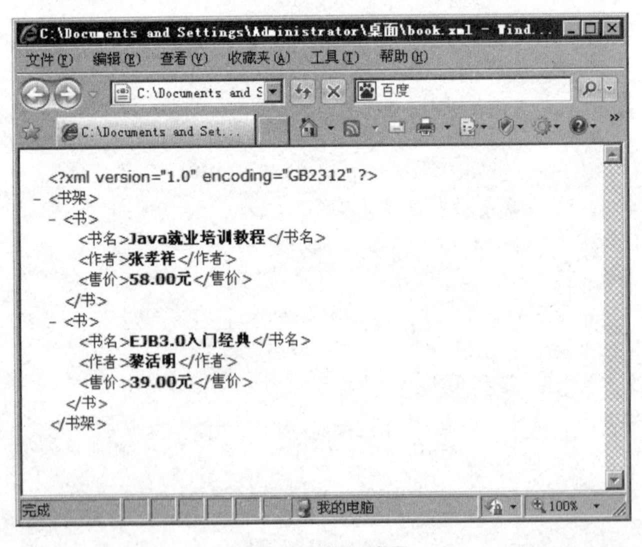

图1-3 运行结果

在图 1-3 中，单击某个标签前面的减号(一)，嵌套在该标签中的所有内容将被折叠起来，标签前面的减号(一)也将变成加号(+)。单击某个标签前面的加号(+)，嵌套在该标签中的所有内容将被展开，标签前面的加号(+)也将变成减号(一)。

(4) 切换到记事本程序打开 book. xml 文件的窗口，连击“文件”→“另存为”选项，在打开的“另存为”对话框中，选择“所有文件”及 UTF-8，具体如图 1-4 所示。

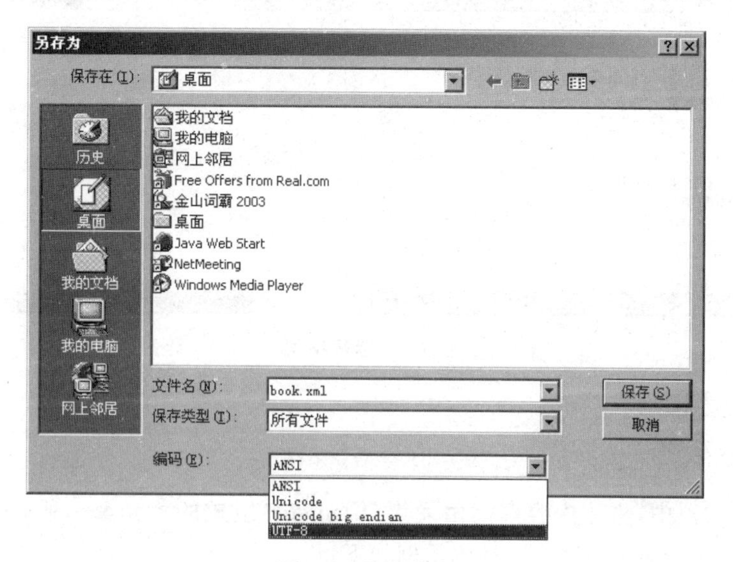

图 1-4　保存方式

在图 1-4 中，以 UTF-8 编码保存 book. xml 文件后，尽管在记事本程序窗口中显示的效果没有任何变化，但是 book. xml 文件内部存储的数据已经改变，此时可以通过比较 book. xml 文件修改前后的大小来观察。刷新显示 book. xml 文件的浏览器窗口，结果如图 1-5 所示。

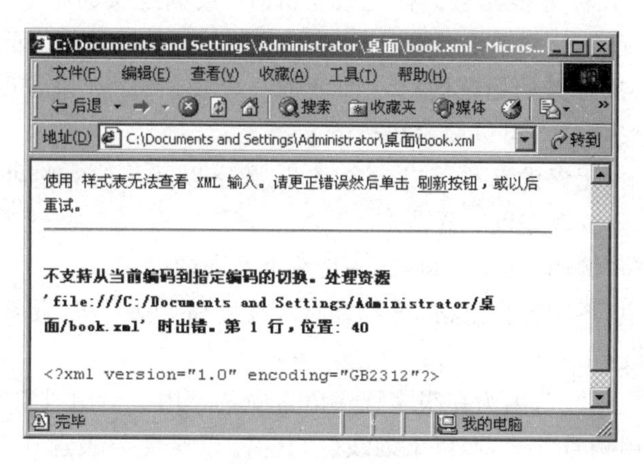

图 1-5　运行结果

从图 1-5 可以看出发生了错误，错误提示为“不支持从当前编码到指定编码的切换”。这是因为现在的 book. xml 文件的字符编码为 UTF-8，而文档声明中指定 encoding 属性为 GB2312，因此，浏览器在解析 book. xml 文件时会发生错误。

(5) 将 book. xml 的文档声明的 encoding 属性修改为 UTF-8,保存后刷新显示 book. xml 文件的浏览器窗口,显示的结果如图 1-6 所示。

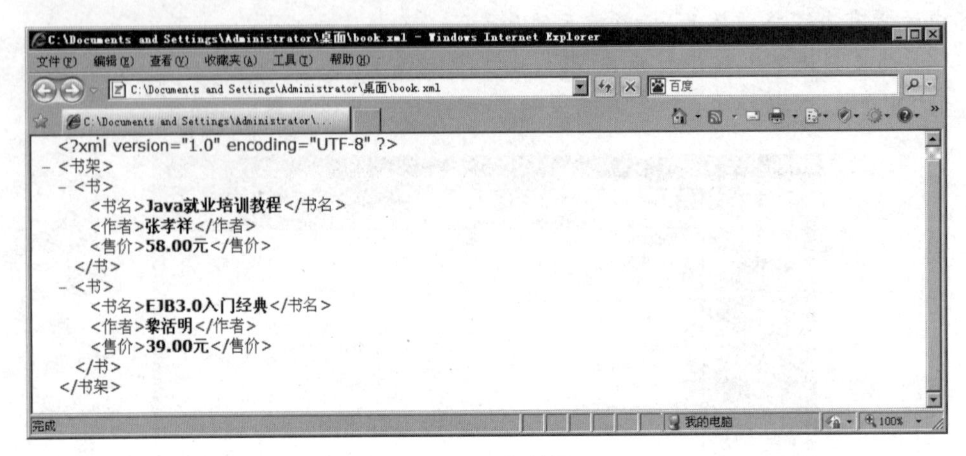

图 1-6 运行结果

1.2.2 元素定义

在 XML 文档中,主体内容都是由元素(Element)组成的。元素一般是由开始标记、属性、元素内容和结束标记构成,具体示例如下:

```
<城市>北京</城市>
```

在上面的示例中,"<城市>"和"</城市>"就是 XML 文档中的标记,标记的名称也就是元素的名称。在一个元素中可以嵌套若干子元素。如果一个元素没有嵌套在其他元素内,则这个元素称为根元素。根元素是 XML 文档定义的第一个元素。如果一个元素中没有嵌套子元素,也没有包含文本内容,则这样的元素称为空元素,空元素可以不使用结束标记,但必须在起始标记的">"前增加一个正斜杠"/"来说明该元素是个空元素,例如:<img></img>可以简写成<img/>。

在 XML 文档中,元素的名称可以包含字母、数字以及其他一些可见的字符,但是在命名 XML 元素时,应该遵守以下规范。

(1) 区分大小写,例如:<P>和<p>是两个不同的标记。

(2) 元素名称中,不能包含空格、冒号、分号、逗号和尖括号等,元素不能以数字开头,否则 XML 文档会报错。

(3) 建议不要使用".",因为在很多程序语言中,"."用于引用对象的属性。

(4) 建议不要用减号(—),而以下划线(_)代替,以避免与表达式中的减号(—)运算符发生冲突。

(5) 建议名称不要以字符组合 xml(或 XML、或 Xml 等)开头。

(6) 建议名称的大小写尽量采用同一标准,要么全部大写,要么全部小写。

(7) 名称可以使用非英文字符,例如中文,但有些软件可能不支持非英文字符以外的字符，在使用时应考虑这种情况。

1.2.3 属性定义

在XML文档中，可以为元素定义属性。属性是对元素的进一步描述和说明。在一个元素中，可以有多个属性，并且每个属性都有自己的名称和取值，具体示例如下：

```
<售价 单位="元">68</售价>
```

在上面的示例中，<售价>中定义了一个属性"单位"。需要注意的是，在XML文档中，属性的命名规范同元素相同，属性值必须要用双引号("")或者单引号('')引起来，否则被视为错误。

另外，属性还可以通过子元素的形式来描述同样的信息，例如，属性定义的示例代码可以改写为以下代码，具体如下：

```
<售价>
    <价格>68</价格>
    <单位>元</单位>
</售价>
```

1.2.4 注释

如果想在XML文档中插入一些附加信息，如作者姓名、地址或电话等信息，或者想暂时屏蔽某些XML语句，这时，可以通过注释的方式来实现，被注释的内容会被程序忽略而不被解析和处理。XML注释和HTML注释写法基本一致，具体语法格式如下所示：

```
<!--注释信息-->
```

从上述语法格式中可以看出，XML注释非常简单，但是，仍有一些细节问题需要注意，具体如下。

(1) 注释不能出现在XML声明之前，XML声明必须是文档的第一行，例如以下语句是非法的。

```
<!--address:czbk-->
<!--Date:2013-6-28-->
<?xml version="1.0"?>
```

(2) 注释不能出现在标记中，例如以下语句是非法的。

```
<greeting<!--Begin greet-->>Hello World!</greeting>
```

(3) 字符串“--”不能在注释中出现。例如以下语句是非法的。

```
<!--This is a Example--Hello World-->
```

(4) 在 XML 中，不允许注释以“--->”结尾，例如以下语句是非法的。

```
<!--This is a Example--->
```

(5) 注释不能嵌套使用，因为第一个“<!--”会匹配在它后面第一次出现的“-->”作为一个完整的注释符，例如以下情况是非法的。

```
<!--
    外部注释
    <!--内部注释-->
-->
```

1.2.5 特殊字符处理

在 XML 文档中，有些字符具有特殊的意义，解析器在解析它时不会将其当作一般字符按照其原始意义进行处理，例如，在 XML 文档中，“<JavaWeb 详解>”会被看作是一个元素，而不是一个书名。接下来，通过一个案例来演示这种情况，如例 1-3 所示。

例 1-3 book. xml

```
1  <?xml version="1.0" encoding="gb2312"?>
2  <书架>
3      <书>
4          <书名><JavaWeb 详解></书名>
5          <作者>张孝祥</作者>
6          <售价>58.00 元</售价>
7      </书>
8      <书>
9          <书名>EJB3.0 入门经典</书名>
10         <作者>黎活明</作者>
11         <售价>39.00 元</售价>
12     </书>
13 </书架>
```

用 IE 9.0 以下的浏览器打开 book. xml 文件，结果如图 1-7 所示。

例 1-3 出现了错误，错误提示“结束标记‘书名’与开始标记‘JavaWeb 详解’不匹配”。这是因为在 XML 文档被解析时，“<JavaWeb 详解>”被看作是一个开始标记，而元素的开始标记必须和结束标记成对出现，所以，当浏览器找不到</JavaWeb 详解>结束标记时，就会报告如图 1-7 所示的错误。

为了解决如图 1-7 所示的问题，XML 针对这些特殊字符提供了对应的转义字符。在

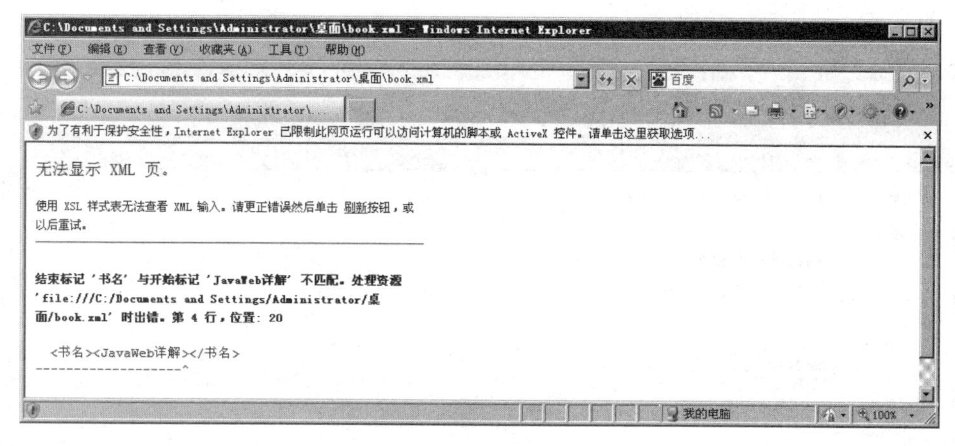

图 1-7 运行结果

XML 文档中，表示这些特殊字符的转义字符序列称为预定义实体。表 1-1 列举了 XML 文档中的特殊字符和预定义实体的对应关系，具体如下。

表 1-1 特殊字符和预定义实体的对照表

特殊字符	预定义实体	特殊字符	预定义实体
&	&	"	"
<	<	'	'
>	>		

表 1-1 中，列举了预定义实体在 XML 文档中的替代字符，接下来对例 1-3 进行修改，将"<JavaWeb 详解>"中的"<"字符修改成"<"">"字符修改成">"，注意"<"和">"中的分号不能省略，修改后的 book.xml 文件如例 1-4 所示。

例 1-4 book.xml

```
1  <?xml version="1.0" encoding="gb2312"?>
2  <书架>
3      <书>
4          <书名>&lt;JavaWeb 详解 &gt;</书名>
5          <作者>张孝祥</作者>
6          <售价>58.00 元</售价>
7      </书>
8      <书>
9          <书名>EJB3.0 入门经典</书名>
10         <作者>黎活明</作者>
11         <售价>39.00 元</售价>
12     </书>
13 </书架>
```

保存文档后，再次用浏览器打开，这时浏览器中显示了正确的"<"和">"字符，如

图 1-8 所示。

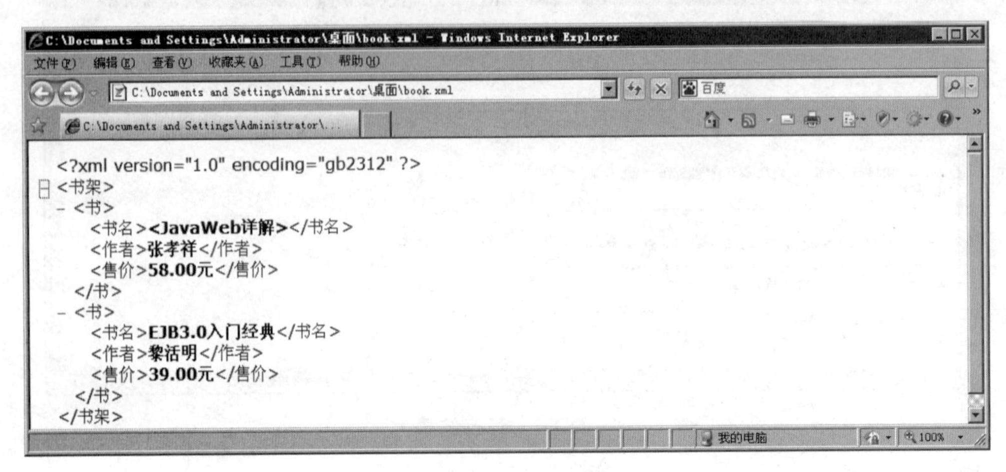

图 1-8 运行结果

1.2.6 CDATA 区

通过 1.2.5 节的学习，了解到 XML 文档中的特殊字符在解析时，可以通过转义字符的方式来处理。但是，当一个 XML 文档中包含一段 Java 代码，代码中存在多个小于号(<)、大于号(>)、双引号(")、单引号(')和单与号(&)这些特殊字符时，如果逐个字符去转换，显然是非常麻烦的，这时，可以将这段代码放在 CDATA 区中。

CDATA 是 Character Data 的简写，即字符数据，CDATA 区指的是不想被程序解析的一段原始数据，它以“<![CDATA[”开始，以“]]>”结束，接下来通过一个案例来演示如何将一段 Java 程序存放在 CDATA 区，如例 1-5 所示。

例 1-5 java.xml

```
1 <?xml version="1.0"?>
2 <java>
3 <![CDATA[
4     if(a>b&&c<b)
5         max=a;
6 ]]>
7 </java>
```

用 IE 5.0 以上的浏览器打开 java.xml 文件，结果如图 1-9 所示。

从运行结果可以看出，CDATA 区中的数据被解析器忽略，全部以原始的形式显示在浏览器上。需要注意的是，在使用 CDATA 区时，其中的“<![CDATA[”不能写成“<![cdata[”或“<![Cdata[”。另外，CDATA 区内部不能出现字符串“]]>”，因为它代表了 CDATA 区的结束标志。

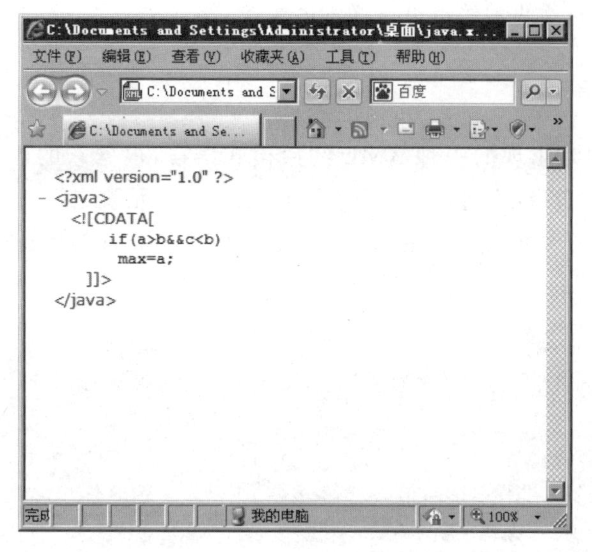

图 1-9　运行结果

1.3　DTD 约束

1.3.1　什么是约束

在现实生活中，如果一篇文章的语法正确，但内容包含违法言论或逻辑错误，这样的文章是不允许发表的。同样，在书写 XML 文档时，其内容必须满足某些条件的限制，先来看一个例子，具体如下：

```
<?xml version="1.0" encoding="gb2312"?>
<书架>
  <书>
      <书名>Java 就业培训教程</书名>
      <作者 姓名="张孝祥"/>
      <售价 单位="元">38</售价>
      <售价 单位="元">28</售价>
  </书>
</书架>
```

在上面的示例中，尽管这个 XML 文档结构是正确的，用 IE 浏览器打开它也不会出现任何问题，但是，由于 XML 文档中的标记是可以随意定义的，同一本书出现了两种售价，如果仅根据标记名称区分哪个是原价，哪个是会员价，这是很难实现的。为此，在 XML 文档中，定义了一套规则来对文档中的内容进行约束，这套约束称为 XML 约束。

对 XML 文档进行约束时，同样需要遵守一定的语法规则，这种语法规则就形成了 XML 约束语言。目前，最常用的两种约束语言是 DTD 约束和 Schema 约束，接下来，在后面的章节中将针对这两种约束进行详细的讲解。

1.3.2 DTD约束

DTD约束是早期出现的一种XML约束模式语言，根据它的语法创建的文件称为DTD文件。在一个DTD文件中，可以包含元素的定义、元素之间关系的定义、元素属性的定义以及实体和符号的定义。接下来通过一个案例来简单认识一下DTD约束，如例1-6和例1-7所示。

例1-6 book. xml

```
1  <?xml version="1.0" encoding="gb2312"?>
2  <书架>
3      <书>
4          <书名>Java就业培训教程</书名>
5          <作者>张孝祥</作者>
6          <售价>58.00元</售价>
7      </书>
8      <书>
9          <书名>EJB3.0入门经典</书名>
10         <作者>黎活明</作者>
11         <售价>39.00元</售价>
12     </书>
13 </书架>
```

例1-7 book. dtd

```
1  <!ELEMENT 书架(书+)>
2  <!ELEMENT 书(书名,作者,售价)>
3  <!ELEMENT 书名(#PCDATA)>
4  <!ELEMENT 作者(#PCDATA)>
5  <!ELEMENT 售价(#PCDATA)>
```

例1-7所示的book. dtd是一个简单的DTD约束文档。在例1-6中，book. xml中定义的每个元素都是按照book. dtd文档所规定的约束进行编写的。接下来针对例1-7所示的约束文档进行详细的讲解，具体如下。

(1) 在第1行中，使用＜!ELEMENT…＞语句定义了一个元素，其中“书架”是元素的名称，“(书＋)”表示书架元素中有一个或者多个书元素，字符＋用来表示它所修饰的成分必须出现一次或者多次。

(2) 在第2行中，“书”是元素名称，“(书名，作者，售价)”表示元素书包含书名、作者、售价这三个子元素，并且这些子元素要按照顺序依次出现。

(3) 在第3～5行中，“书名”、“作者”和“售价”都是元素名称，“(＃PCDATA)”表示元素中嵌套的内容是普通的文本字符串。

对DTD文件有了大致了解后，如果想使用DTD文件约束XML文档，必须在XML文档中引入DTD文件。在XML文档中引入外部DTD文件有两种方式，具体如下：

```
1 <!DOCTYPE 根元素名称 SYSTEM  "外部 DTD 文件的 URI">
2 <!DOCTYPE 根元素名称 PUBLIC "DTD 名称" "外部 DTD 文件的 URI">
```

在上述两种引入DTD文件的方式中，第一种方式用来引用本地的DTD文件，第二种方式用来引用公共的DTD文件，其中“外部DTD文件的URI”指的是DTD文件的存放位置，对于第一种方式，它可以是相对于XML文档的相对路径，也可以是一个绝对路径，而对于第二种方式，它是Internet上的一个绝对URL地址。

接下来对例1-6进行修改，在XML文档中引入本地的DTD文件book.dtd，如例1-8所示。

例1-8 book.xml

```
1  <?xml version="1.0" encoding="gb2312"?>
2  <!DOCTYPE 书架 SYSTEM "book.dtd">
3  <书架>
4      <书>
5          <书名>Java 就业培训教程</书名>
6          <作者>张孝祥</作者>
7          <售价>58.00 元</售价>
8      </书>
9      <书>
10         <书名>EJB3.0 入门经典</书名>
11         <作者>黎活明</作者>
12         <售价>39.00 元</售价>
13     </书>
14 </书架>
```

在例1-8中，由于引入的是本地的DTD文件，因此，使用的是SYSTEM属性的DOCTYPE声明语句。另外，在XML文档的声明语句中，standalone属性不能设置为“yes”。

如果希望引入一个公共的DTD文件，则需要在DOCTYPE声明语句中使用PUBLIC属性，具体示例如下：

```
<!DOCTYPE web-app PUBLIC
 "-//Sun Microsystems, Inc.//DTD Web Application 2.3//EN"
  "http://java.sun.com/dtd/web-app_2_3.dtd">
```

其中，"-//Sun Microsystems, Inc.//DTD Web Application 2.3//EN"是DTD名称，它用于说明DTD符合的标准、所有者的名称以及对DTD描述的文件进行说明，虽然DTD名称看上去比较复杂，但这完全是由DTD文件发布者去考虑的事情，XML文件的编写者只要把 DTD 文件发布者事先定义好的 DTD 标识名称进行复制就可以了。

DTD 对 XML 文档的约束，除了外部引入方式实现外，还可以采用内嵌的方式。在 XML 中直接嵌入 DTD 定义语句的完整语法格式如下所示：

```
<?xml version="1.0"  encoding="gb2312"  standalone="yes"?>
<!DOCTYPE 根元素名 [
  DTD 定义语句
   ⋮
]>
```

接下来对例 1-8 进行修改，在 book.xml 文档中直接嵌入 book.dtd 文件，修改后的代码如例 1-9 所示。

例 1-9 book.xml

```
1  <?xml version="1.0" encoding="gb2312" standalone="yes"?>
2  <!DOCTYPE 书架 [
3      <!ELEMENT 书架 (书+)>
4      <!ELEMENT 书 (书名,作者,售价)>
5      <!ELEMENT 书名 (#PCDATA)>
6      <!ELEMENT 作者 (#PCDATA)>
7      <!ELEMENT 售价 (#PCDATA)>
8  ]>
9  <书架>
10     <书>
11         <书名>Java 就业培训教程</书名>
12         <作者>张孝祥</作者>
13         <售价>58.00 元</售价>
14     </书>
15     <书>
16         <书名>EJB3.0 入门经典</书名>
17         <作者>黎活明</作者>
18         <售价>39.00 元</售价>
19     </书>
20 </书架>
```

例 1-9 实现了在 XML 文档内部直接嵌入 DTD 语句。需要注意的是，由于一个 DTD 文件可能会被多个 XML 文件引用，因此，为了避免在每个 XML 文档中都添加一段相同的 DTD 定义语句，通常都将其放在一个单独的 DTD 文档中定义，采用外部引用的方式对 XML 文档进行约束。这样，不仅便于管理和维护 DTD 定义，还可以使多个 XML 文档共享一个 DTD 文件。

1.3.3 DTD 语法

在编写 XML 文档时，需要掌握 XML 语法。同理，在编写 DTD 文档时，也需要遵循一定的语法。DTD的结构一般由元素类型定义、属性定义、实体定义、记号定义等构成，一个典型的文档类型定义会把将来要创建的XML文档的元素结构、属性类型、实体引用等预先进行定义。接下来，针对DTD结构中所涉及的语法进行详细讲解。

1. 元素定义

元素是XML文档的基本组成部分，在DTD定义中，每一条<!ELEMENT…>语句用于定义一个元素，其基本的语法格式如下所示：

```
<!ELEMENT 元素名称 元素内容>
```

在上面元素的定义格式中，包含“元素名称”和“元素内容”。其中，“元素名称”是自定义的名称，它用于定义被约束XML文档中的元素，“元素内容”是对元素包含内容的声明，包括数据类型和符号两部分，它共有5种内容形式，具体如下。

(1) #PCDATA：表示元素中嵌套的内容是普通文本字符串，其中关键字PCDATA是Parsed Character Data的简写。例如，<!ELEMENT 书名 (#PCDATA)>表示书名所嵌套的内容是字符串类型。

(2) 子元素：说明元素包含的元素。通常用一对圆括号()将元素中要嵌套的一组子元素括起来，例如，<!ELEMENT 书 (书名,作者,售价)>表示元素书中要嵌套书名、作者、售价等子元素。

(3) 混合内容：表示元素既可以包含字符数据，也可以包含子元素。混合内容必须被定义零个或多个，例如，<!ELEMENT 书 (#PCDATA|书名)*>表示书中嵌套的子元素书名包含零个或多个，并且书名是字符串文本格式。

(4) EMPTY：表示该元素既不包含字符数据，也不包含子元素，是一个空元素。如果在文档中元素本身已经表明了明确的含义，就可以在DTD中用关键字EMPTY表明空元素。例如，<!ELEMENT br EMPTY>，其中br是一个没有内容的空元素。

(5) ANY：表示该元素可以包含任何的字符数据和子元素。例如，<!ELEMENT 联系人 ANY>表示联系人可以包含任何形式的内容。但在实际开发中，应该尽量避免使用ANY，因为除了根元素外，其他使用ANY的元素都将失去DTD对XML文档的约束效果。

需要注意的是，在定义元素时，元素内容中可以包含一些符号，不同的符号具有不同的作用，下面介绍一些常见的符号。

(1) 问号[?]：表示该对象可以出现0次或1次。

(2) 星号[*]：表示该对象可以出现0次或多次。

(3) 加号[+]：表示该对象可以出现1次或多次。

(4) 竖线[|]：表示在列出的对象中选择1个。

(5) 逗号[,]：表示对象必须按照指定的顺序出现。

(6) 括号[()]：用于给元素进行分组。

2. 属性定义

在 DTD 文档中，定义元素的同时，还可以为元素定义属性。DTD 属性定义的基本语法格式如下所示：

```
<!ATTLIST 元素名
        属性名 1 属性类型 设置说明
        属性名 2 属性类型 设置说明
        …
>
```

在上面属性定义的语法格式中，“元素名”是属性所属元素的名字，“属性名”是属性的名称，“属性类型”则是用来指定该属性是属于哪种类型，“设置说明”用来说明该属性是否必须出现。关于“属性类型”和“设置说明”的相关讲解，具体如下。

1）设置说明

定义元素的属性时，有 4 种设置说明可以选择，具体如下。

（1）#REQUIRED

#REQUIRED 表示元素的该属性是必需的，例如，当定义联系人信息的 DTD 时，我们希望每一个联系人都有一个联系电话属性，这时，可以在属性声明时，使用 REQUIRED。

（2）#IMPLIED

#IMPLIED 表示元素可以包含该属性，也可以不包含该属性。例如，当定义一本书的信息时，发现书的页数属性对读者无关紧要，这时，在属性声明时，可以使用 IMPLIED。

（3）#FIXED

#FIXED 表示一个固定的属性默认值，在 XML 文档中不能将该属性设置为其他值。使用#FIXED 关键字时，还需要为该属性提供一个默认值。当 XML 文档中没有定义该属性时，其值将被自动设置为 DTD 中定义的默认值。

（4）默认值

和 FIXED 一样，如果元素不包含该属性，该属性将被自动设置为 DTD 中定义的默认值。不同的是，该属性的值是可以改变的，如果 XML 文件中设置了该属性，新的属性值会覆盖 DTD 中定义的默认值。

2）属性类型

在 DTD 中定义元素的属性时，有 10 种属性类型可以选择，具体如下。

（1）CDATA

这是最常用的一种属性类型，表明属性类型是字符数据，与元素内容说明中的#PCDATA 相同。当然，在属性设置值中出现的特殊字符，也需要使用其转义字符序列来表示，例如，用 &表示字符(&)，用 <表示字符(<)等。

(2) Enumerated

在声明属性时，可以限制属性的取值只能从一个列表中选择，这类属性属于Enumerated(枚举类型)。需要注意的是，在DTD定义中并不会出现关键字Enumerated。接下来通过一个案例来学习如何定义Enumerated类型的属性，如例1-10所示。

例 1-10 enum. xml

```
1  <?xml version="1.0" encoding="GB2312" standalone="yes"?>
2  <!DOCTYPE 购物篮 [
3      <!ELEMENT 购物篮 ANY>
4      <!ELEMENT 肉 EMPTY>
5      <!ATTLIST 肉 品种 (鸡肉|牛肉|猪肉|鱼肉)"鸡肉">
6  ]>
7      <购物篮>
8          <肉 品种="鱼肉"/>
9          <肉 品种="牛肉"/>
10         <肉/>
11     </购物篮>
```

在例1-10中，“品种”属性的类型是Enumerated，其值只能为“鸡肉”、“牛肉”、“猪肉”和“鱼肉”，而不能使用其他值。“品种”属性的默认值是“鸡肉”，所以，即使<购物篮>元素中的第三个子元素没有显式定义“品种”这个属性，但它实际上也具有“品种”这个属性，且属性的取值为“鸡肉”。

(3) ID

一个ID类型的属性用于唯一标识XML文档中的一个元素。其属性值必须遵守XML名称定义的规则。一个元素只能有一个ID类型的属性，而且ID类型的属性必须设置为#IMPLIED或#REQUIRED。因为ID类型属性的每一个取值都是用来标识一个特定的元素，所以，为ID类型的属性提供默认值，特别是固定的默认值是毫无意义的。接下来通过一个案例来学习如何定义一个ID类型的属性，如例1-11所示。

例 1-11 id. xml

```
1  <?xml version="1.0" encoding="GB2312" standalone="yes" ?>
2  <!DOCTYPE 联系人列表[
3      <!ELEMENT 联系人列表 ANY>
4      <!ELEMENT 联系人(姓名,EMAIL)>
5      <!ELEMENT 姓名(#PCDATA)>
6      <!ELEMENT EMAIL(#PCDATA)>
7      <!ATTLIST 联系人 编号 ID #REQUIRED>
8  ]>
9    <联系人列表>
10           <联系人 编号="id1">
11               <姓名>张三</姓名>
12               <EMAIL>zhang@itcast.cn</EMAIL>
```

```
13         </联系人>
14       <联系人 编号="id2">
15             <姓名>李四</姓名>
16             <EMAIL>li@itcast.cn</EMAIL>
17       </联系人>
18 </联系人列表>
```

在例 1-11 中，将元素为<联系人>的编号属性设置为＃REQUIRED，说明每个联系人都有一个编号，同时，属性编号的类型为 ID，说明编号是唯一的。如此一来，通过编号就可以找到唯一对应的联系人了。

(4) IDREF 和 IDREFS

例 1-11 中，虽然张三和李四两个联系人的 ID 编号是唯一的，但是这两个 ID 类型的属性没有发挥作用，这时可以使用 IDREF 类型，使这两个联系人之间建立一种一对一的关系。接下来通过一个案例来学习 IDREF 类型的使用，如例 1-12 所示。

例 1-12　idref. xml

```
1  <?xml version="1.0" encoding="GB2312" standalone="yes" ?>
2  <!DOCTYPE 联系人列表[
3      <!ELEMENT 联系人列表 ANY>
4      <!ELEMENT 联系人(姓名,EMAIL)>
5      <!ELEMENT 姓名(#PCDATA)>
6      <!ELEMENT EMAIL(#PCDATA)>
7      <!ATTLIST 联系人
8                  编号 ID #REQUIRED
9                  上司 IDREF #IMPLIED>
10     ]>
11     <联系人列表>
12         <联系人 编号="id1">
13             <姓名>张三</姓名>
14             <EMAIL>zhang@itcast.org</EMAIL>
15         </联系人>
16         <联系人 编号="id2" 上司="id1">
17             <姓名>李四</姓名>
18             <EMAIL>li@itcast.org</EMAIL>
19         </联系人>
20     </联系人列表>
```

在例 1-12 中，为元素<联系人列表>的子元素<联系人>增加了一个名称为“上司”的属性，并且将该属性的类型设置为 IDREF，IDREF 类型属性的值必须为一个已经存在的 ID 类型的属性值。在第二个<联系人>元素中，将“上司”属性设置为第一个联系人的编号属性值，如此一来，就形成了两个联系人元素之间的对应关系，即李四的上司为张三。

IDREF类型可以使两个元素之间建立一对一的关系，但是，如果两个元素之间的关系是一对多，例如，一个学生去图书馆可以借多本书，这时，需要使用IDREFS类型来指定某个人借阅了哪些书。需要注意的是，IDREFS类型的属性可以引用多个ID类型的属性值，这些ID的属性值需要用空格分隔。接下来通过一个案例来学习IDREFS的使用，如例1-13所示。

例1-13 library. xml

```
1  <?xml version="1.0" encoding="GB2312"?>
2  <!DOCTYPE library[
3      <!ELEMENT libarary(books,records)>
4      <!ELEMENT books(book+)>
5      <!ELEMENT book(title)>
6      <!ELEMENT title(#PCDATA)>
7      <!ELEMENT records(item+)>
8      <!ELEMENT item(data,person)>
9      <!ELEMENT data(#PCDATA)>
10     <!ELEMENT person EMPTY>
11     <!ATTLIST book bookid ID #REQUIRED>
12     <!ATTLIST person name CDATA #REQUIRED>
13     <!ATTLIST person borrowed IDREFS #REQUIRED>
14 ]>
15 <library>
16     <books>
17             <book bookid="b0101">
18                <title>Java就业培训教材</title>
19             </book>
20             <book bookid="b0102">
21                <title>Java Web开发内幕</title>
22             </book>
23             <book bookid="b0103">
24                <title>Java开发宝典</title>
25             </book>
26     </books>
27     <records>
28          <item>
29                <data>2013-03-13</data>
30                <person name="张三" borrowed="b0101 b0103"/>
31        </item>
32        <item>
33                <data>2013-05-23</data>
34                <person name="李四" borrowed="b0101 b0102 b0103"/>
35        </item>
```

```
36    </records>
37 </library>
```

例 1-13 中，将元素<book>中属性名为 bookid 的属性设置为 ID 类型，元素<person>中名为 borrowed 的属性设置为 IDREFS 类型。从 library.xml 文档中可以看出，张三借阅了《Java 就业培训教材》和《Java 开发宝典》这两本书，而李四则借阅了《Java 就业培训教材》、《Java Web 开发内幕》和《Java 开发宝典》这三本书。

(5) NMTOKEN 和 NMTOKENS

NMTOKEN 是 Name Token 的简写，它表示由一个或者多个字母、数字、句点(.)、连字号(-)或下划线(_)所组成的一个名称。NMTOKENS 关键字表示一种列表类型。一个元素的 NMOTOKENS 类型的属性设置值可以是同一个 XML 文件中的另外多个 NMTOKEN 类型的属性的设置值，每个 NMTOKEN 属性值之间用空格分隔。具体示例如下：

```
<!ELEMENT 用户 EMPTY>
<!ATTLIST  用户 姓名 NMTOKEN #REQUIRED>
<!ELEMENT 数据 (#PCDATA)>
<!ATTLIST  数据 授权用户 NMTOKENS #IMPLIED>
```

在上面的示例中，元素<用户>的"姓名"属性指定为 NMTOKEN 类型，元素<数据>的"授权用户"属性指定为 NMTOKENS，与这段 DTD 定义语句对应的 XML 具体如下：

```
<用户 姓名="张三">
<用户 姓名="李四">
<数据 授权用户="张三 李四">
    这里是一些授权访问的数据
</数据>
```

(6) NOTATION

现实世界中存在很多无法或不易用 XML 格式组织的数据，如图像、声音、影像等。对于这些数据，XML 应用程序常常并不提供直接的应用支持，但可以通过设置 NOTATION 类型的属性来让一个外部应用程序进行处理。在 DTD 文件中，NOTATION 定义语句分为两种情况，具体如下：

```
第一种情况:<!NOTATION 符号名 SYSTEM "MIME 类型">
第二种情况:<!NOTATION 符号名 SYSTEM "URL 路径名">
```

在上述定义语句中，第一种情况指定数据的 MIME 类型，第二种情况指定处理程序的 URL 路径。当使用 NOTATION 类型作为属性的类型时，首先要在 DTD 中使用<!NOTATION …>语句定义相应的 notation，接下来通过一个示例来演示 NOTATION 属性的使用，如例 1-14 所示。

例 1-14 notation. xml

```
1  <?xml version="1.0" encoding="GB2312" standalone="yes"?>
2  <!DOCTYPE 文件[
3      <!NOTATION mp SYSTEM "movPlayer.exe">
4      <!NOTATION gif SYSTEM "Image/gif">
5      <!ELEMENT 文件 ANY>
6      <!ELEMENT 电影 EMPTY>
7      <!ATTLIST 电影 演示设备 NOTATION (mp|gif) #REQUIRED>
8  ]>
9      <文件>
10         <电影 演示设备="mp"/>
11     <文件>
```

在例 1-14 中，元素＜电影＞指定了两种可选的演示设备，一种是 movPlayer. exe，另一种是用来绘制 GIF 图像的应用程序。

(7) ENTITY 和 ENTITYS

ENTITY 对应的中文意思为实体(关于实体定义的细节，将在后面进行介绍)。当某个属性的类型设置为 ENTITY 时，表明其属性值必须为在 DTD 中使用＜!ENTITY…＞语句定义的一个实体的引用。接下来看一段 DTD 定义的语句，具体如下：

```
<!ENTITY itcast  "传智播客论坛交流,www.itcast.cn">
<!ELEMENT 电影 EMPTY>
<!ATTLIST 电影 来源 ENTITY #REQUIRED>
```

与这段 DTD 定义语句对应的 XML 数据片段如下：

```
<电影 来源="&itcast;" />
```

需要注意的是，只有引用实体才可以作为 ENTITY 类型属性的设置值，参数实体不能用作 ENTITY 类型的属性的设置值。关于参数实体和引用实体的相关讲解，将在实体定义中进行详细讲解。

ENTITYS 关键字用于表示一种列表类型，一个元素的 ENTITYS 类型的属性设置值可以是多个实体的引用，每个实体的引用之间用空格分隔，具体示例如下：

```
<!ENTITY banner SYSTEM "http://www.itcast.cn/images/topword.gif">
<!ENTITY logo SYSTEM "http://www.itcast.cn/images/logo.gif">
<!ATTLIST image src ENTITIES #REQUIRED>
```

根据上面的 DTD 语句，如果想通过 src 属性引用两幅图像，则对应的 XML 数据如下所示：

```
<img src="logo banner">
```

3. 实体定义

有时候需要在多个文档中调用同样的内容，例如公司名称、版权声明等，为了避免重复输入这些内容，可以通过<!ENTITY…>语句定义一个表示这些内容的实体，然后在各个文档中引用实体名替代它所表示的内容。实体可分为两种类型，分别是引用实体和参数实体，接下来，针对这两种实体类型进行详细的讲解。

1）引用实体

引用实体的语法定义格式有两种：

```
1  <!ENTITY 实体名称 "实体内容">
2  <!ENTITY 实体名称 SYSTEM "外部 XML 文档的 URL">
```

引用实体用于解决 XML 文档中内容重复的问题，其引用方式为：

```
&实体名称;
```

了解了引用实体的语法格式及其在 XML 文档中的引用方式，接下来通过一个案例来学习，如例 1-15 和例 1-16 所示。

例 1-15　book.dtd

```
1  <!ENTITY itcast "传智播客官网,www.itcast.cn">
2  <!ELEMENT 书架 (书+)>
3  <!ELEMENT 书 (书名,作者,售价)>
4  <!ELEMENT 书名 (#PCDATA)>
5  <!ELEMENT 作者 (#PCDATA)>
6  <!ELEMENT 售价 (#PCDATA)>
```

例 1-16　book.xml

```
1  <?xml version="1.0" encoding="GB2312"?>
2  <!DOCTYPE 书架 SYSTEM "book.dtd">
3  <书架>
4      <书>
5          <书名>Java 就业培训教程</书名>
6          <作者>&itcast;</作者>
7          <售价>39.9</售价>
8      </书>
9      <书>
10         <书名>EJB3.0 入门经典</书名>
11         <作者>黎活明</作者>
12         <售价>39.00 元</售价>
13     </书>
14 </书架>
```

用 IE 9.0 以下的浏览器打开 book.xml 文件，浏览器显示的结果如图 1-10 所示。

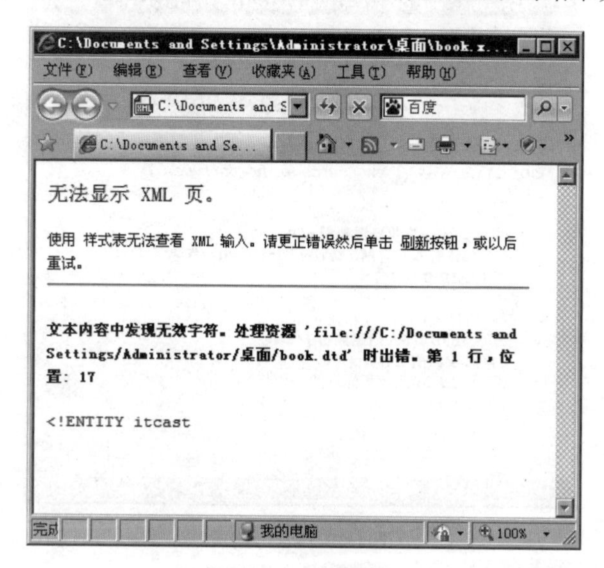

图 1-10 运行结果

图 1-10 提示的错误信息是“文本内容中发现无效字符。”这是因为 book.dtd 文件使用的是本地字符集编码，即 GB2312 编码，而 DTD 文件应该使用 UTF-8 或者 Unicode 编码。需要注意的是，IE 9.0 以上版本的浏览器不会提示错误。

下面将 book.dtd 按照 UTF-8 编码方式重新保存，保存方式如图 1-11 所示。

图 1-11 选择编码保存

按照图 1-11 的方式完成编码保存后，用 IE 浏览器重新打开 book.xml 文件或者单击图 1-10 工具栏中的“刷新”按钮，浏览器显示的结果如图 1-12 所示。

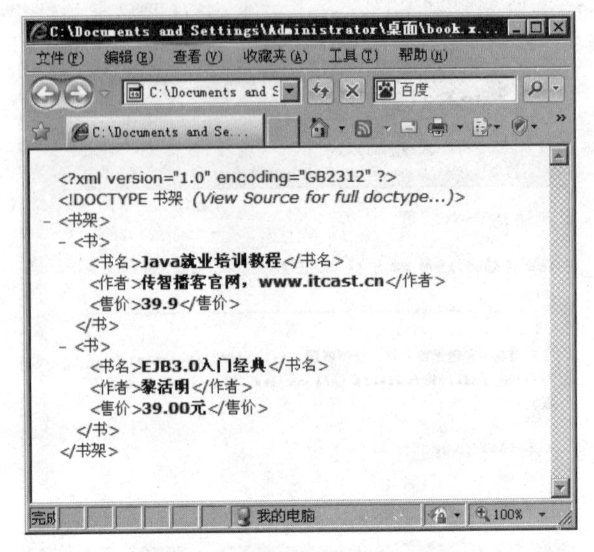

图 1-12 运行结果

从图 1-12 中可以看出，book. xml 文件中的“&itcast;”被显示成“传智播客官网，www. itcast. cn”。

2）参数实体

参数实体只能被 DTD 文件自身使用，它的语法格式为：

```
<!ENTITY %实体名称 "实体内容">
```

需要注意的是，在声明参数实体时，ENTITY、%、实体名和“实体内容”之间各有一个空格。

引用参数实体的方式是：

```
%实体名称;
```

了解了参数实体的语法格式和引用方式，接下来通过一段示例代码来演示参数实体的定义，具体如下：

```
<!ENTITY %TAG_NAME "姓名|EMAIL|电话|地址">
<!ELEMENT 个人信息 (%TAG_NAME; |生日)>
<!ELEMENT 客户信息 (%TAG_NAME; |公司名)>
```

在上面的示例中，DTD 中定义了两个元素，分别是“个人信息”和“客户信息”，这两个元素的定义中都包含“姓名| EMAIL|电话|地址”这一相同的部分，因此，可以将相同的部分定义为一个 TAG_NAME 的参数实体，然后将“个人信息”和“客户信息”这两个元素的定义规则中的“姓名|EMAIL|电话|地址”部分替换成对 TAG_NAME 这个参数实体的引用即可。

参数实体不仅可以简化元素中定义的相同内容，还可以简化属性的定义，具体示例如下：

```
<!ENTITY %common.attributes
    'id ID #IMPLIED
    account CDATA #REQUIRED'
>
<!ELEMENT purchaseOrder(item+, manufacturer)>
<!ELEMENT item(price, quantity)>
<!ELEMENT manufacturer(#PCDATA)>
<!ATTLIST purchaseOrder %common.attributes;>
<!ATTLIST item %common.attributes;>
<!ATTLIST manufacturer %common.attributes;>
```

在上面的示例中，由于多个元素都具有 id 和 account 这两个属性的相同定义，因此，可以将这两个属性的文本内容定义为一个名称为 common. attributes 的参数实体。当定义元素的属性时，通过引用 common. attributes 这个参数实体，将该参数实体转换为 id 和 account 这两个属性所定义的文本内容。

值得一提的是，当 DTD 的元素和属性定义中要出现大量相同内容时，参数实体是一种非常不错的选择。因为如果需要修改 DTD 中相同的部分，只需要在参数实体的定义中修改即可。

1.4 Schema 约束

1.4.1 什么是 Schema 约束

同 DTD 一样，XML Schema 也是一种用于定义和描述 XML 文档结构与内容的模式语言，它的出现克服了 DTD 的局限性。接下来，通过 XML Schema 与 DTD 的比较，将 XML Schema 所具有的一些显著优点进行列举，具体如下。

(1) DTD 采用的是非 XML 语法格式，缺乏对文档结构、元素、数据类型等全面的描述。而 XML Schema 采用的是 XML 语法格式，而且它本身也是一种 XML 文档，因此，XML Schema 语法格式比 DTD 更好理解。

(2) XML 有非常高的合法性要求，虽然 DTD 和 XML Schema 都用于对 XML 文档进行描述，都被用作验证 XML 合法性的基础。但是，DTD 本身合法性的验证必须采用另外一套机制，而 XML Schema 则采用与 XML 文档相同的合法性验证机制。

(3) XML Schema 对名称空间支持得非常好，而 DTD 几乎不支持名称空间。

(4) DTD 支持的数据类型非常有限。例如，DTD 可以指定元素中必须包含字符文本(PCDATA)，但无法指定元素中必须包含非负整数(nonNegativeInteger)，而 XML Schema 比 XML DTD 支持更多的数据类型，包括用户自定义的数据类型。

(5) DTD 定义约束的能力非常有限，无法对 XML 实例文档做出更细致的语义限制，例如，无法很好地指定一个元素中的某个子元素必须出现 7～12 次；而 XML Schema 定义约束的能力非常强大，可以对 XML 实例文档做出细致的语义限制。

通过上面的比较可以发现，XML Schema 的功能比 DTD 强大很多，但相应的语法也比 DTD 复杂很多，接下来看一个简单的 Schema 文档，如例 1-17 所示。

例 1-17 simple. xsd

```
1  <?xml version="1.0"?>
2  <xs:schema xmlns:xs="http://www.w3.org/2001/XMLSchema">
3    <xs:element name="root"  type="xs:string"/>
4  </xs:schema>
```

在例 1-17 中，第 1 行是文档声明，第 2 行中以 xs:schema 作为根元素，表示模式定义的开始。由于根元素 xs:schema 的属性都在 http://www. w3. org/2001/XMLSchema 名称空间中，因此，在根元素上必须声明该名称空间。

1.4.2 名称空间

一个 XML 文档可以引入多个约束文档，但是，由于约束文档中的元素或属性都是自定义的，因此，在 XML 文档中，极有可能出现代表不同含义的同名元素或属性，导致名称发生冲突。为此，在 XML 文档中，提供了名称空间，它可以唯一标识一个元素或者属性。这就好比打车去小营，由于北京有两个地方叫小营，为了避免司机走错，我们就会说"去亚运村的小营"或者"去清河的小营"。这时的亚运村或者清河就相当于一个名称空间。

在使用名称空间时，首先必须声明名称空间。名称空间的声明就是在 XML 实例文档中为某个模式文档的名称空间指定一个临时的简写名称，它通过一系列的保留属性来声明，这种属性的名字必须是以"xmlns"或者以"xmlns:"作为前缀。它与其他任何 XML 属性一样，都可以通过直接或者使用默认的方式给出。名称空间声明的语法格式如下所示：

```
<元素名 xmlns:prefixname="URI">
```

在上述语法格式中，"元素名"指的是在哪一个元素上声明名称空间，在这个元素上声明的名称空间适用于声明它的元素和属性，以及该元素中嵌套的所有元素及其属性。xmlns:prefixname 指的是该元素的属性名，它所对应的值是一个 URI 引用，用来标识该名称空间的名称。需要注意的是，如果有两个 URI 并且其组成的字符完全相同，就可以认为它们标识的是同一个名称空间。

了解了名称空间的声明方式，接下来通过一个案例来学习，如例 1-18 所示。

例 1-18 book. xml

```
1  <?xml version="1.0" encoding="UTF-8"?>
2  <it315:书架 xmlns:it315="http://www.itheima.com/xmlbook/schema">
3      <it315:书>
4          <it315:书名>JavaScript网页开发</it315:书名>
```

```
5          <it315:作者>张孝祥</it315:作者>
6          <it315:售价>28.00元</it315:售价>
7      </it315:书>
8  </it315:书架>
```

在例1-18中，it315被作为多个元素名称的前缀部分，必须通过名称空间声明将它关联到唯一标识某个名称空间的URI上，xmlns:it315="http://www.itheima.com/xmlbook/schema"语句就是将前缀名it315关联到名称空间"http://www.itheima.com/xmlbook/schema"上。由此可见，名称空间的应用就是将一个前缀(如it315)绑定到代表某个名称空间的URI(如http://www.itheima.com/xmlbook/schema)上，然后将前缀添加到元素名称的前面(例如，it315:书)来说明该元素属于哪个模式文档。

需要注意的是，在声明名称空间时，有两个前缀是不允许使用的，它们是xml和xmlns。xml前缀被定义为与名称空间名字http://www.w3.org/XML/1998/namespace绑定，只能用于XML1.0规范中定义的xml:space和xml:lang属性。前缀xmlns仅用于声明名称空间的绑定，它被定义为与名称空间名字http://www.w3.org/2000/xmlns绑定。

多学一招：默认名称空间

如果一个文档有很多元素，并且这些元素都在同一个名称空间，这时，给每个元素名称都添加一个前缀将是一件非常烦琐的事情。这时可以使用默认的名称空间，默认名称空间声明的语法格式如下所示：

```
<元素名 xmls="URI">
```

在上面的语法格式中，URI所标识的是默认的名称空间。以这种方式声明的名称空间将作为其作用域内所有元素的默认名称空间。接下来，对例1-18进行修改，将book.xml改为默认名称空间的形式，如例1-19所示。

例1-19 book.xml

```
1  <?xml version="1.0"encoding="UTF-8"?>
2  <书架 xmlns="http://www.itheima.com/xmlbook/schema">
3      <书>
4          <书名>JavaScript网页开发</书名>
5          <作者>张孝祥</作者>
6          <售价>28.00元</售价>
7      </书>
8  </书架>
```

在例1-19中，虽然"书架"、"书"、"书名"、"作者"、"售价"等元素名称前面没有前缀，但是由于"http://www.itheima.com/xmlbook/schema"被设置成了默认的名称空间，所以，它们仍然是"http://www.itheima.com/xmlbook/schema"这个URI所标识的名称空间中的元素。虽然使用默认名称空间会减少一些书写工作量，而使用带前缀的非默认名称空间会增加一些书写工作量，但合理地命名前缀可以为人们浏览 XML 文档时提供便利，例如，book:title 很容易让人联想到 title 是 book 词汇表中定义的元素。

1.4.3 引入 Schema 文档

若想通过 XML Schema 文件对某个 XML 文档进行约束，必须将 XML 文档与 Schema 文件进行关联。在 XML 文档中引入 Schema 文件有两种方式，具体如下。

1. 使用名称空间引入 XML Schema 文档

在使用名称空间引入 XML Schema 文档时，需要通过属性 xsi:schemaLocation 来声明名称空间的文档，xsi:schemaLocation 属性是在标准名称空间“http://www.w3.org/2001/XMLSchema-instance”中定义的，在该属性中，包含两个 URI，这两个 URI 之间用空白符分隔。其中，第一个 URI 是名称空间的名称，第二个 URI 是文档的位置。接下来，通过一个案例来演示如何使用名称空间引入 XML Schema 文档，如例 1-20 所示。

例 1-20 book.xml

```
1 <?xml version="1.0" encoding="UTF-8"?>
2 <书架 xmlns="http://www.itheima.com/xmlbook/schema"
3      xmlns:xsi="http://www.w3.org/2001/XMLSchema-instance"
4     xsi:schemaLocation="http://www.itheima.com/xmlbook/schema
5         http://www.itheima.com/xmlbook.xsd">
6     <书>
7         <书名>JavaScript 网页开发</书名>
8         <作者>张孝祥</作者>
9         <售价>28.00 元</售价>
10    </书>
11 </书架>
```

在例 1-20 中，schemaLocation 属性用于指定名称空间所对应的 XML Schema 文档的位置，由于 schemaLocation 属性是在另外一个公认的标准名称空间中定义的，因此，在使用 schemaLocation 属性时，必须要声明该属性所属的命名空间。

需要注意的是，一个 XML 实例文档可能引用多个名称空间，这时，可以在 schemaLocation 属性值中包含多对名称空间与它们所对应的 XML Schema 文档的存储位置，每一对名称空间的设置信息之间采用空格分隔。接下来通过一个案例来演示在一个 XML 文档中引入多个名称空间名称的情况，如例 1-21 所示。

例 1-21 xmlbook.xml

```
1 <?xml version="1.0" encoding="UTF-8"?>
2 <书架 xmlns="http://www.itheima.com/xmlbook/schema"
3        xmlns:demo="http://www.itheima.com/demo/schema"
```

```
4       xmlns:xsi="http://www.w3.org/2001/XMLSchema-instance"
5       xsi:schemaLocation="http://www.itheima.com/xmlbook/schema
6                           http://www.itheima.com/xmlbook.xsd
7                           http://www.itheima.com/demo/schema
8                           http://www.itheima.com/demo.xsd">
9       <书>
10          <书名>JavaScript 网页开发</书名>
11          <作者>张孝祥</作者>
12          <售价 demo:币种="人民币">28.00 元</售价>
13      </书>
14  </书架>
```

2. 不使用名称空间引入 XML Schema 文档

在 XML 文档中引入 XML Schema 文档，不仅可以通过 xsi:schemaLocation 属性引入名称空间的文档，还可以通过 xsi:noNamespaceSchemaLocation 属性直接指定，noNamespaceSchemaLocation 属性也是在标准名称空间"http://www.w3.org/2001/XMLSchema-instance"中定义的，它用于定义指定文档的位置。接下来，通过一个案例来演示 noNamespaceSchemaLocation 属性在 XML 文档中的使用，如例 1-22 所示。

例 1-22 xmlbook.xml

```
1  <?xml version="1.0" encoding="UTF-8"?>
2  <书架 xmlns:xsi="http://www.w3.org/2001/XMLSchema-instance"
3      xsi:noNamespaceSchemaLocation="xmlbook.xsd">
4      <书>
5          <书名>JavaScript 网页开发</书名>
6          <作者>张孝祥</作者>
7          <售价>28.00 元</售价>
8      </书>
9  </书架>
```

在例 1-22 中，文档 xmlbook.xsd 与引用它的实例文档位于同一目录中。

1.4.4 Schema 语法

任何语言都有一定的语法，Schema 也不例外。下面详细介绍 Schema 语法。

1. 元素定义

Schema 和 DTD 一样，都可以定义 XML 文档中的元素。在 Schema 文档中，元素定义的语法格式如下所示：

```
<xs:element name="xxx" type="yyy"/>
```

在上面的语法格式中，element用于声明一个元素，xxx指的是元素的名称，yyy指元素的数据类型。在XML Schema中有很多内建的数据类型，其中最常用的有以下几种。

(1) xs:string：表示字符串类型。

(2) xs:decimal：表示小数类型。

(3) xs:integer：表示整数类型。

(4) xs:boolean：表示布尔类型。

(5) xs:date：表示日期类型。

(6) xs:time：表示时间类型。

了解了元素的定义方式，接下来看一个XML的示例代码，具体示例如下：

```
<lastname>Smith</lastname>
<age>28</age>
<dateborn>1980-03-27</dateborn>
```

在上面的XML示例代码中，定义了三个元素，这三个元素对应的Schema定义如下所示：

```
<xs:element name="lastname" type="xs:string"/>
<xs:element name="age" type="xs:integer"/>
<xs:element name="dateborn" type="xs:date"/>
```

2. 属性的定义

在Schema文档中，属性定义的语法格式如下所示：

```
<xs:attribute name="xxx" type="yyy"/>
```

在上面的语法格式中，xxx指的是属性名称，yyy指的是属性的数据类型。其中，属性的常用数据类型与元素相同，都使用的是XML Schema中内建的数据类型。

了解了属性的定义方式，接下来，看一个XML的简单例子，具体示例如下所示：

```
<lastname lang="EN">Smith</lastname>
```

在上面的这段简易XML例子中，属性的名称是lang，属性值的类型是字符串类型，因此，对应的Schema定义方式如下所示：

```
<xs:attribute name="lang" type="xs:string"/>
```

3. 简单类型

在XML Schema文档中，只包含字符数据的元素都是简单类型的。简单类型使用xs:simpleType元素来定义。如果想对现有元素内容的类型进行限制，则需要使用xs:

restriction 元素。接下来，通过以下几种情况详细介绍如何对简单类型元素的内容进行限定，具体如下。

1）xs:minInclusive 和 xs:maxInclusive 元素对值的限定

例如，定义一个雇员的年龄时，雇员的年龄要求是18～58周岁之间，这时，需要对年龄 age 这个元素进行限定，具体示例代码如下所示：

```
<xs:element name="age">
<xs:simpleType>
  <xs:restriction base="xs:integer">
    <xs:minInclusive value="18"/>
    <xs:maxInclusive value="58"/>
  </xs:restriction>
</xs:simpleType>
</xs:element>
```

在上面的示例代码中，元素 age 的属性是 integer，通过 xs:minInclusive 和 xs:maxInclusive 元素限制了年龄值的范围。

2）xs:enumeration 元素对一组值的限定

如果希望将 XML 元素的内容限制为一组可接受的值，可以使用枚举约束，例如，要限定一个元素名为 Car 的元素，可接受的值只有 Audi、Golf、BMW，具体示例如下：

```
<xs:element name="car">
<xs:simpleType>
  <xs:restriction base="xs:string">
    <xs:enumeration value="Audi"/>
    <xs:enumeration value="Golf"/>
    <xs:enumeration value="BMW"/>
  </xs:restriction>
</xs:simpleType>
</xs:element>
```

3）xs:pattern 元素对一系列值的限定

如果希望把 XML 元素的内容限制定义为一系列可使用的数字或字母，可以使用模式约束。例如，要定义一个带有限定的元素 letter，要求可接受的值只能是字母 a～z 其中一个，具体示例如下：

```
<xs:element name="letter">
<xs:simpleType>
  <xs:restriction base="xs:string">
    <xs:pattern value="[a-z]"/>
  </xs:restriction>
</xs:simpleType>
</xs:element>
```

4）xs:restriction 元素对空白字符的限定

在 XML 文档中，空白字符比较特殊，如果需要对空白字符进行处理，可以使用 whiteSpace 元素。whiteSpace 元素有三个属性值可以设定，分别是 preserve、replace 和 collapse。其中，preserve 表示不对元素中的任何空白字符进行处理；replace 表示移除所有的空白字符；collapse 表示将所有的空白字符缩减为一个单一字符。接下来，以 preserve 为例，学习如何对空白字符进行限定，具体示例如下：

```
<xs:element name="address">
<xs:simpleType>
  <xs:restriction base="xs:string">
    <xs:whiteSpace value="preserve"/>
  </xs:restriction>
</xs:simpleType>
</xs:element>
```

在上面的示例代码中，对 address 元素内容的空白字符进行了限定。在使用 whiteSpace 限定时，将值设置为 preserve，表示这个 XML 处理器将不会处理该元素内容中的所有空白字符。

需要注意的是，在 Schema 文档中，还有很多限定的情况，比如对长度的限定、对数据类型的限定等，如果想更多地了解这些限定的使用，可以参看 W3C 文档。

4. 复杂类型

除简单类型之外的其他类型都是复杂类型，在定义复杂类型时，需要使用 xs:complexContent 元素来定义。复杂类型的元素可以包含子元素和属性，这样的元素称为复合元素。在定义复合元素时，如果元素的开始标记和结束标记之间只包含字符数据内容，那么这样的内容是简易内容，需要使用 xs:simpleContent 元素来定义。反之，元素的内容都是复杂内容，需要使用 xs:complexContent 元素来定义。复合元素有 4 种基本类型，接下来，针对这 4 种基本类型分别进行讲解。

1）空元素

这里的空元素指的是不包含内容，只包含属性的元素，具体示例如下：

```
<product prodid="1345" />
```

在上面的元素定义中，没有定义元素 product 的内容，这时，空元素在 XML Schema 文档中对应的定义方式如下所示：

```
<xs:element name="product">
  <xs:complexType>
    <xs:attribute name="prodid" type="xs:positiveInteger"/>
  </xs:complexType>
</xs:element>
```

2）包含其他元素的元素

XML 文档中包含其他元素的元素，例如下面的示例代码：

```
<person>
  <firstname>John</firstname>
  <lastname>Smith</lastname>
</person>
```

在上面的示例代码中，元素 person 嵌套了两个元素，分别是 firstname 和 lastname。这时，在 Schema 文档中对应的定义方式如下所示：

```
<xs:element name="person">
  <xs:complexType>
    <xs:sequence>
      <xs:element name="firstname" type="xs:string"/>
      <xs:element name="lastname" type="xs:string"/>
    </xs:sequence>
  </xs:complexType>
</xs:element>
```

3）仅包含文本的元素

对于仅包含文本的复合元素，需要使用 simpleContent 元素来添加内容。在使用简易内容时，必须在 simpleContent 元素内定义扩展或限定，这时，需要使用 extension 或 restriction 元素来扩展或限制元素的基本简易类型。请看一个 XML 的简易例子，其中，“shoesize”仅包含文本，具体示例如下：

```
<shoesize country="france">35</shoesize>
```

在上面的例子中，元素 shoesize 包含属性以及元素内容，针对这种仅包含文本的元素，需要使用 extension 来对元素的类型进行扩展，在 Scheam 文档中对应的定义方式如下所示：

```
<xs:element name="shoesize">
  <xs:complexType>
    <xs:simpleContent>
      <xs:extension base="xs:integer">
        <xs:attribute name="country" type="xs:string" />
      </xs:extension>
    </xs:simpleContent>
  </xs:complexType>
</xs:element>
```

4）包含元素和文本的元素

在 XML 文档中，某些元素经常需要包含文本以及其他元素，例如，下面的这段 XML 文档：

```
<letter>
Dear Mr.<name>John Smith</name>.
Your order<orderid>1032</orderid>
will be shipped on<shipdate>2001-07-13</shipdate>.
</letter>
```

上面的这段 XML 文档，在 Schema 文档中对应的定义方式如下所示：

```
xs:element name="letter">
  <xs:complexType mixed="true">
    <xs:sequence>
      <xs:element name="name" type="xs:string"/>
      <xs:element name="orderid" type="xs:positiveInteger"/>
      <xs:element name="shipdate" type="xs:date"/>
    </xs:sequence>
  </xs:complexType>
</xs:element>
```

需要注意的是，为了使字符数据可以出现在 letter 元素的子元素之间，使用了 mixed 属性，该属性是用来规定是否允许字符数据出现在复杂类型的子元素之间，默认情况下 mixed 的值为 false。

小　　结

本章详细地讲解了有关 XML 的相关知识，包括 XML 语法、DTD 约束、Schema 约束等。其中，XML 语法比较重要，读者要学会如何定义 XML 文档。DTD 和 Schema 约束作为 XML 的约束模式语言，对于定义好的 XML 文档至关重要，其用法需要熟练掌握。

测　一　测

1. 请编写一个格式良好的 XML 文档，要求包含足球队一支，队名为 Madrid，球员 5 人：Ronaldo、Casillas、Ramos、Modric、Benzema；篮球队一支，队名为 Lakers，队员 2 人：Oneal，Bryant。要含有注释。

2. 在 XML Schema 文档中，定义一个雇员的年龄为 18～58 周岁。请写出相应的元素声明。

第 2 章 chapter 2

Tomcat 开发 Web 站点

学习目标

- 了解 Web 开发中的 B/S 架构、C/S 架构、通信协议及 Web 资源。
- 掌握 Tomcat 服务器的安装与启动。
- 掌握 Web 应用程序虚拟目录和默认页面的配置。
- 掌握在 Eclipse 中配置 Tomcat 服务器。

思政案例

时至今日，互联网已经成为人们日常生活中的“必需品”，人们的生活正在被网络悄然改变。以前购买图书需要去书店，给亲人汇钱需要去银行，交话费则要去营业厅……而现在通过网络就能完成这些业务。其实通过网络实现的这些业务都是使用 Web 技术开发的，Web 开发对现今信息技术的发展至关重要。本章将针对 Tomcat 开发 Web 站点的相关知识进行详细的讲解。

2.1 Web 开发的相关知识

在学习 Web 开发之前，有必要先了解一下 Web 开发过程中涉及的基础知识，如软件架构、浏览器、服务器、URL、HTTP 等。这些知识虽然看起来简单，但在 Web 开发中非常重要，因此要求初学者必须掌握，本节将针对 Web 开发过程中的这些知识进行详细的讲解。

2.1.1 B/S 架构和 C/S 架构

在进行软件开发时，通常会在两种基本架构中进行选择，即 C/S 架构和 B/S 架构。C/S 架构是 Client/Server 的简写，也就是客户/服务器端的交互；B/S 架构是 Browser/Server 的简写，也就是浏览/服务器端的交互。下面分别针对这两种架构进行详细的讲解。

C/S 架构是早期出现的一种分布式架构，在 C/S 架构中，多个客户端程序可以同时访问一个数据库服务器，接下来通过一个图例来描述客户端与数据库服务器的交互过程，如图 2-1 所示。

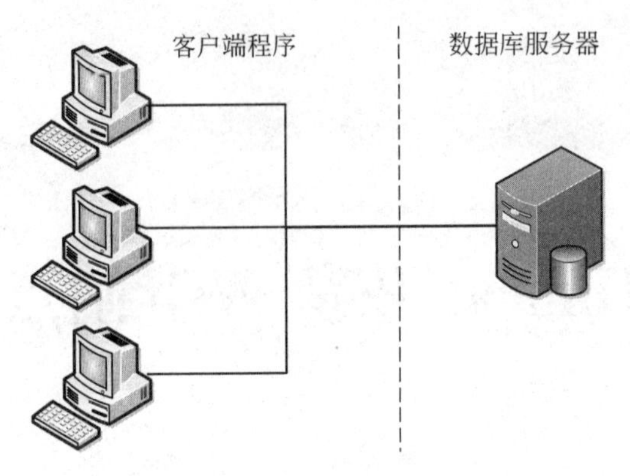

图 2-1 C/S 架构

从图 2-1 可以看出，在 C/S 架构中，客户端程序与数据库直接建立连接，客户端程序需要利用客户机的数据处理能力，完成应用程序中绝大多数的业务逻辑和界面展示。但是，在长期的实践过程中，大家发现 C/S 架构存在一些致命的缺点，具体如下。

(1) C/S 架构的客户端程序安装在客户机上，如果有很多人使用，则安装的工作量非常巨大。

(2) C/S 架构的客户端程序负责整个业务逻辑和界面显示，一旦对其进行修改，则必须对整个客户端程序进行修改，不利于软件的升级与维护。

(3) C/S 架构的客户端程序直接与数据库服务器端建立连接，而数据库服务器支持的并发连接数量有限，这样就限制了客户端程序可以同时运行的数量。

正是由于 C/S 架构的这些缺点，因此随着 Internet 技术的兴起，诞生了一种新的软件架构——B/S 架构。B/S 架构是对 C/S 架构的一种改进，是 Web 兴起后的一种网络结构模式。B/S 架构最大的优点是客户机上无须安装专门的客户端程序，程序中的业务逻辑处理都集中到了 Web 服务器上，客户机只要安装一个浏览器就能通过 Web 服务器与数据库进行交互，并将交互的结果以网页的形式展现在 Web 浏览器中。接下来通过一个图例来描述浏览器通过 Web 服务器与数据库交互的过程，如图 2-2 所示。

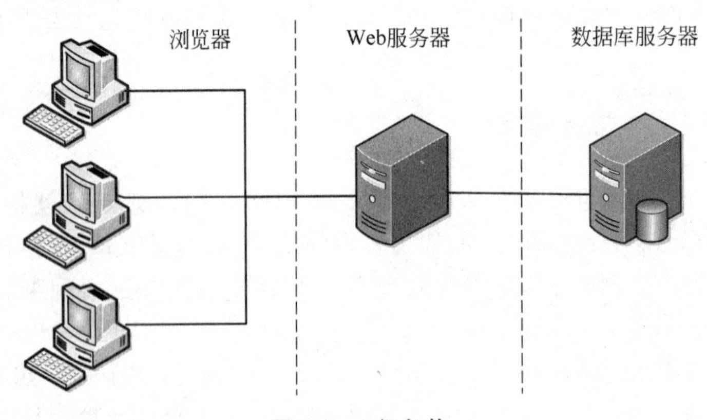

图 2-2 B/S 架构

从图 2-2 中可以看出，浏览器并不是直接与数据库建立连接，而是只有 Web 服务器与数据库需要建立连接。由此可见,B/S架构可以有效地解决数据库并发数量有限的问题。

与C/S架构相比,B/S架构中用户操作的界面是由Web服务器创建的,当要修改系统提供的用户操作界面时,只需要在Web服务器端修改相应的网页文档即可。由于B/S架构相对于C/S架构有诸多优点,因此,B/S架构是目前各类信息管理系统的首选体系架构,它基本上全面取代了C/S架构。在后面的章节中,Servlet和JSP就是本书要重点介绍的开发B/S架构程序的技术。

2.1.2 通信协议

在使用B/S架构开发应用程序时,都会涉及浏览器与服务器之间的交互。接下来通过一个图例来描述浏览器与Web服务器的交互过程,如图2-3所示。

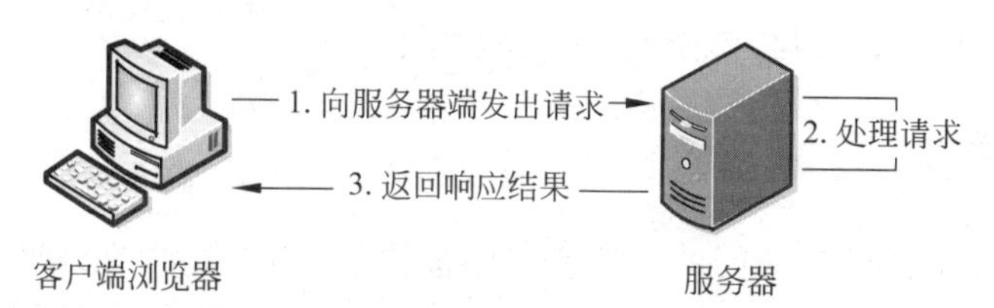

图2-3 浏览器与Web服务器的交互过程

从图2-3可以看出,当浏览器向Web服务器发送一个请求时,Web服务器会对请求做出处理,并将处理结果返回。在这个交互过程中,浏览器是通过URL地址来访问服务器的,并且数据在传输过程中需要遵循HTTP。接下来针对URL和HTTP进行简单的介绍。

1. URL地址

放置在Internet上的Web服务器中的每一个网页文件都应该有一个访问标记符,用于唯一标识它的访问位置,以便浏览器可以访问到,这个访问标记符称为URL(Uniform Resource Locator,统一资源定位符)。在URL中,包含Web服务器的主机名、端口号、资源名以及所使用的网络协议,具体示例如下:

```
http://www.itcast.cn:80/index.html
```

在上面的URL中,"http"表示传输数据所使用的协议,"www.itcast.cn"表示要请求的服务器主机名,80表示要请求的端口号,"index.html"表示要请求的资源名称。

2. HTTP

浏览器与Web服务器之间的数据交互需要遵守一些规范,HTTP就是其中的一种规范,它是Hypertext Transfer Protocol的缩写,称为超文本传输协议。HTTP是由W3C组织推出的,它专门用于定义浏览器与Web服务器之间交换数据的格式。为了让读者熟悉HTTP的用途,接下来通过一个图例来描述浏览器与Web服务器之间使用

HTTP 实现通信的过程，如图 2-4 所示。

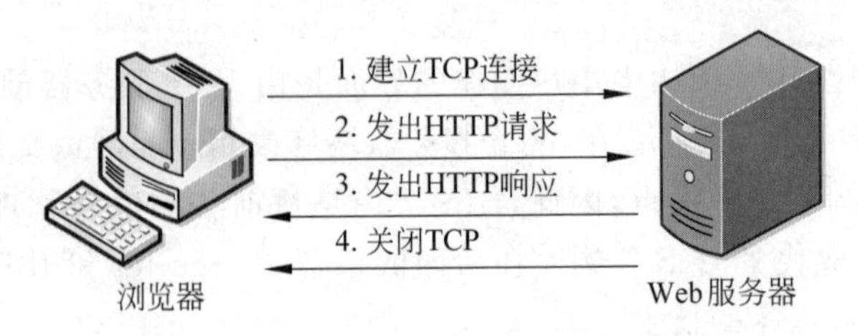

图 2-4 浏览器与 Web 服务器交互过程

在图 2-4 中，描述了浏览器与 Web 服务器之间的整个通信过程，浏览器首先会与 Web 服务器建立 TCP 连接，然后浏览器向 Web 服务器发出 HTTP 请求，Web 服务器收到 HTTP 请求后会做出处理，并将处理结果作为 HTTP 响应发送给浏览器，浏览器收到 HTTP 响应后关闭 TCP 连接，整个交互过程结束。

2.1.3 Web 资源

放在 Internet 上供外界访问的文件或程序被称作 Web 资源，根据呈现的效果不同，Web 资源可分为动态 Web 资源和静态 Web 资源。在互联网发展的初期，网络上的页面都是由一些 HTML 编写的。当浏览器在不同时刻或者不同条件下访问时，所获得的页面内容都不会发生变化，因此这些页面称为静态 Web 资源，静态 Web 资源通常包括 html、css、jpg 等。

随着网络的发展，静态的 Web 资源已经不能满足用户的需求。用户希望根据自己的请求，让服务器返回不同的内容，例如在铁道部的订票网站查看某次列车的剩余车票时，浏览器在不同时刻所访问的页面内容会随着车票剩余的情况而变化，这种由程序动态生成的资源称为动态 Web 资源，动态 Web 资源通常包括 JSP、Servlet 等。本教材主要讲解的是如何开发动态 Web 资源。

需要注意的是，动态的 HTML 页面并不是动态资源，它们之间有很多的区别。接下来，通过一个获取当前时间的案例来分析这两种页面的区别。首先创建两个文件，分别是动态的 HTML 页面 dynamic. html 和动态的 JSP 页面 dynamic. jsp，具体如下。

例 2-1 dynamic. html

```
现在的时间是：
<script type="text/javascript">
document.write(new Date());
</script>
```

例 2-2 dynamic. jsp

```
现在的时间是：
<%=new java.util.Date()%>
```

当使用浏览器分别访问这两个页面时，发现每次刷新页面时显示的时间都不相同，说明这两个页面都实现了动态的效果。但是，当在浏览器中查看 dynamic. html 的源文件时，发现其内容是固定不变的，而 dynamic. jsp 的源文件内容却每次都不一样。这是因为 dynamic. html 是一个静态的 Web 资源，它的动态效果是浏览器执行脚本的结果，而 dynamic. jsp 是动态的 Web 资源，它的动态效果是由服务器程序实现的。关于 JSP 的相关知识，会在后面的章节中详细介绍。

2.2 安装 Tomcat

本教材中大部分的内容都是在讲解如何开发动态 Web 资源，一个动态 Web 资源开发完毕后需要发布在 Web 服务器上才能被外界访问。因此在学习 Web 开发之前需要安装一台 Web 服务器。本节将针对 Tomcat 服务器的安装和使用进行详细的讲解。

2.2.1 Tomcat 简介

Tomcat 是 Apache 组织的 Jakarta 项目中的一个重要子项目，它是 Sun 公司(已被 Oracle 收购)推荐的运行 Servlet 和 JSP 的容器(引擎)，其源代码是完全公开的。Tomcat 不仅具有 Web 服务器的基本功能，还提供了数据库连接池等许多通用组件功能。

Tomcat 运行稳定、可靠、效率高，不仅可以和目前大部分主流的 Web 服务器(如 Apache、IIS 服务器)一起工作，还可以作为独立的 Web 服务器软件。因此，越来越多的软件公司和开发人员都使用它作为运行 Servlet 和 JSP 的平台。

Tomcat 的版本在不断地升级，功能也不断地完善与增强。目前最新版本为 Tomcat 8.0，初学者可以下载相应的版本进行学习。

2.2.2 Tomcat 的安装和启动

由于本教材要介绍的 Web 服务器是 Tomcat 7.0，下面分步骤讲解 Tomcat 7.0 的安装和启动。需要注意的是，安装 Tomcat 之前需要安装 JDK，运行 Tomcat 7.0 建议使用 JDK7.0 版本。关于 JDK 的安装此处不再介绍，请查阅相关书籍。

(1) 在浏览器的地址栏中输入地址 http://tomcat. apache. org/，进入 Tomcat 官网首页，如图 2-5 所示。

(2) 在如图 2-5 所示的 Tomcat 页面中单击 Download 菜单下的 Tomcat 7.0 子菜单，进入 Tomcat 7.0 的下载页面，如图 2-6 所示。

从如图 2-6 所示的 Tomcat 下载界面可以看出，根据不同的操作系统，Tomcat 提供了不同的安装文件。针对 Linux 操作系统，Tomcat 提供了一个 tar. gz 的压缩文件。针对 Windows 操作系统，Tomcat 提供了两种安装文件，分别是扩展名为. zip 的压缩文件和 32-bit/64-bit Windows Service Installer 安装程序。由于本机使用的是 Windows XP 32 位操作系统，同时为了帮助初学者学习 Tomcat 的启动和加载过程，因此，建议初学者下载 32-bit Windows zip 压缩包，通过解压的方式来安装 Tomcat。

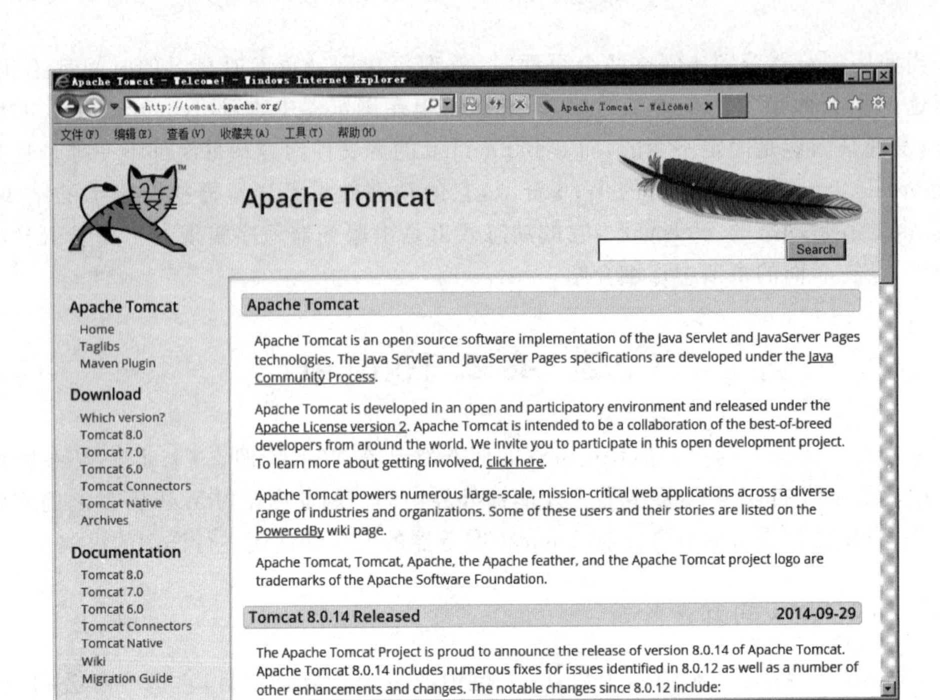

图 2-5 Tomcat 官网首页

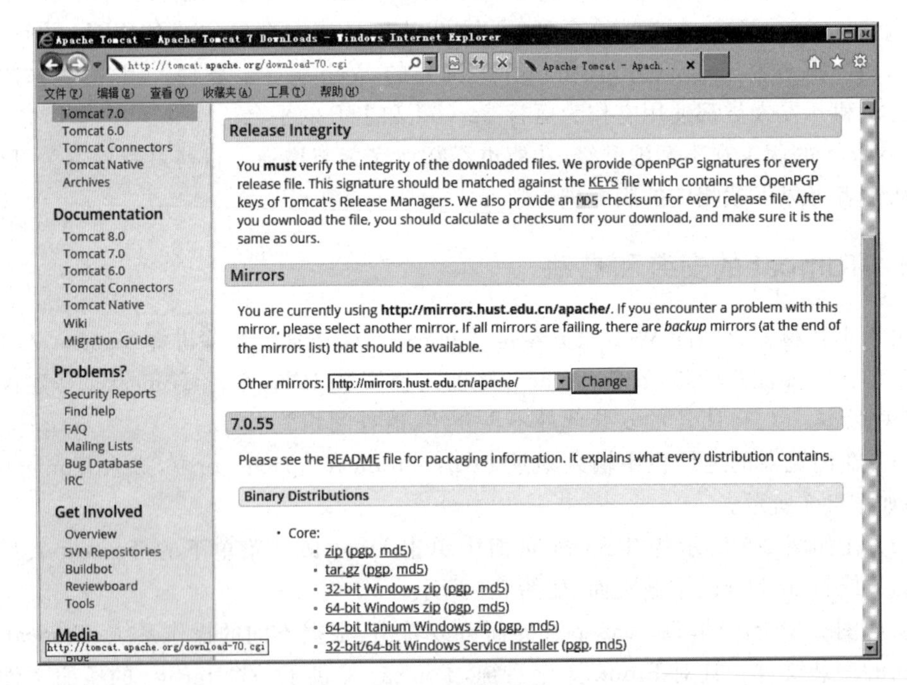

图 2-6 下载页面

(3) 将下载好的 Tomcat 压缩文件直接解压到指定的目录便可完成 Tomcat 的安装。本节将 Tomcat 的解压文件直接解压到了 C 盘的根目录，产生了一个 apache-tomcat-7.0.55 文件夹，打开这个文件夹可以看到 Tomcat 的目录结构，如图 2-7 所示。

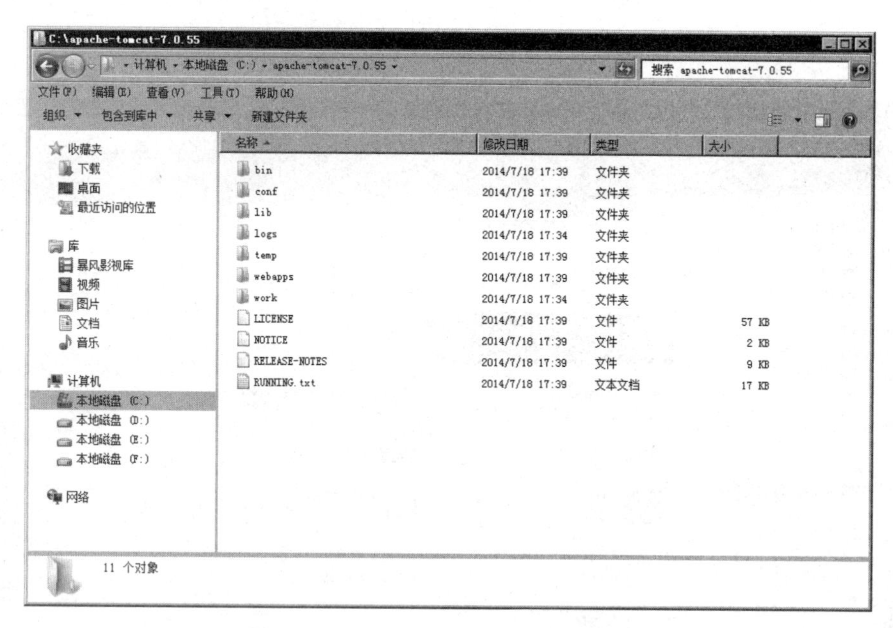

图 2-7　apache-tomcat-7.0.55 目录结构

从图 2-7 可以看出，Tomcat 安装目录中包含一系列的子目录，这些子目录分别用于存放不同功能的文件，接下来针对这些子目录进行简单介绍，具体如下。

① bin：用于存放 Tomcat 的可执行文件和脚本文件(扩展名为 bat 的文件)，如 tomcat7.exe、startup.bat。

② conf：用于存放 Tomcat 的各种配置文件，如 web.xml、server.xml。

③ lib：用于存放 Tomcat 服务器和所有 Web 应用程序需要访问的 JAR 文件。

④ logs：用于存放 Tomcat 的日志文件。

⑤ temp：用于存放 Tomcat 运行时产生的临时文件。

⑥ webapps：Web 应用程序的主要发布目录，通常将要发布的应用程序放到这个目录下。

⑦ work：Tomcat 的工作目录，JSP 编译生成的 Servlet 源文件和字节码文件放到这个目录下。

(4) 在 Tomcat 安装目录的 bin 子目录下，存放了许多脚本文件，其中，startup.bat 就是启动 Tomcat 的脚本文件，如图 2-8 所示。

鼠标双击 startup.bat 文件，便会启动 Tomcat 服务器，此时，可以在命令行看到一些启动信息，如图 2-9 所示。

(5) Tomcat 服务器启动后，在浏览器的地址栏中输入 http://localhost:8080 或者 http://127.0.0.1:8080(localhost 和 127.0.0.1 都表示本地计算机)访问 Tomcat 服务器，如果浏览器中的显示界面如图 2-10 所示，则说明 Tomcat 服务器安装成功了。

注意：如果双击 startup.bat 文件时，Tomcat 没有正常启动，而是一闪而过，则说明 Tomcat 的启动发生意外，具体的解决办法见 2.2.3 节。

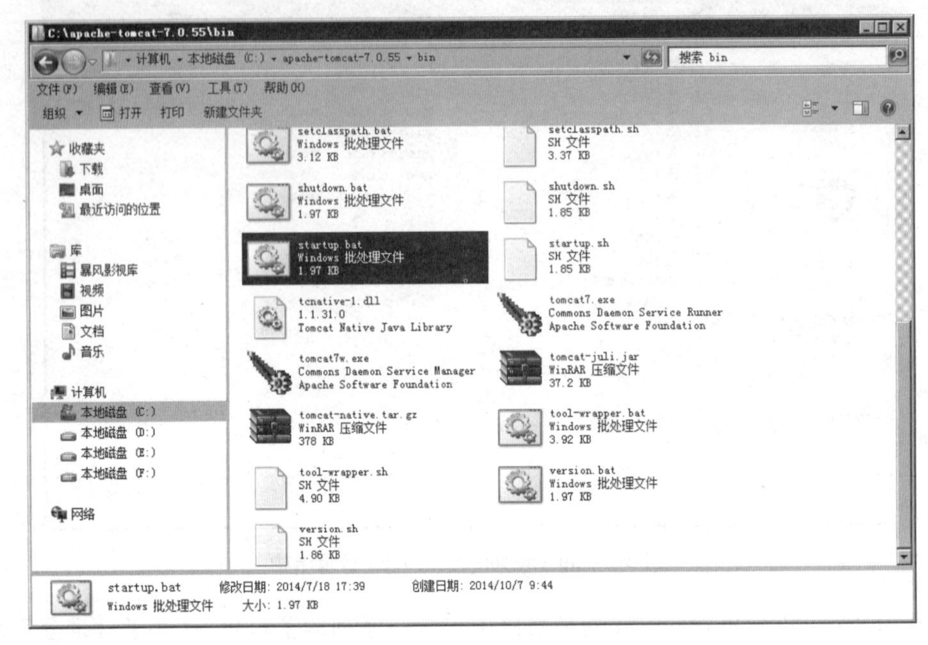

图 2-8 bin 目录

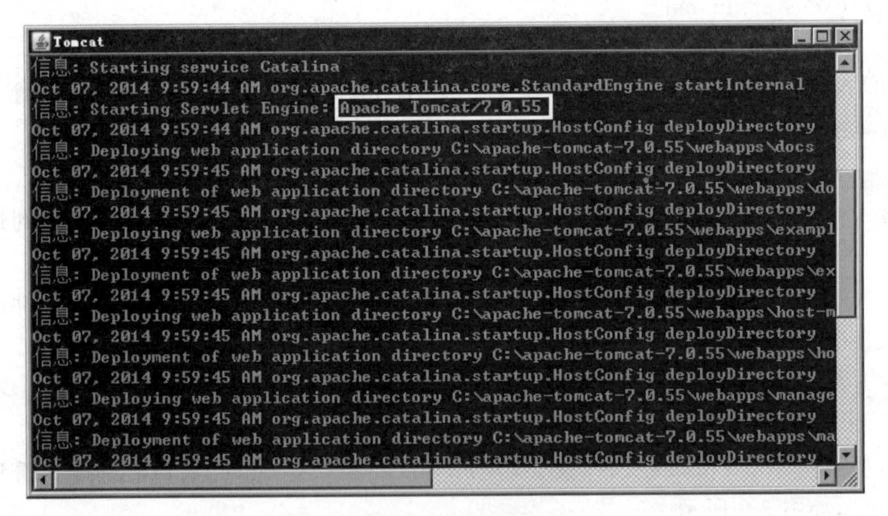

图 2-9 Tomcat 启动信息

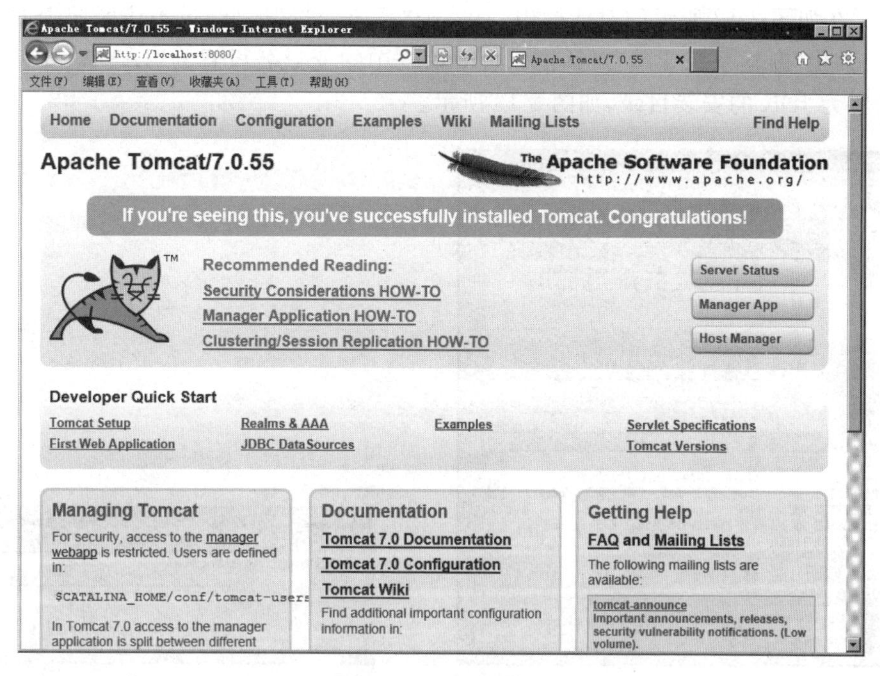

图 2-10 Tomcat 首页

2.2.3 Tomcat 诊断

在 2.2.2 节安装启动 Tomcat 的学习中，可能会遇到一种情况，即双击 bin 目录中的 startup.bat 脚本文件时，命令行窗口一闪而过。在这种情况下，由于无法查看到错误信息，因此，无法对 Tomcat 进行诊断，分析其出错的原因。这时，可以先启动一个命令行窗口，在这个命令行窗口中进入 Tomcat 安装目录中的 bin 目录，然后在该窗口中执行 startup.bat 命令，就会看到错误信息显示在该窗口中，如图 2-11 所示。

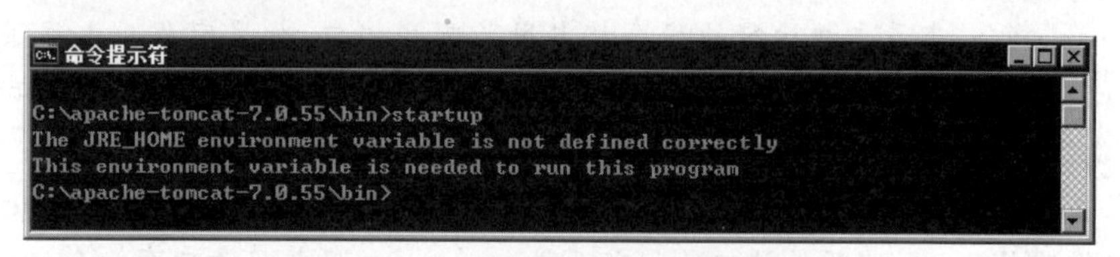

图 2-11 运行 Tomcat 提示错误信息

从图 2-11 中可以看出，错误提示"JRE_HOME 环境变量配置不正确，运行该程序需要此环境变量"。这是因为 Tomcat 服务器是由 Java 语言开发的，它在运行时需要根据 JAVA_HOME 或 JRE_HOME 环境变量来获得 JRE 的安装位置，从而利用 Java 虚拟机来运行 Tomcat。为了解决这个问题，只需要将 JAVA_HOME 环境变量配置成 JDK 的安装目录。配置 JAVA_HOME 环境变量的具体步骤如下所示。

(1) 右击桌面图标"我的电脑"，选择"属性"→进入"高级"选项卡→单击"环境变量"按钮，此时会显示"环境变量"对话框，如图 2-12 所示。

(2) 在如图 2-12 所示的对话框中,有一个“系统变量”区域,单击该区域中的“新建”按钮,会弹出“新建系统变量”对话框。将对话框中的变量名设置为“JAVA_HOME”,变量值设置为 JDK 的安装目录,如图 2-13 所示。

图 2-12 “环境变量”对话框

图 2-13 新建环境变量

依次单击“确定”按钮,完成 JAVA_HOME 环境变量的配置。再次双击 startup.bat 文件启动 Tomcat 服务器,可以发现 Tomcat 服务器正常启动了。

脚下留心:

Tomcat 在启动时会出现启动失败的情况,这种情况还可能是因为 Tomcat 服务器所使用的网络监听端口被其他服务程序占用所导致。现在很多安全工具都提供查看网络监听端口的功能,如 360 安全卫士、QQ 管家等;同时,也可以通过在命令行窗口中输入“netstat -na”命令,查看本机运行的程序都占用了哪些端口,如果有程序占用了 8080 端口,则可以在任务管理器的“进程”选项卡中结束它的进程,之后重新启动 Tomcat 服务器,在浏览器中输入 http://localhost:8080 就能看到 Tomcat 的首页。

如果在“进程”选项卡中无法结束占用 8080 端口的程序,这时就需要在 Tomcat 的配置文件中修改 Tomcat 监听的端口号。前面讲过 Tomcat 安装目录中有一个 conf 文件夹用于存放 Tomcat 的各种配置文件,其中 server.xml 就是 Tomcat 的主要配置文件,端口号就是在这个文件中配置的。使用记事本打开 server.xml 文件,在这个文件中有多个元素,如图 2-14 所示。

在图 2-14 中可以看到 server.xml 文件中有一个＜Connector＞元素,该元素中有一个 port 属性,这个属性就是用于配置 Tomcat 服务器监听的端口号。当前 port 属性的值为 8080,表示 Tomcat 服务器使用的端口号是 8080。Tomcat 监听的端口号可以是 0～65 535 之间的任意一个整数,如果出现端口号被占用的情况,就可以修改这个 port 属性的值来修改端口号。

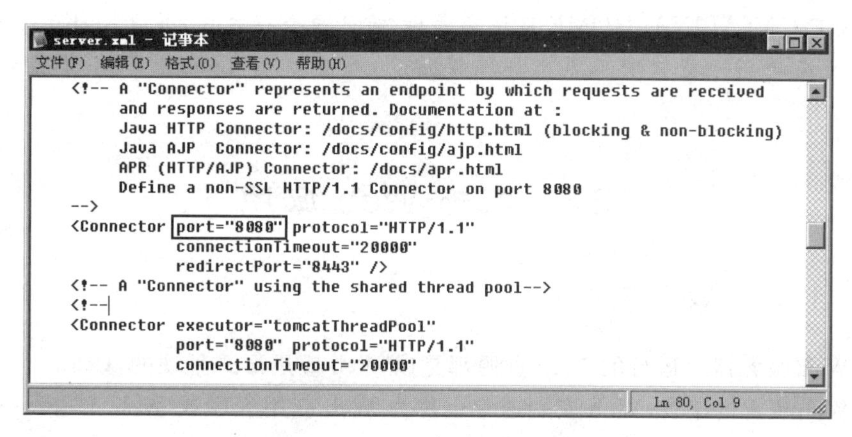

图 2-14 server.xml 中配置端口的位置

需要注意的是,如果将 Tomcat 服务器的端口号修改为 80,那么在浏览器地址栏中输入 http://localhost:80 访问 Tomcat 服务器,此时会发现 80 端口号自动消失了,这是因为 HTTP 规定 Web 服务器使用的默认端口为 80,访问监听 80 端口的 Web 应用时,端口号可以省略不写,即输入 http://localhost 就可访问 Tomcat 服务器。

 多学一招:启动 Tomcat 的其他方式

为了方便启动 Tomcat 服务器,有时也会将 startup.bat 脚本文件复制到其他目录,例如将 startup.bat 脚本文件复制到桌面,在命令行窗口执行桌面上的 startup.bat 文件可以看到窗口中会出现错误,如图 2-15 所示。

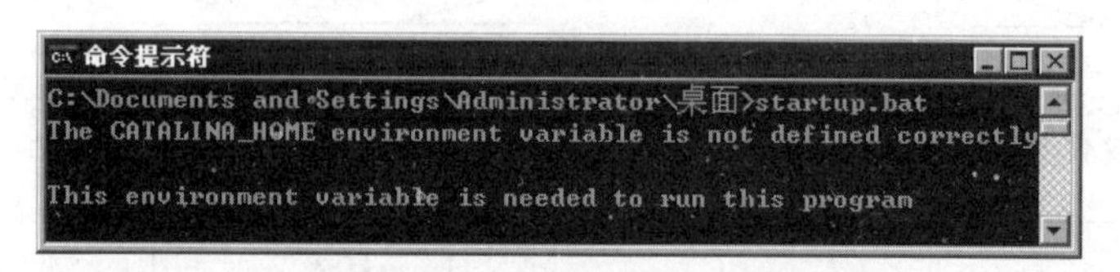

图 2-15 默认启动的 Tomcat 服务器

从图 2-15 可以看出,命令行窗口出现了 CATALINA_HOME 环境变量没有定义的错误信息。出现这个错误的原因是,Tomcat 服务器启动时需要根据 CATALINA_HOME 环境变量知道启动哪个 Tomcat 服务器程序。

配置 CATALINA_HOME 环境变量的过程与配置 JAVA_HOME 环境变量类似,可以参照 JAVA_HOME 的配置过程,最后在"编辑系统变量"对话框中,将变量名设置为"CATALINA_HOME",变量值设置为 Tomcat 的安装目录,如图 2-16 所示。

编辑系统变量
变量名(N): CATALINA_HOME
变量值(V): C:\apache-tomcat-7.0.55
确定 取消

图 2-16 CATALINA_HOME 环境变量

配置完 CATALINA_HOME 环境变量后，重开命令行窗口，并再次启动 Tomcat 服务器，此时在命令行窗口中不再出现错误信息，而会显示 Tomcat 服务器启动成功的信息。

2.3 发布 Web 应用

2.3.1 什么是 Web 应用

在 Web 服务器上运行的 Web 资源都是以 Web 应用形式呈现的，所谓 Web 应用就是多个 Web 资源的集合，Web 应用通常也称为 Web 应用程序或 Web 工程。一个 Web 应用由多个 Web 资源或其他文件组成，其中包括 html 文件、css 文件、js 文件、动态 Web 页面、java 程序、支持 jar 包、配置文件等。开发人员在开发 Web 应用时，应按照一定的目录结构来存放这些文件；否则，在把 Web 应用交给 Web 服务器管理时，不仅可能会使 Web 应用无法访问，还会导致 Web 服务器启动报错。接下来通过一个图例来描述 Web 应用的目录结构，如图 2-17 所示。

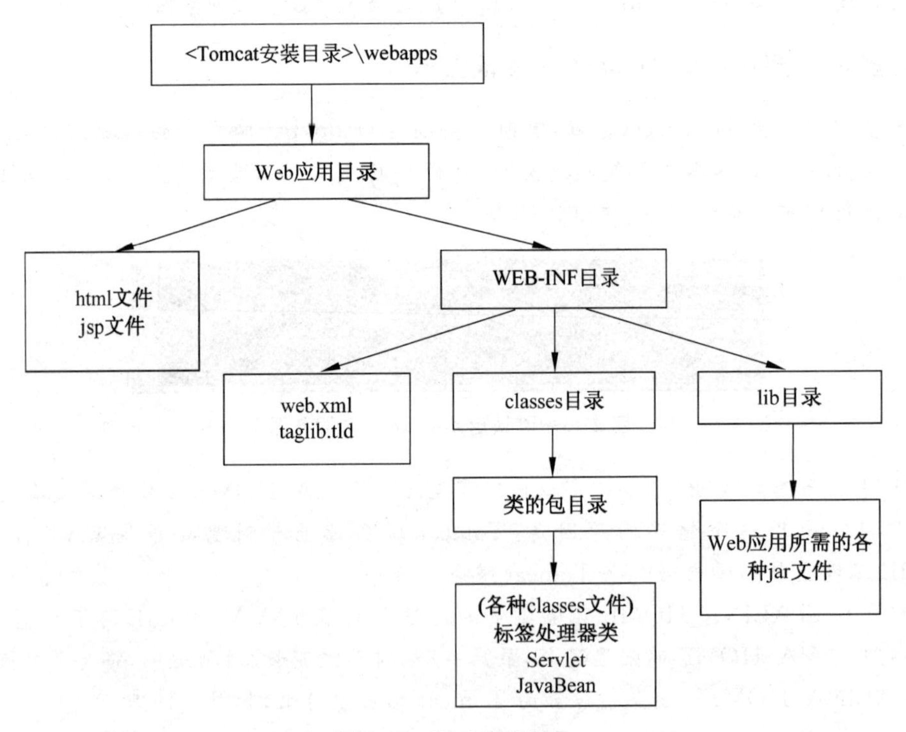

图 2-17 Web 应用目录

从图 2-17 可以看出，一个 Web 应用需要包含多个目录，这些目录用来存储不同类型的文件。其中，所有的 Web 资源都可以直接存放在 Web 应用的根目录下，在 Web 应用的根目录中还有一个特殊的目录 WEB-INF，所有的配置文件都直接存放在这个目录中，WEB-INF 还有两个子目录分别是 classes 目录和 lib 目录，classes 目录用于存放各种

.class文件，lib目录用于存放Web应用所需要的各种jar文件。

2.3.2 配置Web应用虚拟目录

开发好的Web应用要想被外界访问，除了需要安装一个Web服务器外，还要将该Web应用映射成为一个能够供外界访问的虚拟Web目录，这个过程称为配置Web应用虚拟目录。Tomcat服务器从6.0的版本开始，会自动管理webapps目录下的Web应用，并将Web应用目录的名称作为虚拟目录名称。

先看一个例子，在Tomcat的webapps下创建目录chapter02，chapter02为Web应用的名称，然后在chapter02目录下创建一个welcome.html文件，在该文件中写入“欢迎来到传智播客”。启动Tomcat服务器，在浏览器地址栏中输入http://localhost:8080/chapter02/welcome.html访问welcome.html页面，此时，浏览器窗口中显示的结果如图2-18所示。

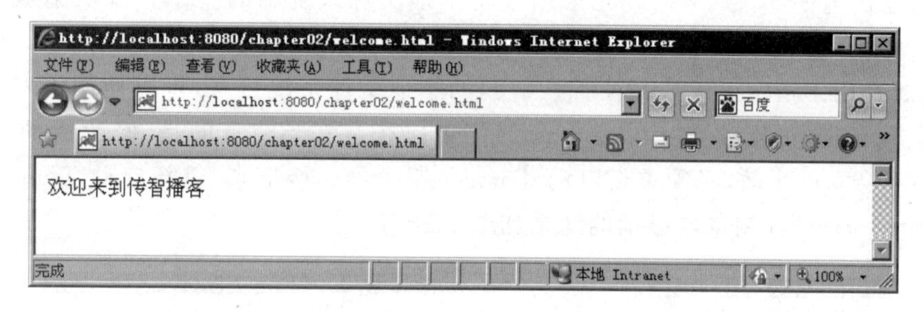

图2-18 welcome.html

从图2-18可以看出，浏览器窗口中显示了welcome.html页面的内容。由此说明，放在webapps目录下的Web应用可以直接被外界访问。

但是，如果将所有的Web应用都放在webapps目录下也是不合理的。有时候，会将Web应用放置在其他目录下，那么，这时，Web服务器又是如何管理Web应用呢？接下来通过一个案例来演示。首先将chapter02目录剪切到D盘根目录下，打开IE浏览器再次访问该应用，此时浏览器窗口会出现404错误，如图2-19所示。

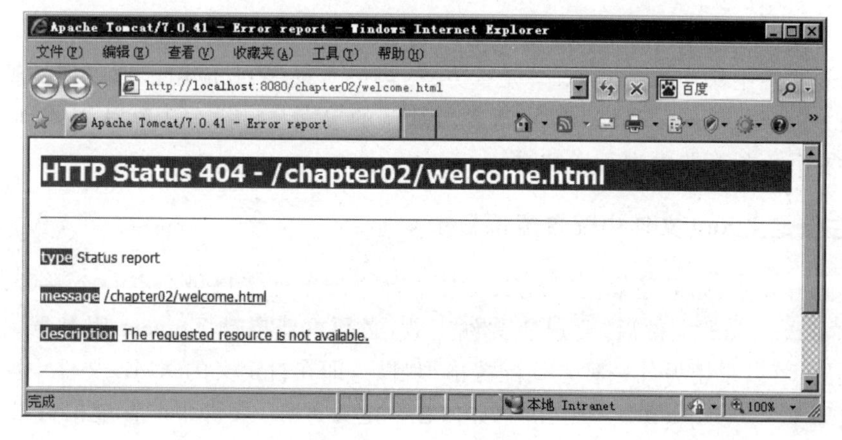

图2-19 welcome.html

图 2-19 中之所以出现了 404 错误，原因是 Tomcat 无法管理<Tomcat 安装目录>/webapps 目录以外的 Web 应用程序，在这种情况下，Web 应用要想被外界访问，就需要手动配置虚拟目录，在 Tomcat 服务器中配置虚拟目录有两种方式，具体如下。

1. 在 server. xml 文件中配置虚拟目录

首先打开<Tomcat 安装目录>/conf 目录下的 server. xml 文件，在<Host>元素中添加一个<Context>元素，具体代码如下所示：

```
<Host name="localhost"  appBase="webapps" unpackWARs="true" autoDeploy="
true">
    <Context path="/chapter02" docBase="d:\chapter02"/>
</Host>
```

在上述代码中，<Context>元素用于将本地文件系统中的一个目录映射成一个可供 Web 浏览器访问的虚拟目录。其中，path 属性用于指定 Web 应用的虚拟路径；docBase 属性用于指定该虚拟路径所映射到的本地文件系统目录，可以使用绝对路径或相对于<Tomcat 安装目录>/webapps 的相对路径。需要注意的是，修改后的 server. xml 文件不会立即生效，必须重新启动 Tomcat 服务器。接下来，重新启动 Tomcat 服务器并刷新 IE 浏览器，浏览器显示的结果如图 2-20 所示。

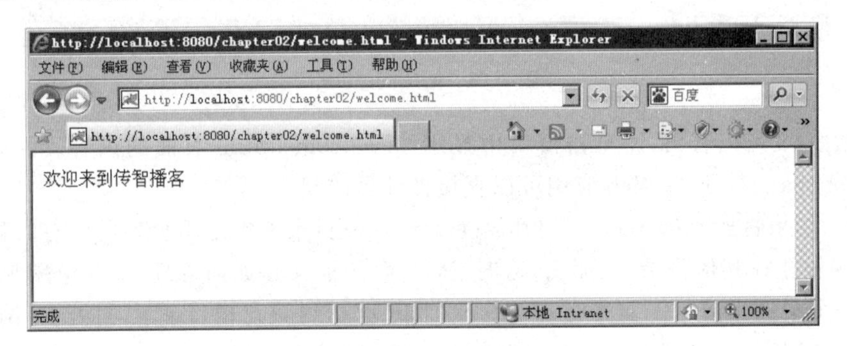

图 2-20 welcome. html

从图 2-20 可以看出，浏览器成功地访问到了 welcome. xml 文件。由此说明，通过在 server. xml 文件中添加<Context>元素方式，可以实现 Web 应用虚拟路径的映射。需要注意的是，如果将 path 设置为" "，则表示默认的 Web 应用，关于默认 Web 应用的具体内容将在后面的章节中进行详细讲解。

2. 在自定义 xml 文件中配置虚拟目录

在实际开发中，如果经常在 server. xml 文件中配置虚拟目录会有一个弊端，那就是每次修改 server. xml 文件后，要想使文件生效，必须重新启动 Tomcat 服务器。为了解决这个问题，可以采用另外一种方式配置虚拟目录，即在自定义的 XML 文件中配置虚拟目录。接下来，以 chapter02 为例，讲解如何在自定义 XML 文件中配置虚拟目录。

首先进入<Tomcat安装目录>\conf\Catalina\localhost目录，在该目录中创建一个名为chapter02.xml的配置文件（文件名可以任意，但必须是.xml文件），然后将server.xml文件中配置好的<Context>元素复制到该文件中，重新启动Tomcat服务器，访问welcome.html文件，浏览器显示的结果如图2-20所示。

从图2-21可以看出，浏览器中同样显示了welcome.html页面，说明使用自定义的XML文件也可以配置虚拟目录。

需要注意的是，在自定义的XML文件中，不仅可以配置虚拟目录，还可以配置默认的Web应用。配置方式很简单，只需要将chapter02.xml文件重命名为ROOT.xml即可。启动Tomcat服务器，在浏览器中输入http://localhost:8080/welcome.html访问welcome.html，发现浏览器可以成功访问到默认Web应用中的页面welcome.html，浏览器显示的结果如图2-21所示。

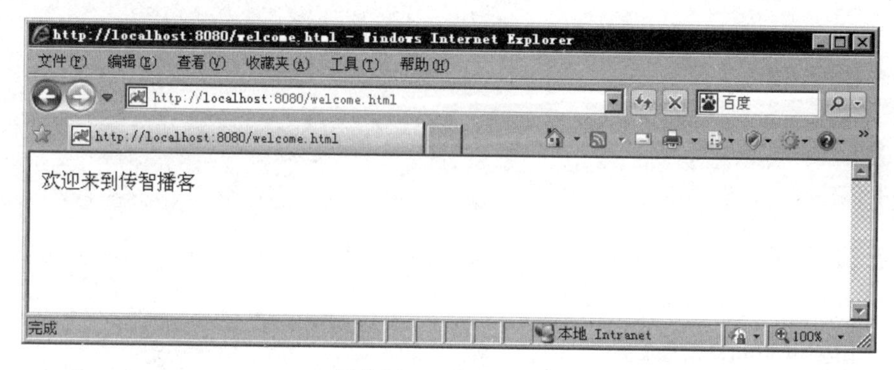

图2-21 welcome.html

2.3.3 配置Web应用默认页面

当访问一个Web应用程序时，通常需要指定访问的资源名称，如果没有指定资源名称，则会访问默认的页面。例如，在访问新浪的体育新闻页面时需要输入http://sports.sina.com.cn/index.html，有的时候也希望只输入http://sports.sina.com.cn/就能访问体育新闻页面。要想实现这样的需求，只需要修改WEB-INF目录下的web.xml文件的配置即可。

为了帮助初学者更好地理解默认页面的配置方式，首先查看一下Tomcat服务器安装目录下的web.xml文件是如何配置的，打开<Tomcat根目录>\conf目录下的web.xml文件，可以看到如下所示的一段代码：

```
<welcome-file-list>
    <welcome-file>index.html</welcome-file>
    <welcome-file>index.htm</welcome-file>
    <welcome-file>index.jsp</welcome-file>
</welcome-file-list>
```

在上述代码中，<welcome-file-list>元素用于配置默认页面列表，它包含多个

<welcome-file>子元素，每个<welcome-file>子元素都可以指定一个页面文件。当用户访问 Web 应用时，如果没有指定具体要访问的页面资源，Tomcat 会按照<welcome-file-list>元素指定默认页面的顺序，依次查找这些默认页面，如果找到，将其返回给用户，并停止查找后面的默认页面；若没有找到，则返回访问资源不存在的错误提示页面。

接下来就按照上述 web. xml 文件的内容，将 chapter02 应用中的 welcome. html 页面配置成默认页面。首先在 chapter02 应用中创建 WEB-INF 目录，并在此目录下创建一个 web. xml 文件，将 welcome. html 设置为默认网页，具体配置方式如下所示：

```
<?xml version="1.0" encoding="ISO-8859-1"?>
<web-app xmlns="http://java.sun.com/xml/ns/javaee"
  xmlns:xsi="http://www.w3.org/2001/XMLSchema-instance"
  xsi:schemaLocation="http://java.sun.com/xml/ns/javaee
            http://java.sun.com/xml/ns/javaee/web-app_3_0.xsd"
version="3.0">
    <welcome-file-list>
        <welcome-file>welcome.html</welcome-file>
    </welcome-file-list>
</web-app>
```

重新启动 Tomcat 服务器，在浏览器的地址栏中输入 http://localhost:8080/chapter02/，此时，浏览器窗口中显示的结果如图 2-22 所示。

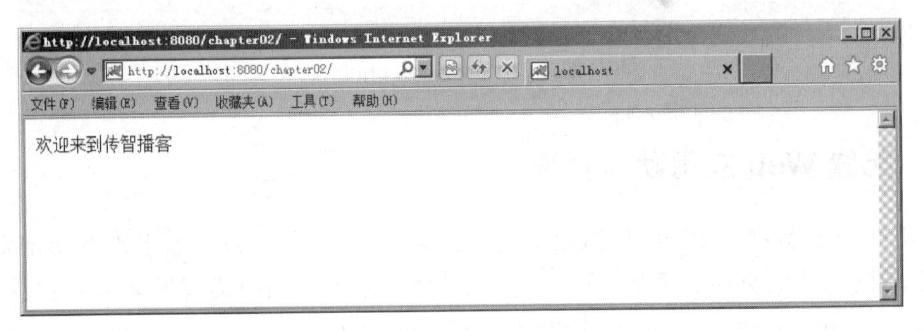

图 2-22 默认首页

从图 2-23 中可以看出，虽然浏览器地址栏中并没有指定资源名称，但是却可以访问到 welcome. html 页面，说明 welcome. html 页面被成功设置成了默认的页面。

2.3.4 Tomcat 的管理平台

当使用 Tomcat 的 Webapps 目录对 Web 应用进行管理时，无法控制单个 Web 应用的启动与停止。为此，Tomcat 提供了一个管理平台，该平台列出了所有的 Web 应用及其状态，并且提供了控制每个 Web 应用的启动、停止和卸载的功能。接下来，分步骤讲解 Tomcat 管理平台的使用，具体如下。

(1) 在浏览器的地址栏中输入 http://localhost. 8080/打开 Tomcat 首页，单击 Tomcat 首页的 Manager App 链接进入 Tomcat 管理平台，浏览器中显示的结果如图 2-23 所示。

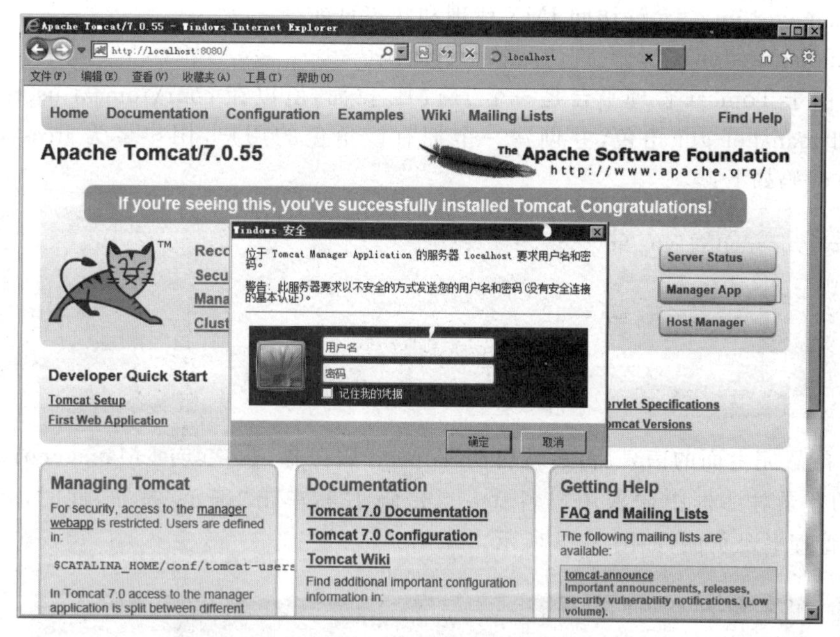

图 2-23 Tomcat 管理平台的登录页面

在图 2-23 中显示的登录对话框需要输入用户名和密码，由于是首次登录 Tomcat 的管理平台，并不知道用户名和密码，因此，单击“取消”按钮，此时浏览器会跳转到另外一个页面，如图 2-24 所示。

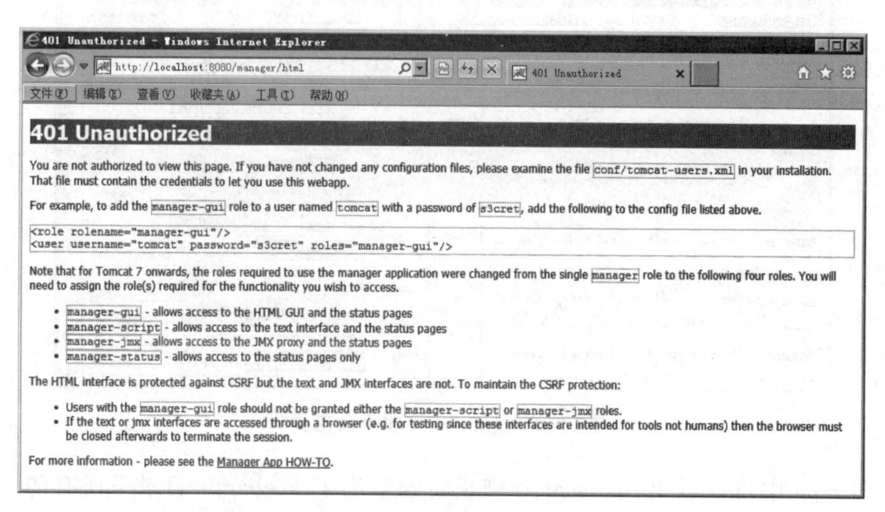

图 2-24 登录 Tomcat 管理平台的提示信息

在图 2-24 中，浏览器窗口显示出了有关登录管理平台的提示信息，从提示信息可以知道，要访问管理平台，需要在 conf\tomcat-users.xml 文件中添加具有管理权限的账号。Tomcat 7.0 定义了 4 个不同的角色，这 4 个角色及其管理的内容如下所示。

① manager-gui：允许访问 HTML 图形管理控制台和状态页面。

② manager-script：允许访问文本接口和状态页面。

③ manager-jmx：允许访问JMX代理和状态页面。

④ manager-status：只允许访问状态页面。

(2) 由于Tomcat管理平台是一个HTML页面，所以在conf\tomcat-users.xml文件中添加manager-gui角色，并创建一个拥有该角色的用户，用户名为itcast，密码为123，具体代码如下：

```
<?xml version="1.0" encoding="UTF-8"?>
<tomcat-users>
    <role rolename="manager-gui"/>
    <user username="itcast" password="123" roles="manager-gui"/>
</tomcat-users>
```

(3) 配置完上面的信息后，重新启动Tomcat服务器，再次访问Manager App链接，在弹出的登录对话框中输入用户名itcast、密码123，单击“确定”按钮，此时，就会看到Tomcat管理平台页面，如图2-25所示。

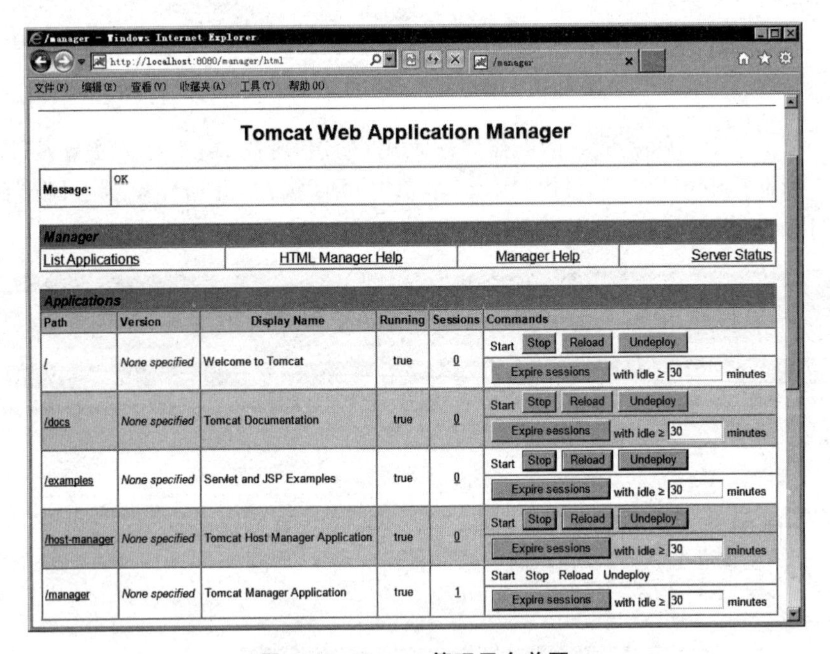

图2-25 Tomcat管理平台首页

从图2-26中可以看出，Tomcat管理平台列举出了Webapps目录下所有的Web应用，并且提供了管理这些Web应用的功能，例如，Start用来启动某个Web应用，Stop用来停止某个应用，Reload用来停止并重新加载某个Web应用，Undeploy用来表示卸载并删除某个应用。需要注意的是，当修改了一个处于运行状态Web应用的web.xml文件后，必须重启Web应用才能使web.xml文件的修改生效。

2.4 配置虚拟主机

Tomcat 服务器允许用户在同一台计算机上配置多个 Web 站点，在这种情况下，需要为每个 Web 站点配置不同的主机名，即配置虚拟主机。现实生活中，为了提高硬件资源的利用率，有很多网站通过配置虚拟主机的方式实现服务器的共享。接下来，本节将详细讲解如何配置虚拟主机。

在 Tomcat 服务器中配置虚拟主机需要使用<Host>元素，打开 Tomcat 安装目录下的 server. xml 文件，发现有如下所示的一行代码：

```
<Host appBase="webapps" autoDeploy="true" name="localhost" unpackWARs="true">
```

在上述这行代码中，<Host>元素代表一个虚拟主机，它的属性 name 和 appBase 分别表示虚拟主机的名称和路径，在此，表示虚拟主机的名称为 localhost，路径为<Tomcat 安装目录>\webapps 路径。这时，如果希望添加一个虚拟主机，只需要在 server. xml 的<Engine>元素中增加一个<Host>元素，将网站存放的目录配置为对应名称的主机即可，例如，将 d:\itcast 目录配置为一个名为 itcast 的虚拟主机，具体示例代码如下：

```
<Engine  name="Catalina"  defaultHost="localhost">
    ...
    <Host name="itcast" appBase="d:\itcast">
      ...
    </Host>
</Engine>
```

在上面的示例代码中，使用 Host 元素配置了一个名称为 itcast 的虚拟主机。细心的读者可能会发现，<Host>元素有一个父元素<Engine>，一个<Engine>元素用于构建一个处理客户端请求的引擎，它接受 Tomcat 的连接器传递来的访问请求，进行具体的处理后将结果返回给连接器。<Engine>元素中有一个 defaultHost 属性，该属性用于指定默认的虚拟主机，即访问的主机如果不存在，则会访问默认的虚拟主机。将 itcast 配置为默认虚拟主机的具体实现代码如下所示：

```
<Engine  name="Catalina"  defaultHost="itcast">
    ...
    <Host name="itcast" appBase="d:\itcast">
      ...
    </Host>
</Engine>
```

需要注意的是，配置好的虚拟主机要想被外界访问，还必须在 DNS(Domain Name System，域名系统)服务器或 Windows 系统中注册。因为通过浏览器访问一个 URL 地址时，需要明确该主机所对应的IP地址，由这个IP去连接Web服务器。所以，当虚拟主机配置完毕后，还需要在hosts文件中配置虚拟主机与IP地址的映射关系。通常情况下，hosts文件位于操作系统根目录下的system32\drivers\etc子目录中。打开hosts文件，发现如下所示的一行文本：

```
127.0.0.1   localhost
```

这行文本的作用就是建立IP地址(127.0.0.1)和主机名(localhost)的映射关系，这也是在IE浏览器地址栏中可以使用localhost访问本地Web服务器的原因。如果要增加更多的主机名与IP地址的映射关系，只需在这个hosts文件中进行配置即可，例如，将d:\itcast目录配置成一个名为itcast的虚拟主机，配置方式如下所示：

```
127.0.0.1   itcast
```

动手体验：搭建Web站点

通过前面的讲解我们已经了解了如何配置一个虚拟主机，为了更好地掌握配置虚拟主机的过程，接下来分步骤讲解如何在虚拟主机中搭建Web站点，具体如下。

(1) 在D盘根目录中创建一个newhost目录，将开发好的chapter02应用复制到newhost目录中，然后将welcome.html页面中的内容修改为“这是newhost目录中的index.html文件”。

(2) 在server.xml文件中增加一个<Host>元素，将该元素的name属性设置为www.newhost.com，appBase属性设置为d:\newhost，具体代码如下：

```
<Engine  name="Catalina"  defaultHost="localhost">
    ...
    <Host name="www.newhost.com" appBase="d:\newhost">
        ...
    </Host>
</Engine>
```

(3) 在Windows系统的hosts文件中配置虚拟主机与IP地址的映射关系，具体代码如下：

```
127.0.0.1   www.newhost.com
```

(4) 重新启动Tomcat服务器，在浏览器的地址栏中输入http://www.newhost.com:8080/chapter02/welcome.html访问welcome.html页面，浏览器显示的结果如图2-26所示。

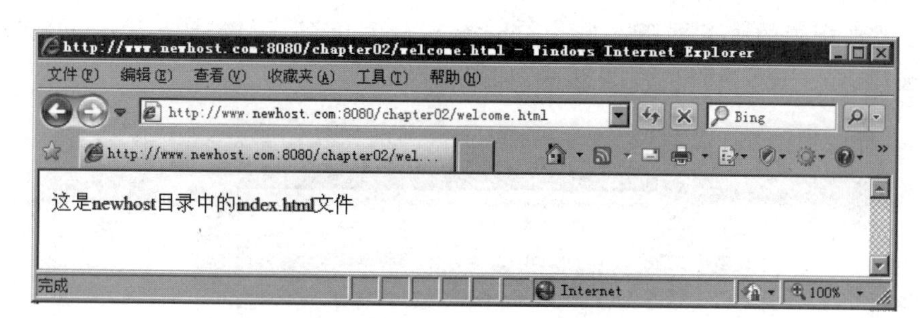

图 2-26 welcome.html

2.5 Eclipse 中配置 Tomcat 服务器

Eclipse 作为一款强大的软件集成开发工具，对 Web 服务器提供了非常好的支持，它可以去集成各种 Web 服务器，方便程序员进行 Web 开发。接下来，本节将分步骤讲解如何在 Eclipse 工具中配置 Tomcat 服务器。

(1) 启动 Eclipse 开发工具，单击工具栏中的 Window→Preferences 选项，此时会弹出一个 Preferences 窗口，在该窗口中单击左边菜单中的 Server 选项，在展开的菜单中选择最后一项 Runtime Environments，这时窗口右侧会出现 Server Runtime Environments 选项卡，如图 2-27 所示。

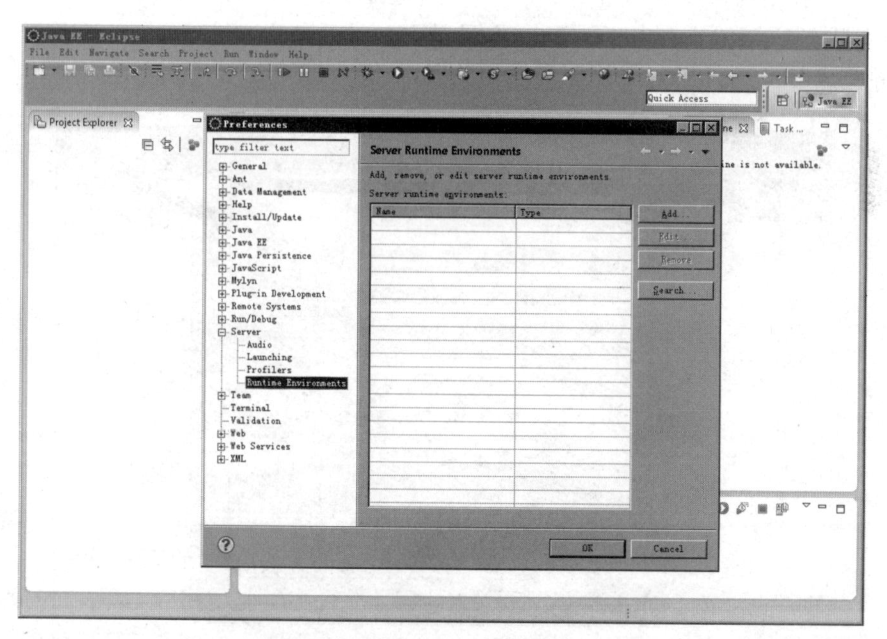

图 2-27 Preferences 窗口

(2) 在如图 2-27 所示的 Preferences 窗口中单击 Add 按钮，弹出一个 New Server Runtime Environment 窗口，该窗口显示出了可在 Eclipse 中配置的各种服务器及其版本。由于需要配置的服务器版本是 apache-tomcat-7.0.55，所以选择 Apache，在展开的版本中选择 Apache Tomcat v7.0 选项，如图 2-28 所示。

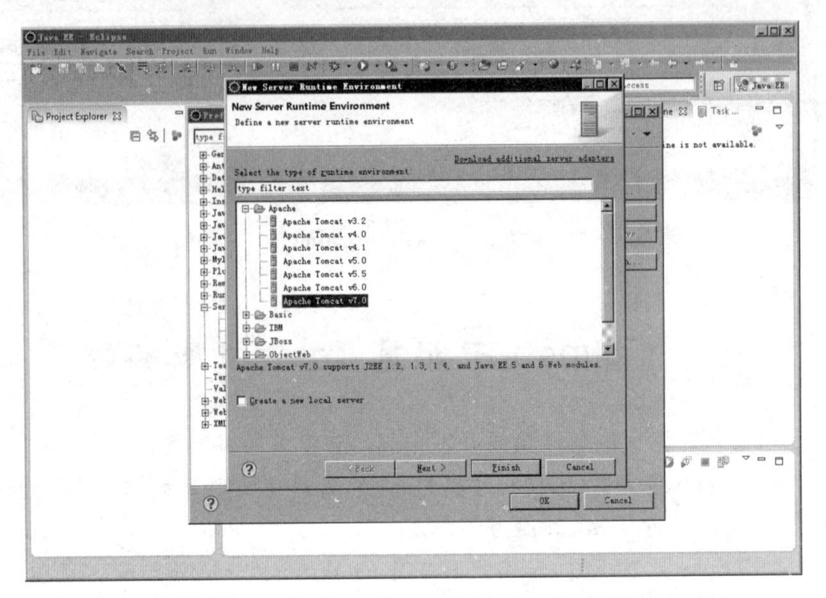

图 2-28 New Server Runtime Environment 窗口

(3) 在如图 2-28 所示的 New Server Runtime Environment 窗口中单击 Next 按钮执行下一步，在弹出的窗口中单击 Browser 按钮，选择安装 Tomcat 服务器的目录(Tomcat 服务器安装在 C:\apache-tomcat-7.0.55 目录下)，最后依次单击 Finish→OK 按钮关闭窗口，并完成 Eclipse 和 Tomcat 服务器的关联，如图 2-29 所示。

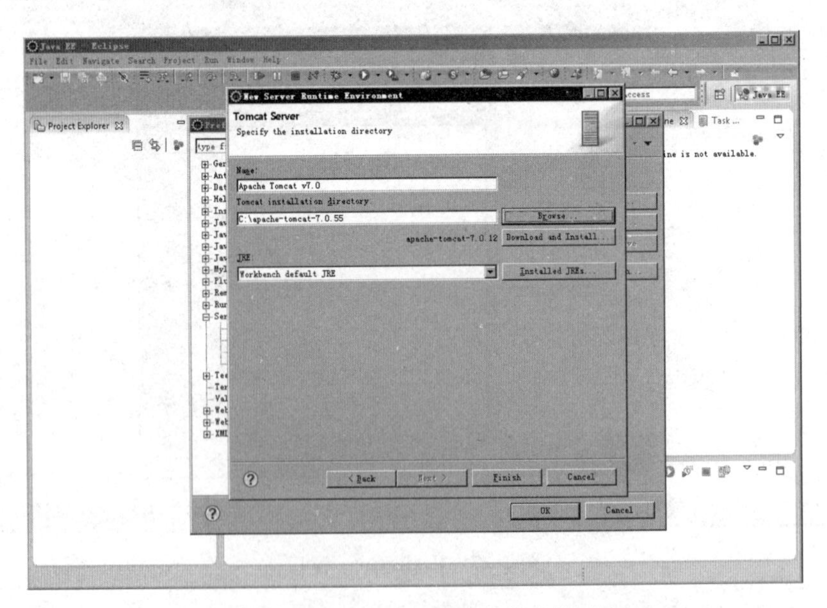

图 2-29 选择 Tomcat 服务器的安装目录

(4) 在 Eclipse 中创建 Tomcat 服务器。单击 Eclipse 下侧窗口的 Servers 选项卡标

签(如果没有这个选项卡,则可以通过 Windows→Show View 打开),在该选项卡中可以看到一个"No servers available. Define a new server from the new server wizard..."的链接,单击这个链接,会弹出一个 New Server 窗口,如图 2-30 所示。

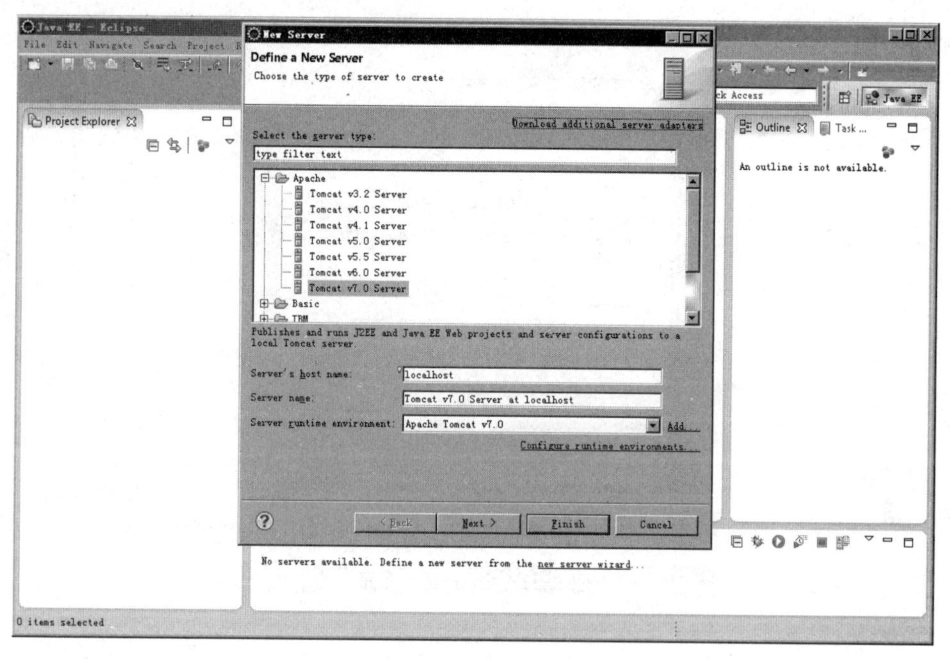

图 2-30 New Server 窗口

选中如图 2-30 所示的 Tomcat v7.0 Server 选项,单击 Finish 按钮完成 Tomcat 服务器的创建。这时,在 Servers 选项卡中,会出现一个 Tomcat v7.0 Server at localhost 选项。具体如图 2-31 所示。

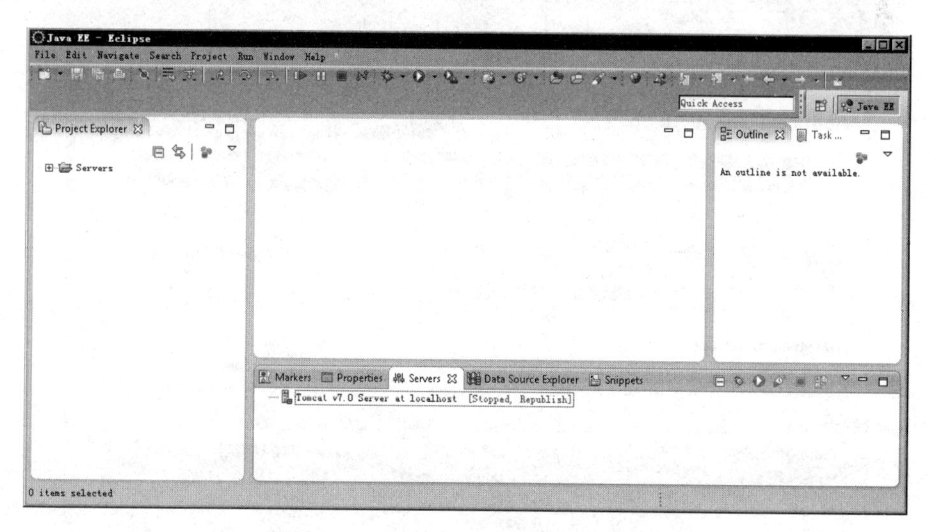

图 2-31 Eclipse 中创建 Tomcat 服务器

(5) Tomcat服务器创建完毕后，还需要进行配置。双击图2-31中创建好的Tomcat服务器，在打开的Overview页面中，选择Server Locations选项中的Use Tomcat installation，并将Deploy path文本框内容修改为webapps，如图2-32所示。

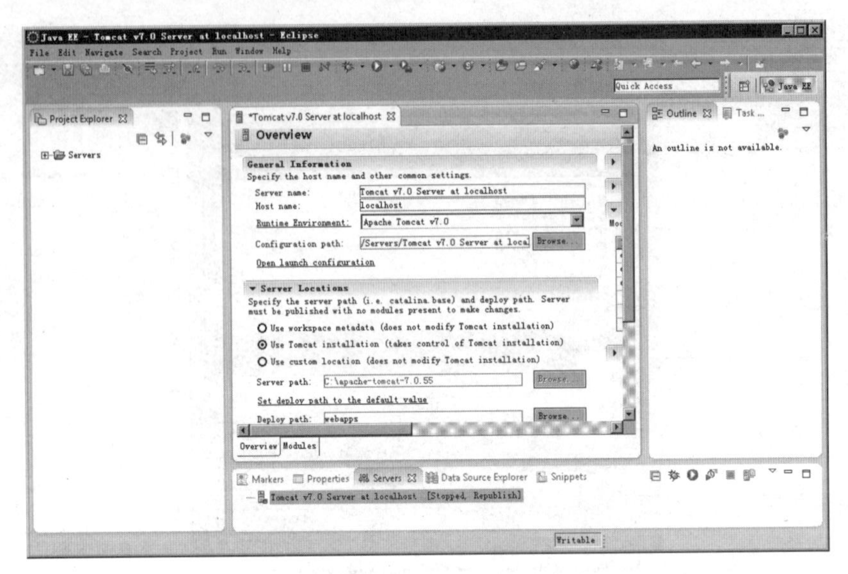

图2-32 Overview页面

至此，就完成了Tomcat服务器的所有配置。单击图2-32工具栏中的按钮，启动Tomcat服务器。为了检测Tomcat服务器是否正常启动，在浏览器地址栏中输入http://localhost:8080访问Tomcat首页，如果出现如图2-33所示的页面，则说明Tomcat在Eclipse中配置成功了。

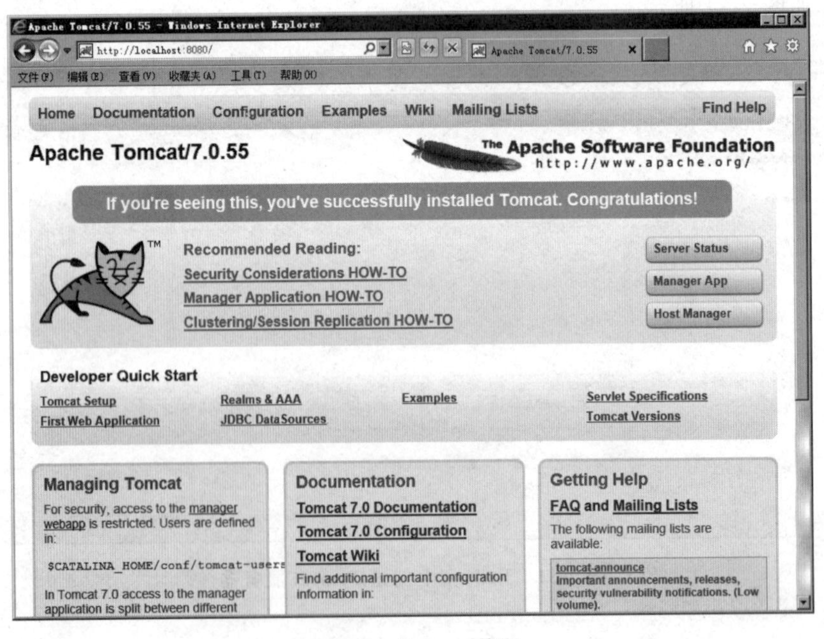

图2-33 Tomcat首页

小　　结

本章首先介绍了 Web 应用开发的相关知识，包括静态 Web 资源和动态 Web 资源、URL 地址、软件架构等。着重讲解了 Tomcat 服务器，包括 Tomcat 服务器的安装配置、目录结构、启动停止和 Tomcat 的管理平台，以及如何在 Tomcat 服务器中配置 Web 应用的虚拟目录、默认网页、虚拟主机等，最后介绍了如何在 Eclipse 中配置 Tomcat 服务器。通过这一章的学习，初学者可以对 Tomcat 服务器有了一个整体的认识，为以后学习 Web 开发奠定坚实的基础。

测　一　测

1. 如何将 Web 应用发布到 tomcat 上 localhost 主机？请写出至少 3 种实现方式。

2. 在 chapter02 应用的 web. xml 文件中进行哪些配置，可以将 welcome. html 页面配置成该应用的默认页面？

第3章 chapter 3

HTTP 协议

学习目标

- 了解 HTTP 消息，可以明确 HTTP 1.0 和 HTTP 1.1 的区别。
- 掌握 HTTP 请求行和每个请求头字段的含义。
- 掌握 HTTP 响应状态行和每个响应消息头字段的含义。
- 掌握通用头字段和实体头字段的含义。

思政案例

如同两个国家元首的会晤过程需要遵守一定的外交礼节一样，在浏览器与服务器的交互过程中，也要遵循一定的规则，这个规则就是 HTTP。HTTP 专门用于定义浏览器与服务器之间交换数据的过程以及数据本身的格式。对于从事 Web 开发的人员来说，只有深入理解 HTTP，才能更好地开发、维护、管理 Web 应用。接下来，本章将围绕 HTTP 展开详细的讲解。

3.1 HTTP 概述

3.1.1 HTTP 介绍

HTTP 是 Hyper Text Transfer Protocol 的缩写，即超文本传输协议。它是一种请求/响应式的协议，客户端在与服务器端建立连接后，就可以向服务器端发送请求，这种请求被称作 HTTP 请求，服务器端接收到请求后会做出响应，称为 HTTP 响应，客户端与服务器端在 HTTP 下的交互过程如图 3-1 所示。

HTTP请求

HTTP响应

客户端

服务器端

图 3-1　客户端与服务器的交互过程

从图 3-1 中可以清楚地看到客户端与服务器端使用 HTTP 通信的过程，接下来总结一下 HTTP 协议的特点，具体如下。

(1) 支持客户端(浏览器就是一种 Web 客户端)/服务器模式。

(2) 简单快速：客户端向服务器请求服务时，只需传送请求方式和路径。常用的请求方式有 GET、POST 等，每种方式规定了客户端与服务器联系的类型不同。由于 HTTP

简单,使得HTTP服务器的程序规模小,因而通信速度很快。

(3) 灵活:HTTP允许传输任意类型的数据,正在传输的数据类型由Content-Type加以标记。

(4) 无状态:HTTP是无状态协议。无状态是指协议对于事务处理没有记忆能力,如果后续处理需要前面的信息,则它必须重传,这样可能导致每次连接传送的数据量增大。

3.1.2 HTTP 1.0和HTTP 1.1

HTTP自诞生以来,先后经历了很多版本,其中,最早的版本是HTTP 0.9,它于1990年被提出。后来,为了进一步完善HTTP,先后在1996年提出了版本1.0,在1997年提出了版本1.1。由于HTTP 0.9版本已经过时,这里不作过多讲解。接下来,只针对HTTP 1.0和HTTP 1.1进行详细地讲解。

1. HTTP 1.0

基于HTTP 1.0协议的客户端与服务器在交互过程中需要经过建立连接、发送请求信息、回送响应信息、关闭连接4个步骤,具体交互过程如图3-2所示。

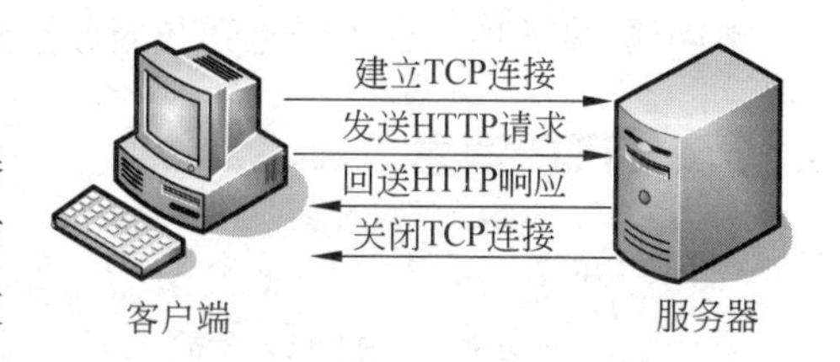

图3-2 HTTP 1.0的交互过程

从图3-2中可以看出,客户端与服务器建立连接后,每次只能处理一个HTTP请求。对于内容丰富的网页来说,这样的通信方式明显有缺陷。例如,下面的一段HTML代码:

```
<html>
    <body>
        <img src="/image01.jpg">
        <img src="/image02.jpg">
        <img src="/image03.jpg">
    </body>
</html>
```

上面的HTML文档中包含三个<img>标记,由于<img>标记的src属性指明的是图片的URL地址,因此,当客户端访问这些图片时,还需要发送三次请求,并且每次请求都需要与服务器重新建立连接。如此一来,必然导致客户端与服务器端交互耗时,影响网页的访问速度。

2. HTTP 1.1

为了克服上述HTTP 1.0的缺陷,HTTP 1.1版本应运而生,它支持持久连接,也就是说在一个TCP连接上可以传送多个HTTP请求和响应,从而减少了建立和关闭连接的消耗和延时。基于HTTP 1.1的客户端和服务器端的交互过程,如图3-3所示。

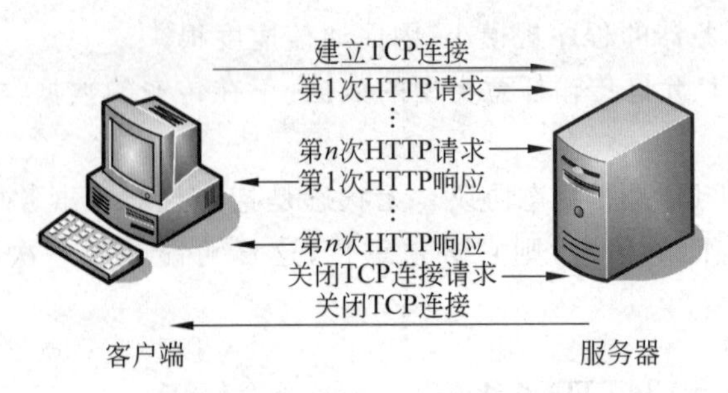

图 3-3 HTTP 1.1 协议通信原理

从图 3-3 中可以看出，当客户端与服务器端建立连接后，客户端可以向服务器端发送多个请求，并且在发送下个请求时，无须等待上次请求的返回结果。但服务器必须按照接受客户端请求的先后顺序依次返回响应结果，以保证客户端能够区分出每次请求的响应内容。由此可见，HTTP 1.1 不仅继承了 HTTP 1.0 的优点，而且有效解决了 HTTP 1.0 的性能问题，显著地减少了浏览器与服务器交互所需要的时间。

3.1.3 HTTP 消息

当用户在浏览器中访问某个 URL 地址、单击网页的某个超链接或者提交网页上的 form 表单时，浏览器都会向服务器发送请求数据，即 HTTP 请求消息。服务器接收到请求数据后，会将处理后的数据回送给客户端，即 HTTP 响应消息。HTTP 请求消息和 HTTP 响应消息统称为 HTTP 消息。

在 HTTP 消息中，除了服务器端的响应实体内容（HTML 网页、图片等）以外，其他信息对用户都是不可见的，要想观察这些"隐藏"的信息，需要借助一些网络查看工具。这里使用版本为 24.0 的 Firefox 浏览器的 Firebug 插件，它是浏览器 Firefox 的一个扩展，是一个免费、开源网页开发工具，用户可以利用它编辑、删改任何网站的 CSS、HTML、DOM 与 JavaScript 代码。Firebug 插件可以从 https://getfirebug.com 这个网站下载，安装到 Firefox 浏览器中的 Firebug 效果如图 3-4 所示。

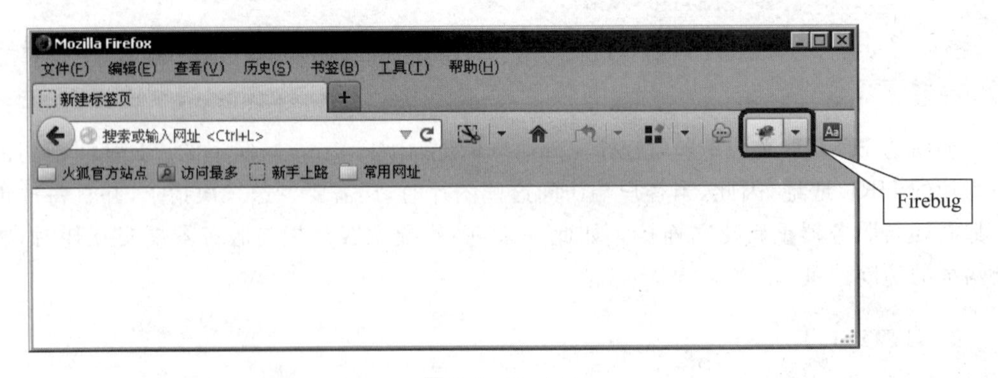

图 3-4 Firebug

单击如图 3-4 所示的图标打开 Firebug 插件，在浏览器的下部会出现一个工具栏，提供了 Firebug 插件的所有功能，如图 3-5 所示。

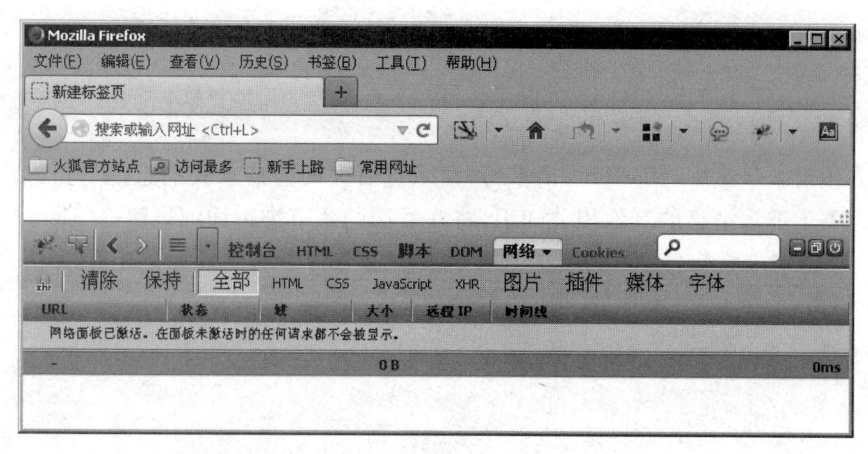

图 3-5 Firebug 工具栏

从图 3-5 中可以看到，Firebug 包含丰富的功能。其中，浏览器和服务器通信的 HTTP 消息可以通过单击"网络"按钮进行查看。为了帮助读者更好地理解 HTTP 消息，接下来分步骤讲解如何利用 Firebug 插件查看 HTTP 消息，具体如下。

(1) 在浏览器的地址栏中输入 www. baidu. com 访问百度首页，在 Firebug 的工具栏中可以看到请求的 URL 地址，如图 3-6 所示。

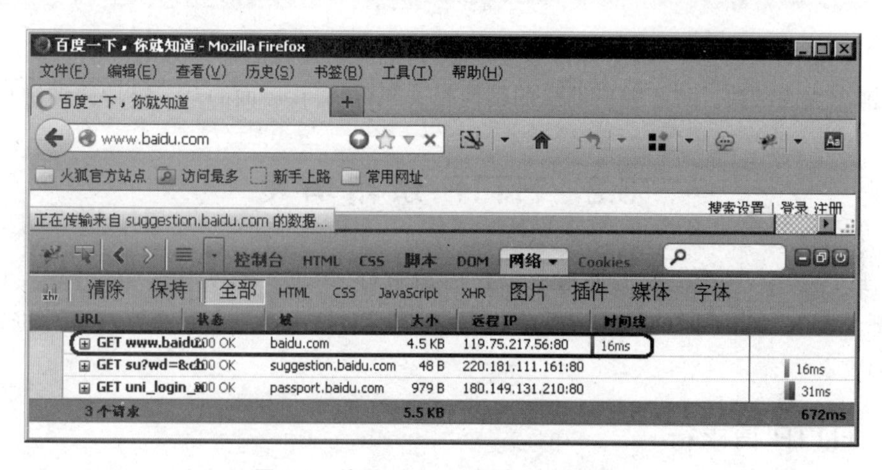

图 3-6 使用 Firebug 查看 HTTP 消息

(2) 单击 URL 地址左边的"+"号，在展开的默认头信息选项卡中可以看到格式化后的响应头信息和请求头信息。单击请求头信息一栏左边的"原始头信息"，可以看到原始的请求头信息，具体如下所示：

```
GET/HTTP/1.1
Host: www.baidu.com
User-Agent: Mozilla/5.0(Windows NT 5.1; rv:25.0)Gecko/20100101 Firefox/25.0
Accept: text/html,application/xhtml+xml,application/xml;q=0.9,*/*;q=0.8
Accept-Language: zh-cn,zh;q=0.8,en-us;q=0.5,en;q=0.3
```

```
Accept-Encoding: gzip, deflate
Connection: keep-alive
```

在上述请求消息中，第一行为请求行，请求行后面的为请求头消息，空行代表请求头的结束。关于请求消息的其他相关知识，将在后面的章节进行详细讲解。

(3) 单击响应头信息一栏左边的"原始头信息"，可以看到原始的响应头信息，如下所示：

```
HTTP/1.1 200 OK
Date: Fri, 11 Oct 2013 06:48:44 GMT
Content-Type: text/html;charset=utf-8
Transfer-Encoding: chunked
Connection: Keep-Alive
Vary: Accept-Encoding
Expires: Fri, 11 Oct 2013 06:47:47 GMT
Cache-Control: private
Server: BWS/1.0
```

在上面的响应消息中，第一行为响应状态行，响应状态行后面的为响应消息头，空行代表响应消息头的结束。关于响应消息的其他相关知识，将在后面的章节进行详细讲解。

3.2 HTTP请求消息

在HTTP中，一个完整的请求消息是由请求行、请求头和实体内容三部分组成，其中，每部分都有各自不同的作用。本节将围绕HTTP请求消息的每个组成部分进行详细的讲解。

3.2.1 HTTP请求行

HTTP请求行位于请求消息的第一行，它包括三个部分，分别是请求方式、资源路径以及所使用的HTTP版本，具体示例如下：

```
GET /index.html HTTP/1.1
```

上面的示例就是一个HTTP请求行，其中，GET是请求方式，index.html是请求资源路径，HTTP/1.1是通信使用的协议版本。需要注意的是，请求行中的每个部分需要用空格分隔，最后要以回车换行结束。

关于请求资源和协议版本，读者都比较容易理解，而HTTP请求方式对读者来说比较陌生，接下来就针对HTTP的请求方式进行具体分析。

在HTTP的请求消息中，请求方式有GET、POST、HEAD、OPTIONS、DELETE、TRACE、PUT和CONNECT共8种，每种方式都指明了操作服务器中指定URI资源的方式，它们表示的含义如表3-1所示。

表3-1 HTTP的8种请求方式

请求方式	含义
GET	请求获取请求行的URI所标识的资源
POST	向指定资源提交数据，请求服务器进行处理(如提交表单或者上传文件)
HEAD	请求获取由URI所标识资源的响应消息头
PUT	将网页放置到指定URL位置(上传/移动)
DELETE	请求服务器删除URI所标识的资源
TRACE	请求服务器回送收到的请求信息，主要用于测试或诊断
CONNECT	保留将来使用
OPTIONS	请求查询服务器的性能，或者查询与资源相关的选项和需求

表3-1中列举了HTTP的8种请求方式，其中最常用的就是GET和POST方式，接下来，针对这两种请求方式进行详细讲解，具体如下所示。

1. GET方式

当用户在浏览器地址栏中直接输入某个URL地址或者单击网页上的一个超链接时，浏览器将使用GET方式发送请求。如果将网页上的form表单的method属性设置为"GET"或者不设置method属性(默认值是GET)，当用户提交表单时，浏览器也将使用GET方式发送请求。

如果浏览器请求的URL中有参数部分，在浏览器生成的请求消息中，参数部分将附加在请求行中的资源路径后面。先来看一个URL地址，具体如下：

```
http://www.itcast.cn/javaForum?name=lee&psd=hnxy
```

在上述URL中，"?"后面的内容为参数信息。参数是由参数名和参数值组成的，并且中间使用等号(=)进行连接。需要注意的是，如果URL地址中有多个参数，参数之间需要用"&"分隔。

当浏览器向服务器发送请求消息时，上述URL中的参数部分会附加在要访问的URI资源后面，具体如下所示：

```
GET /javaForum?name=lee&psd=hnxy HTTP/1.1
```

需要注意的是，使用GET方式传送的数据量有限，最多不能超过1KB。

2. POST方式

如果网页上form表单的method属性设置为"POST"，当用户提交表单时，浏览器将使用POST方式提交表单内容，并把各个表单元素及数据作为HTTP消息的实体内容发送给服务器，而不是作为URI地址的参数传递。另外，在使用POST方式向服务器传递数据时，Content-Type消息头会自动设置为“application/x-www-form-urlencoded”，Content-Length消息头会自动设置为实体内容的长度，具体示例如下：

```
POST /javaForum HTTP/1.1
Host: www.itcast.cn
Content-Type: application/x-www-form-urlencoded
Content-Length: 17

name=lee&psd=hnxy
```

对于使用POST方式传递的请求信息，服务器端程序会采用与获取URI后面参数相同的方式来获取表单各个字段的数据。

需要注意的是，在实际开发中，通常都会使用POST方式发送请求，其原因主要有两个，具体如下。

1) POST传输数据大小无限制

由于GET请求方式是通过请求参数传递数据的，因此最多可传递1KB的数据。而POST请求方式是通过实体内容传递数据的，因此可以传递数据的大小没有限制。

2) POST比GET请求方式更安全

由于GET请求方式的参数信息都会在URL地址栏明文显示，而POST请求方式传递的参数隐藏在实体内容中，用户是看不到的，因此，POST比GET请求方式更安全。

动手体验——使用Firebug查看GET和POST请求

上面介绍了HTTP的GET和POST请求方式，接下来通过Firebug插件来查看使用这两种方式请求时如何传递数据。

(1) 首先在＜Tomcat的安装目录＞\webapps目录下创建一个Web工程chapter03，然后在chapter03中创建两个HTML文档GET.html和POST.html，如例3-1和例3-2所示。

例3-1 GET.html

```
<html>
<body>
<form action="" method="get">
    姓名:<input type="text" name="name" style="width: 150px" /><p />
    年龄:<input type="text" name="age" style="width: 150px" /><p />
    <input type="submit" value="提交" /><p />
</form>
</body>
</html>
```

例 3-2 POST.html

```
<html>
<body>
<form action="" method="post">
    姓名:<input type="text" name="name" style="width: 150px" /><p />
    年龄:<input type="text" name="age" style="width: 150px" /><p />
    <input type="submit" value="提交" /><p />
</form>
</body>
</html>
```

在例3-1和例3-2中都定义了一个form表单，不同的是，在GET.html文档中，form表单的method属性值为“get”，而在POST.html文档中，form表单的method属性值为“post”。

(2) 启动Tomcat服务器，打开Firefox浏览器和Firebug插件，在浏览器地址栏中输入“http://localhost:8080/chapter03/GET.html”访问GET.html文档，浏览器显示的内容如图3-7所示。

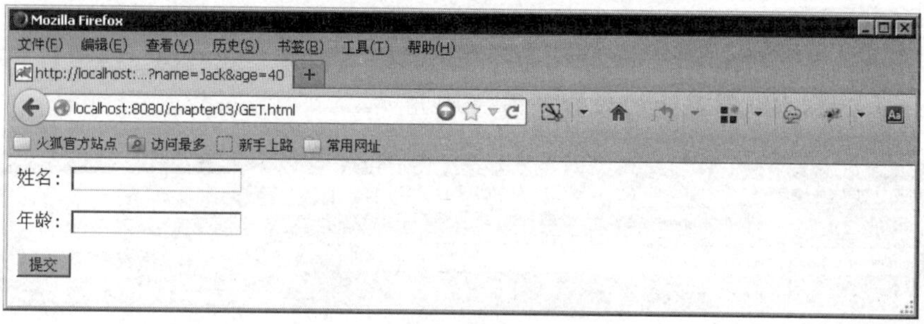

Mozilla Firefox
文件(F) 编辑(E) 查看(V) 历史(S) 书签(B) 工具(T) 帮助(H)
http://localhost:...?name=Jack&age=40
localhost:8080/chapter03/GET.html
火狐官方站点 访问最多 新手上路 常用网址
姓名:
年龄:
提交

图 3-7 GET.html 页面

在图3-7中，填写姓名“Jack”，年龄“40”，然后单击“提交”按钮提交表单，这时可以发现地址栏中的URL地址发生了变化，在原有的URL地址后面附加上了参数信息，如图3-8所示。

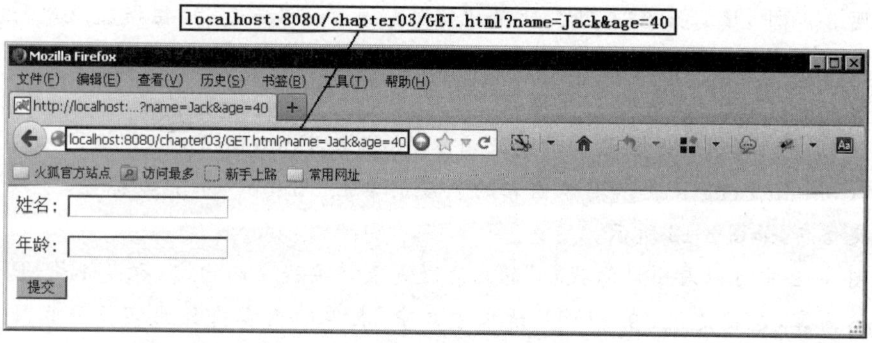

localhost:8080/chapter03/GET.html?name=Jack&age=40
Mozilla Firefox
文件(F) 编辑(E) 查看(V) 历史(S) 书签(B) 工具(T) 帮助(H)
http://localhost:...?name=Jack&age=40
localhost:8080/chapter03/GET.html?name=Jack&age=40
火狐官方站点 访问最多 新手上路 常用网址
姓名:
年龄:
提交

图 3-8 GET.html 页面

查看 Firebug 显示的请求头信息，发现在请求行的 URI 请求资源后附加了参数的信息，具体如图 3-9 所示。

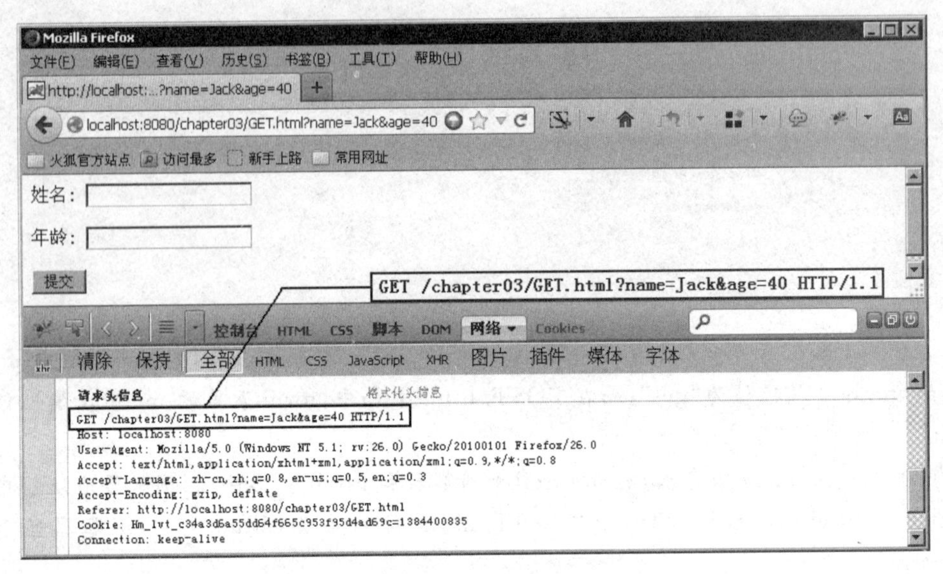

图 3-9　Firebug 中显示的请求行信息

(3) 在浏览器的地址栏中输入 http://localhost:8080/chapter03/POST.html 访问 POST.html 文档，浏览器显示的内容如图 3-10 所示。

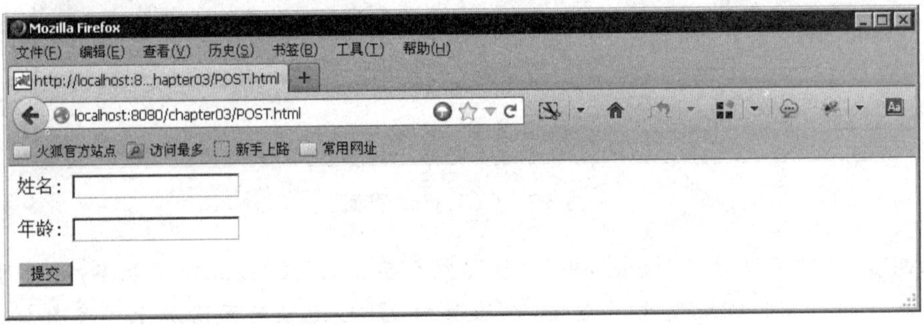

图 3-10　POST.html 页面

在图 3-10 中，填写姓名“Jack”，年龄“40”，然后单击“提交”按钮提交表单，这时，浏览器地址栏中的 URL 地址并没有发生变化，但是，打开 Firebug 插件，发现在请求消息中多了两个请求消息头，如图 3-11 所示。

图 3-11 中所标识的是新添加的请求消息头，其中，Content-Type 表示实体内容的数据格式，Content-Length 表示实体内容的长度。单击 Firebug 的 post 标签，可以看到表单的提交信息，如图 3-12 所示。

从图 3-12 中可以看出，“源代码”的内容就是表单要提交的内容，也是 HTTP 请求消息的实体内容，也就是说，在 POST 请求方式中，表单的内容将作为实体内容提交给服务器。

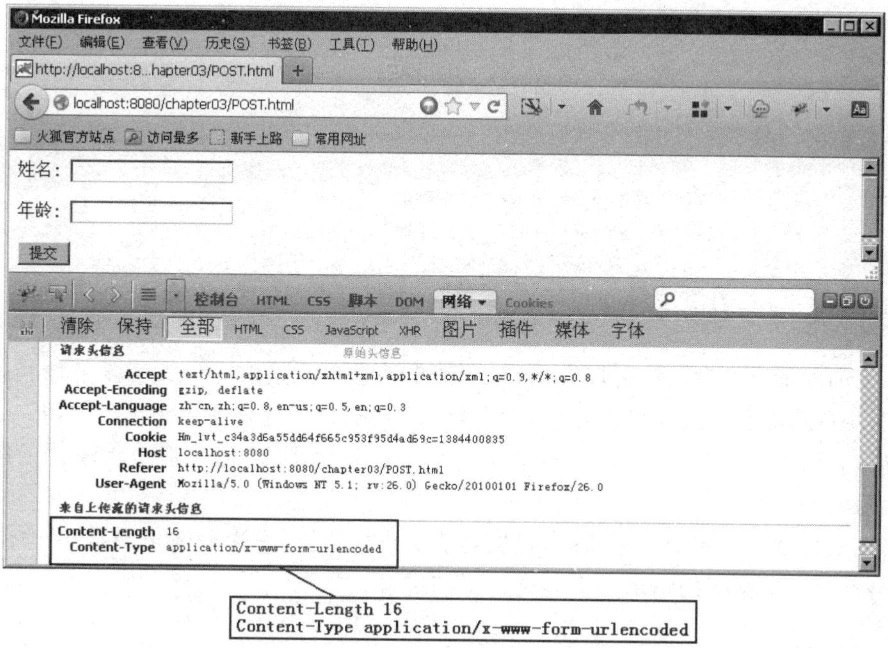

Mozilla Firefox
文件(F) 编辑(E) 查看(V) 历史(S) 书签(B) 工具(T) 帮助(H)
http://localhost:8...hapter03/POST.html
localhost:8080/chapter03/POST.html
火狐官方站点 访问最多 新手上路 常用网址
姓名：
年龄：
提交
控制台 HTML CSS 脚本 DOM 网络 Cookies
清除 保持 全部 HTML CSS JavaScript XHR 图片 插件 媒体 字体
请求头信息 原始头信息
Accept text/html,application/xhtml+xml,application/xml;q=0.9,*/*;q=0.8
Accept-Encoding gzip, deflate
Accept-Language zh-cn,zh;q=0.8,en-us;q=0.5,en;q=0.3
Connection keep-alive
Cookie Hm_lvt_c34a3d6a55dd64f665c953f95d4ad69c=1384400835
Host localhost:8080
Referer http://localhost:8080/chapter03/POST.html
User-Agent Mozilla/5.0 (Windows NT 5.1; rv:26.0) Gecko/20100101 Firefox/26.0
来自上传流的请求头信息
Content-Length 16
Content-Type application/x-www-form-urlencoded

Content-Length 16
Content-Type application/x-www-form-urlencoded

图 3-11 POST 请求新添加的请求消息头

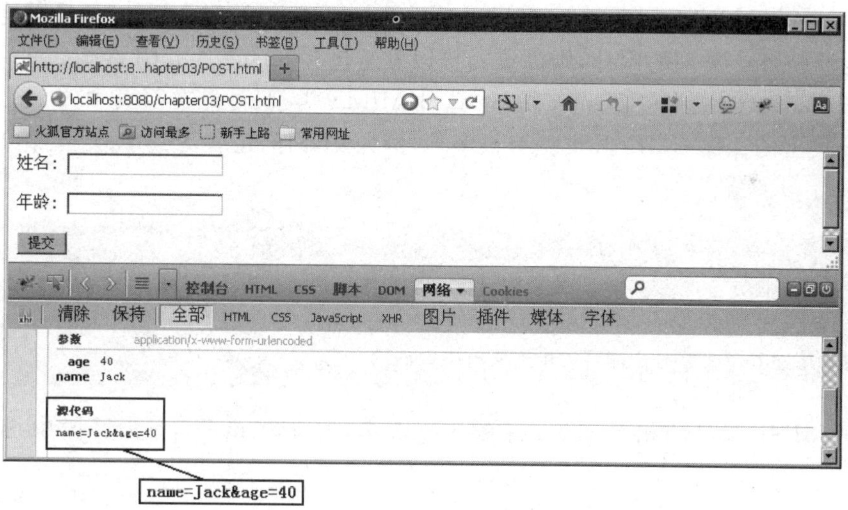

Mozilla Firefox
文件(F) 编辑(E) 查看(V) 历史(S) 书签(B) 工具(T) 帮助(H)
http://localhost:8...hapter03/POST.html
localhost:8080/chapter03/POST.html
火狐官方站点 访问最多 新手上路 常用网址
姓名：
年龄：
提交
控制台 HTML CSS 脚本 DOM 网络 Cookies
清除 保持 全部 HTML CSS JavaScript XHR 图片 插件 媒体 字体
参数 application/x-www-form-urlencoded
age 40
name Jack
源代码
name=Jack&age=40

name=Jack&age=40

图 3-12 POST 请求的请求数据

3.2.2 HTTP 请求消息头

在 HTTP 请求消息中，请求行之后，便是若干请求消息头。请求消息头主要用于向服务器端传递附加消息，例如，客户端可以接收的数据类型、压缩方法、语言以及发送请求的超链接所属页面的 URL 地址等信息，具体示例如下：

```
Host: localhost:8080
Accept: image/gif, image/x-xbitmap, *
Referer: http://localhost:8080/itcast/
Accept-Language: zh-cn,zh;q=0.8,en-us;q=0.5,en;q=0.3
Accept-Encoding: gzip, deflate
Content-Type: application/x-www-form-urlencoded
User-Agent: Mozilla/4.0(compatible; MSIE 7.0; Windows NT 5.1; GTB6.5; CIBA)
Connection: Keep-Alive
Cache-Control: no-cache
```

从上面的请求消息头中可以看出，每个请求消息头都是由一个头字段名称和一个值构成，头字段名称和值之间用冒号(:)和空格( )分隔，每个请求消息头之后使用一个回车换行符标志结束。需要注意的是，头字段名称不区分大小写，但习惯上将单词的第一个字母大写。

当浏览器发送请求给服务器时，根据功能需求的不同，发送的请求消息头也不相同，接下来，针对一些常用的请求头字段进行详细讲解。

1. Accept

Accept 头字段用于指出客户端程序(通常是浏览器)能够处理的 MIME(Multipurpose Internet Mail Extensions,多用途互联网邮件扩展)类型。例如，如果浏览器和服务器同时支持 png 类型的图片，则浏览器可以发送包含 image/png 的 Accept 头字段，服务器检查到 Accept 头中包含 image/png 这种 MIME 类型，可能在网页中的 img 元素中使用 png 类型的文件。MIME 类型有很多种，例如，下面的这些 MIME 类型都可以作为 Accept 头字段的值。

```
Accept: text/html,表明客户端希望接受 HTML 文本。
Accept: image/gif,表明客户端希望接受 GIF 图像格式的资源。
Accept: image/*,表明客户端可以接受所有 image 格式的子类型。
Accept: */*,表明客户端可以接受所有格式的内容。
```

关于 MIME 类型的相关知识，将在 3.4.2 节的 Content-Type 头字段中进行详细讲解。

2. Accept-Charset

Accept-Charset 头字段用于告知服务器端客户端所使用的字符集，具体示例如下：

```
Accept-Charset: ISO-8859-1
```

在上面的请求头中，指出客户端服务器使用 ISO-8859-1 字符集。如果想指定多种字符集，则可以在 Accept-Charset 头字段中将指定的多个字符集以逗号分隔，具体示例如下：

```
Accept-Charset: ISO-8859-1,unicode-1-1
```

需要注意的是，如果 Accept-Charset 头字段没有在请求头中出现，则说明客户端能接受使用任何字符集的数据。

如果 Accept-Charset 头出现在请求消息里，但是服务器不能发送采用客户端期望字符集编码的文档，那么服务器将发送一个 406 错误状态响应，406 是一个响应状态码，表示服务器返回内容使用的字符集与 Accept-Charset 头字段指定的值不兼容，关于状态码的相关知识，将在后面的章节进行详细讲解。

3. Accept-Encoding

Accept-Encoding 头字段用于指定客户端能够进行解码的数据编码方式，这里的编码方式通常指的是某种压缩方式。在 Accept-Encoding 头字段中，可以指定多个数据编码方式，它们之间以逗号分隔，具体示例如下：

```
Accept-Encoding: gzip,compress
```

在上面的头字段中，gzip 和 compress 这两种格式是最常见的数据编码方式。在传输较大的实体内容之前，对其进行压缩编码，可以节省网络带宽和传输时间。服务器接收到这个请求头，它使用其中指定的一种格式对原始文档内容进行压缩编码，然后再将其作为响应消息的实体内容发送给客户端，并且在 Content-Encoding 响应头中指出实体内容所使用的压缩编码格式。浏览器在接收到这样的实体内容之后，需要对其进行反向解压缩。

需要注意的是，Accept-Encoding 和 Accept 消息头不同，Accept 请求头指定的 MIME 类型是指解压后的实体内容类型，Accept-Encoding 消息头指定的是实体内容压缩的方式。

4. Accept-Language

Accept-Language 头字段用于指定客户端期望服务器返回哪个国家语言的文档，它的值可以指定多个国家的语言，语言之间用逗号分隔，具体示例如下：

```
Accept-Language: zh-cn,en-us
```

在上述示例中，zh-cn 代表中文（中国），en-us 代表英语（美国），这些值不需要记忆。打开 IE 浏览器，选择“工具”→“Internet 选项”→“语言”，在弹出的“语言首选项”对话框中可以看到“国家语言”的代号，如图 3-13 所示。

如果想查看其他的国家语言代号，可以单击右边的“添加”按钮，在弹出的“添加语言”对话框中查看，如图 3-14 所示。

需要注意的是，浏览器会根据“语言首选项”对话框中语言列表的先后顺序，生成相应的 Accept-Language 消息头。在图 3-13 中，由于 en-us 在 zh-cn 前面，因此，浏览器生

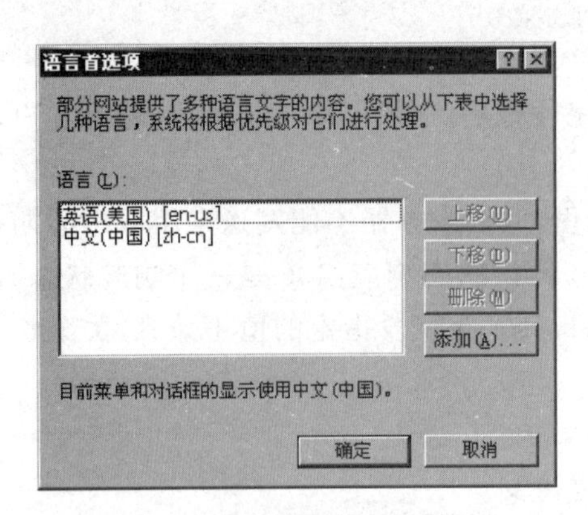

图 3-13 IE浏览器语言首选项

图 3-14 “添加语言”对话框

成的 Accept-Language 头如下所示：

```
Accept-Language: en-us,zh-cn
```

服务器只要检查 Accept-Language 请求头中的信息，按照其中设置的国家语言的先后顺序，首先选择返回位于前面的国家语言的网页文档，如果不能返回，则依次返回后面的国家语言的网页文档。

5. Authorization(授权)与 Proxy-Authorization

当客户端访问受口令保护的网页时，Web 服务器会发送 401 响应状态码和 WWW-Authenticate 响应头，要求客户端使用 Authorization 请求头来应答。根据 WWW-Authenticate 响应头指定的认证方式不同，Authorization 请求头中的内容格式也不一样。WWW-Authenticate 响应头指定的认证方式有两种：BASIC 和 DIGEST。对于 BASIC 认证方式，客户端需要把用户名和密码用“：”分隔，然后经过 Base64 编码之后传送给 Web 服务器。

例如，将用户名为 Ann、密码为 666888 的用户信息“Ann:666888”进行 Base64 编码，形成的 Authorization 请求头字段内容如下所示：

```
Authorization: Basic QW5uOjY2Njg4OA==
```

然而，使用 Base64 编码的数据很容易被解码，这实际上相当于是一种未加密的明文传送方式，装备了网络监视工具的计算机截获到该信息后，很容易破解出用户名和密码。

如果使用 DIGEST 认证方式，服务器首先向浏览器发送一些用于验证过程的信息及附加信息，浏览器将这些信息与用户名和密码以及某些其他信息进行混合后，再执行 MD5 加密算法，将得到的结果和附加信息一起以明文文本通过网络发送给服务器。服务器也使用与客户端一样的信息和附加信息，将它们和所保存的客户端密码执行散列算法，然后将计算结果和客户端的结果进行比较，只有这两个数字完全相同才允许访问。

Proxy-Authorization 头字段的作用和用法与 Authorization 头字段基本相同，只不过 Proxy-Authorization 请求头是服务器端向代理服务器发送的验证信息。

6. Host

Host 头字段用于指定资源所在的主机名和端口号，格式与资源的完整 URL 中的主机名和端口号部分相同，具体示例如下所示：

```
Host: www.itcast.cn:80
```

在上述示例中，由于浏览器连接服务器时默认使用的端口号为 80，所以“www.itcast.cn”后面的端口号信息“:80”可以省略。

需要注意的是，在 HTTP 1.1 中，浏览器和其他客户端发送的每个请求消息中必须包含 Host 请求头字段，以便 Web 服务器能够根据 Host 头字段中的主机名来区分客户端所要访问的虚拟 Web 站点。当浏览器访问 Web 站点时，会根据地址栏中的 URL 地址自动生成相应的 Host 请求头。

7. If-Match

浏览器和代理服务器都可以缓存服务器回送的网页文档。当用户再次访问已缓存的页面时，只有网页内容已被更新，服务器才需要把该页面的内容重新回送到客户端，否则会通知浏览器访问本地缓存的页面，以减少不必要的网络传输流量。当服务器为客户端传送网页文件的内容时，可以传输一些代表实体内容特征的头字段，这些头字段被称为实体标签。当客户机再次向服务器请求这个网页文件时，可以使用 If-None-Match 头字段附带以前缓存的实体标签内容，这个请求被视为一个条件请求，例如：

```
If-None-Match: "repository"
```

其中，"repository"是客户端上次访问 Web 服务器中的该页面时，服务器使用 ETag 实体标签传送的内容，具体示例如下所示：

```
ETag: "repository"
```

服务器收到客户端的请求后，会检索 If-None-Match 头中的实体标签内容，并与服务器端的代表当前网页内容特征的实体标签内容进行比较。如果两者相同，则表示网页内容没有更改，Web 服务器不返回网页文档，让客户端仍然使用以前缓存的网页文档。否则，服务器返回新的网页文件和新的实体标签内容头字段。

8. If-Modified-Since

If-Modified-Since 请求头的作用和 If-None-Mach 类似，只不过它的值为 GMT 格式的时间。If-Modified-Since 请求头被视作一个请求条件，只有服务器中文档的修改时间比 If-Modified-Since 请求头指定的时间新，服务器才会返回文档内容。否则，服务器将返回一个 304(Not Modified)状态码来表示浏览器缓存的文档是最新的，而不向浏览器返回文档内容，这时，浏览器仍然使用以前缓存的文档。通过这种方式，可以在一定程度上减少浏览器与服务器之间的通信数据量，从而提高了通信效率。

9. Range和If-Range

Range头字段用于指定服务器只需返回文档中的部分内容及内容范围，这对较大文档的断点续传非常有用。如果客户端在一次请求中只接收到服务器返回的部分内容就中断了，可以在第二次请求中，使用Range头字段要求服务器只返回中断位置以后的内容。Range头有以下几种使用格式。

(1) Range：bytes＝1000-2000

(2) Range：bytes＝1000-

(3) Range：bytes＝-1000

在上面列举的三种格式中，第一种格式请求服务器返回文档中的第1000～2000个字节之间的内容，包括第1000个和第2000个字节的内容。第二种格式请求服务器返回文档中的第1000个字节以后的所有内容。第三种格式请求服务器返回文档中的最后1000个字节的内容。

If-Range头字段只能伴随着Range头字段一起使用，其设置值可以是实体标签或GMT格式的时间。如果设置值为实体标签，且该标签内容与服务器端代表当前网页内容特征的实体标签内容相同，则服务器按Range头的要求返回网页中的部分内容，否则，服务器返回当前网页的所有内容。如果设置值为GMT格式的时间，并且自从这个时间以来，服务器上保存的该网页文件没有发生修改，服务器会按Range头的要求返回网页中的部分内容，否则，服务器返回当前网页的所有内容。

10. Max-Forward

Max-Forward头字段指定当前请求可以途经的代理服务器数量，每经过一个代理服务器，此数值就减1。当Max-Forward请求头的值为0时，如果请求还没有到达最终的Web服务器，那么代理服务器将终止转发这个请求，由它来完成对客户机的最终响应。

11. Referer

浏览器向服务器发出的请求，可能是直接在浏览器中输入URL地址而发出，也可能是单击一个网页上的超链接而发出。对于第一种直接在浏览器地址栏中输入URL地址的情况，浏览器不会发送Referer请求头，而对于第二种情况，浏览器会使用Referer头字段标识发出请求的超链接所在网页的URL。例如，本地Tomcat服务器的chapter03项目中有一个HTML文件GET.html，GET.html中包含一个指向远程服务器的超链接，当单击这个超链接向服务器发送GET请求时，浏览器会在发送的请求消息中包含Referer头字段，如下所示：

```
Referer: http://localhost:8080/chapter03/GET.html
```

Referer头字段非常有用，常被网站管理人员用来追踪网站的访问者是如何导航进入网站的。同时,Referer头字段还可以用于网站的防盗链。

什么是盗链呢?假设一个网站的首页中想显示一些图片信息,而在该网站的服务器中并没有这些图片资源,它通过在HTML文件中使用img标记链接到其他网站的图片资源,将其展示给浏览者,这就是盗链。盗链的网站提高了自己网站的访问量,却加重了被链接网站服务器的负担,损害了其合法利益。所以,一个网站为了保护自己的资源,可以通过Referer头检测出从哪里链接到当前的网页或资源,一旦检测到不是通过本站的链接进行的访问,可以进行阻止访问或者跳转到指定的页面。

12. User-Agent

User-Agent中文名为用户代理,简称UA,它用于指定浏览器或者其他客户端程序使用的操作系统及版本、浏览器及版本、浏览器渲染引擎、浏览器语言等,以便服务器针对不同类型的浏览器而返回不同的内容。例如,服务器可以通过检查User-Agent头,如果发现客户端是一个无线手持终端,就返回一个WML文档;如果客户端是一个普通的浏览器,则返回通常HTML文档。例如,IE浏览器生成的User-Agent请求信息如下:

```
User-Agent: Mozilla/4.0(compatible; MSIE 8.0; Windows NT 5.1; Trident/4.0)
```

在上面的请求头中,User-Agent头字段首先列出了Mozilla版本,然后列出了浏览器的版本(MSIE 8.0表示Microsoft IE 8.0)、操作系统的版本(Windows NT 5.1表示Windows XP)以及浏览器的引擎名称(Trident/4.0)。

3.3 HTTP响应消息

当服务器收到浏览器的请求后,会回送响应消息给客户端。一个完整的响应消息主要包括响应状态行、响应消息头和实体内容,其中,每个组成部分都代表了不同的含义,本节将围绕HTTP响应消息的每个组成部分进行详细的讲解。

3.3.1 HTTP响应状态行

HTTP响应状态行位于响应消息的第一行,它包括三个部分,分别是HTTP版本、一个表示成功或错误的整数代码(状态码)和对状态码进行描述的文本信息,具体示例如下:

```
HTTP/1.1 200 OK
```

上面的示例就是一个HTTP响应消息的状态行,其中HTTP 1.1是通信使用的协议版本(200是状态码),OK是状态描述,说明客户端请求成功。需要注意的是,请求行中的每个部分需要用空格分隔,最后要以回车换行结束。

关于协议版本和文本信息,读者都比较容易理解,而HTTP的状态码对读者来说则比较陌生，接下来就针对HTTP的状态码进行具体分析。

状态代码由三位数字组成，表示请求是否被理解或被满足。HTTP响应状态码的第一个数字定义了响应的类别，后面两位没有具体的分类，第一个数字有5种可能的取值，具体介绍如下所示。

1xx：表示请求已接收，需要继续处理。

2xx：表示请求已成功被服务器接收、理解并接受。

3xx：表示要完成请求，需要客户端进一步操作，通常用来重定向。

4xx：客户端的请求有错误。

5xx：服务器端出现错误。

下面通过表3-2～表3-6对HTTP 1.1协议版本下的5种类别的状态码、状态信息(每个状态码后面小括号中的内容就是状态信息)及其作用分别进行说明。

表3-2　1xx状态码

状　态　码	说　　明
100(继续)	告诉客户端应该继续请求。如客户端发送一个值为100-continue的Expect头字段，询问服务器是否可以在后面的请求中发送一个附加文档。这种情况下，如果服务器返回100状态码，则告诉客户机可以继续，如果返回417状态码，则告诉客户端不能接收下次请求中附加的文档
101(切换协议)	如果客户端发送的请求要求使用另外一种协议与服务器进行对话，服务器发送101响应状态码表示自己将遵从客户端请求，转换到另外一种协议

表3-3　2xx状态码

状　态　码	说　　明
200(正常)	客户端的请求成功，响应消息返回正常的请求结果
201(已创建)	服务器已经根据客户端的请求创建了文档，文档的URL为响应消息中Location响应头的值
202(已接受)	客户端的请求已被接受，但服务器的处理目前尚未完成，比如对于批处理的任务
203(非权威信息)	文档已经正常返回，但一些实体头可能不确切，使用的是本地缓存或者第三方信息，而不是最原始的(最权威的)信息
204(无内容)	规定浏览器显示已缓存的文档。服务器只会回送一些响应消息头，而不会回送实体内容。如果用户刷新某个页面时，并且服务器能够确定客户端当前显示的页面已经是最新的，这种功能就很有用，不用向客户端传送文档内容，节省了网络流量和服务器处理时间
205(重置内容)	表示没有新的文档，浏览器应显示原来的文档，但要重置文档的内容，例如，清除表单字段中已经存在的内容
206(部分内容)	当客户端发送的请求消息中包含一个Range头(可能还包含一个和Range头一起使用的If-Range头)请求文档的部分内容，如果服务器按客户端的要求完成了这个请求，就会返回一个206的状态码

表 3-4 3xx 状态码

状 态 码	说 明
300(多项选择)	客户端请求的文档可以在多个位置找到，这些位置已经在返回的文档内列出。如果服务器要提供一个优先选择的文档，它应该把文档的 URL 作为 Location 响应消息头的值返回，这样客户端可以根据 Location 头的值进行自动跳转
301(永久移动)	指出被请求的文档已经被移动到别处，此文档新的 URL 地址为响应头 Location 的值，浏览器以后对该文档的访问会自动使用新的 URL 地址
302(找到)	和 301 类似，但是 Location 头中返回的 URL 是一个临时而非永久的地址
303(参见其他)	和 302 类似，很多客户端处理 303 状态码的方式和 302 一样
304(未修改)	如果客户端有缓存的文档，它会在发送的请求消息中附加一个 If-Modified-Since 请求头，表示只有请求的文档在 If-Modified-Since 指定的时间之后发生过更改，服务器才需要返回新文档。状态码 304 表示客户端缓存的版本是最新的，客户端应该继续使用它。否则，服务器将使用状态码 200 返回所请求的文档
305(使用代理)	客户端应该通过 Location 头所指定的代理服务器获得请求的文档
307(临时重定向)	和 302 类似。按照规定，如果浏览器使用 POST 方式发出请求，只有响应状态码为 303 时才能重定向，但实际上许多浏览器对 302 状态码也按 303 状态码来处理。由于这个原因，HTTP 1.1 新增了 307 状态码，以便更加清楚地区分几个状态码：如果服务器发送 303 状态码，浏览器可以重定向 GET 和 POST 请求；如果是 307 状态码，浏览器只能重定向 GET 请求

表 3-5 4xx 状态码

状 态 码	说 明
400(请求无效)	客户端的请求中有不正确的语法格式。在使用浏览器发送请求时一般不会遇到这种情况，除非使用 Telnet 或者自己编写的客户端
401(未经授权)	当客户端试图访问一个受口令和密码保护的页面，且在请求中没有使用 Authorization 请求头传递用户信息时，服务器返回 401 状态码，同时结合一个 www-Authenticate 响应头来提示客户机应该重新发出一个带有 Authorization 头的请求消息
402(需要付款)	保留状态码，为以后更高版本的 HTTP 使用
403(禁止)	服务器理解客户端的请求，但是拒绝处理。通常由于服务器上文件或目录的权限设置导致
404(找不到)	这个状态码很常见，表示服务器上不存在客户端请求的资源
405(不允许此请求方式)	请求行中的请求方式对指定的资源不适用。例如，有的资源只能用 GET 方式访问，当使用 POST 方式访问时，服务器将返回 405。405 状态码通常伴随 Allow 响应头一起使用，Allow 响应头指定有效的请求方式
406(不能接受)	客户端请求的资源已经找到，但是和请求消息中 Accept、Accpet-Charset、Accept-Encoding、Accept-Language 请求头的值不兼容
407(需要代理服务验证)	由代理服务器向客户端发送的状态码，配合 Proxy-Authenticate 响应头一起使用，表示客户端必须经过代理服务器的授权。客户端再次发送请求时，应该带上一个 Proxy-Authorization 请求头
408(请求超时)	在服务器等待的时间内，客户端没有发出任何请求

续表

状态码	说明
409(冲突)	由于请求和资源当前的状态相冲突,导致请求不能成功。这个状态码通常和PUT请求有关,例如,要上传的文件覆盖一个正在服务器端打开的文件
410(离开)	请求的文档已经不再可用,而且服务器不知道应该重定向到哪个地址。410通常表示文档被永久地移除了,而不像404那样表示由于未知的原因文档不可用
411(需要长度)	请求消息中包含实体内容,却没有包含指定内容长度的Content-Length请求头
412(为满足前提条件)	请求头中的一些前提条件在服务器中测试失败
413(请求实体过大)	请求消息的大小超过了服务器愿意或者能够处理的范围,服务器会关闭连接,阻止客户端继续请求。如果服务器认为自己稍后能够再处理该请求,则在响应消息中发送一个Retry-After响应头告诉客户端不能处理只是暂时的,稍后可以再次尝试请求
414(请求URI过长)	请求的URI(这里就是指URL)太长,服务器无法进行解释处理。这种情况很少发生,一般是客户端误把POST请求当成GET请求进行处理
415(不支持的媒体类型)	请求消息中实体内容的格式不被服务器所支持
416(请求的范围不正确)	当客户端请求消息中的Range头指定的范围和请求资源没有交集,服务器会返回416状态码
417(预期失败)	可以被服务器或者代理服务器回送。当客户端的请求消息中包含Expect请求头,Expect头中的请求服务器不支持,或者代理服务器明确知道服务器不支持,则会回送417状态码

表3-6　5xx状态码

状态码	说明
500(内部服务器错误)	最常见的服务器错误。大部分情况下,是服务器端的CGI、ASP、JSP等程序发生了错误,一般服务器会在相应消息中提供具体的错误信息
501(未实现)	服务器不支持HTTP请求消息使用的请求方式
502(无效网关)	服务器作为网关或者代理访问上游服务器,但是上游服务器返回了非法响应
503(服务不可用)	由于服务器目前过载或者处于维护状态,不能处理客户端的请求。也就是说这种情况只是暂时的,服务器会回送一个Retry-After头告诉客户端何时可以再次请求。如果客户端没有接收到Retry-After响应头,会把它当作500状态码来处理
504(网关超时)	服务器作为网关或者代理访问上游服务器,但是未能及时获得上游服务器的响应
505(不支持HTTP版本)	服务器不支持请求行中的HTTP版本。响应消息中会描述服务器为什么不支持该HTTP版本以及支持的HTTP版本

表3-2~表3-6列举了HTTP的大多数状态码,这些状态码无须记忆。接下来列举几个Web开发中比较常见的状态码,具体如下。

(1) 200：表示服务器成功处理了客户端的请求。

(2) 302：表示请求的资源临时从不同的URI响应请求，但请求者应继续使用原有位置来进行以后的请求。例如，在请求重定向中，临时URI应该是响应的Location头字段所指向的资源。

(3) 404：表示服务器找不到请求的资源。例如，访问服务器不存在的网页经常返回此状态码。

(4) 500：表示服务器发生错误，无法处理客户端的请求。

3.3.2 HTTP响应消息头

在HTTP响应消息中，第一行为响应状态行，紧接着的是若干响应消息头，服务器端通过响应消息头向客户端传递附加信息，包括服务程序名、被请求资源需要的认证方式、客户端请求资源的最后修改时间、重定向地址等信息。HTTP响应消息头的具体示例如下所示：

```
Server: Apache-Coyote/1.1
Content-Encoding: gzip
Content-Length: 80
Content-Language: zh-cn
Content-Type: text/html; charset=GB2312
Last-Modified: Mon,18 Nov 2013 18:23:51 GMT
Expires:-1
Cache-Control: no-cache
Pragma: no-cache
```

从上面的响应消息头可以看出，它们的格式和HTTP请求消息头的格式相同。当服务器向客户端回送响应消息时，根据情况的不同，发送的响应消息头也不相同。接下来，针对一些常用的响应消息头字段进行详细讲解。

1. Accept-Range

Accept-Range头字段用于说明服务器是否接收客户端使用Range请求头字段请求资源。如果服务器想告诉客户机不要使用Range头字段，则使用下面的头信息：

```
Accept-Range: none
```

如果服务器想告诉客户端可以使用以bytes为单位的Range请求，则应该使用下面的头信息：

```
Accept-Range: bytes
```

2. Age

Age头字段用于指出当前网页文档可以在客户端或代理服务器中缓存的有效时间，

设置值为一个以秒为单位的时间数，具体示例如下所示：

```
Age: 1234567
```

客户端再次访问已缓存的某个网页文档内容时，先用当前的时间值减去服务器返回该网页时所设置的 Date 头字段值，如果结果值小于服务器上返回该网页时所设置的 Age 头字段的时间值，客户端直接使用缓存中的网页内容。否则，客户端将向服务器发出针对该页面的网页请求。

3. Etag

Etag 头字段用于向客户端传送代表实体内容特征的标记信息，这些标记信息称为实体标签，每个版本的资源的实体标签是不同的，通过实体标签可以判断在不同时间获得的同一资源路径下的实体内容是否相同。例如，在一个文档最后添加一个回车换行，Etag 头字段的值就能标识出不同。Etag 头字段的格式如下所示：

```
Etag: abc1234
```

4. Location

Location 头字段用于通知客户端获取请求文档的新地址，其值为一个使用绝对路径的 URL 地址，如下所示：

```
Location: http://www.itcast.org
```

Location 头字段和大多数 3xx 状态码配合使用，以便通知客户端自动重新连接到新的地址请求文档。由于当前响应并没有直接返回内容给客户端，所以使用 Location 头的 HTTP 消息不应该有实体内容，由此可见，在 HTTP 消息头中不能同时出现 Location 和 Content-Type 这两个头字段。

5. Retry-After

Retry-After 头字段可以与 503 状态码配合使用，告诉客户端在什么时间可以重新发送请求。也可以与任何一个 3xx 状态码配合使用，告诉客户端处理重定向的最小延时时间。Retry-After 头字段的值可以是 GMT 格式的时间，也可是一个以秒为单位的时间数，具体示例如下：

```
Retry-After: Mon,18 Nov 2013 19:01:51 GMT
Retry-After: 120                              //120 秒
```

6. Server

Server 头字段用于指定服务器软件产品的名称，具体示例如下：

```
Server: Apache-Coyote/1.1
```

7. Vary

Vary 用于指定影响了服务器所生成的响应内容的那些请求头字段名，具体示例如下：

```
Vary: Accept-Language
```

上面的响应头字段说明了服务器响应的内容受到了客户端发送的 Accept-Language 请求头的影响，服务器根据 Accept-Language 请求头的值，返回相应语言种类的网页内容。当客户端再次访问已经缓存的资源时，需要检查 Vary 头字段中指定的请求头字段，检查请求头字段的这次设置与上次的设置是否相同，以此作为是否使用缓存的条件。

例如，上次的请求中 Accept-Language 头字段的值为 en-us，而这次的 Accept-Language 头字段的值为 zh-cn，即使客户端使用请求资源路径的本地缓存的其他条件都成立，但客户端也不能使用缓存，它仍需向服务器发出访问请求。

8. WWW-Authenticate 和 Proxy-Authenticate

当客户端访问受口令保护的网页文件时，服务器会在响应消息中回送 401 (Unauthrized) 响应状态码和 WWW-Authoricate 响应头，指示客户端应该在 Authorization 请求头中使用 WWW-Authoricate 响应头指定的认证方式提供用户名和密码信息。WWW-Authenticate 响应头中可以指定两种认证方式：BASIC 和 DIGEST。如果要求客户端采用 BASIC 方式传送认证信息，语法格式如下：

```
WWW-Authenticate: BASIC realm="itcast"
```

其中，realm 属性用于指定当前资源所属的域，域定义了同一个主机内的一个受保护区间（一组需要保护的资源），它可以是任意字符串。同一台主机上可以有多个域，相同的域内所有的资源都共享相同的账户。如果某个账户具有访问某个资源的权限，那么该账户就能访问同一个域中的其他资源。根据 HTTP 验证的规范，与某一资源具有相同的目录路径或位于其目录路径的子目录中的资源，与该资源使用相同的域。

DIGEST 认证方式细节比较复杂，想对其进行深入研究的读者可以参阅 RFC2617 文档。

Proxy-Authenticate 头字段是针对代理服务器的用户信息验证，其他的作用与用法与 WWW-Authenticate 头字段类似。

9. Refresh

Refresh 头字段用于告诉浏览器自动刷新页面的时间，它的值是一个以秒为单位的时间数，具体示例如下所示：

```
Refresh:3
```

上面所示的 Refresh 头字段用于告诉浏览器在 3 秒后自动刷新此页面。

需要注意的是，在 Refresh 头字段的时间值后面还可以增加一个 URL 参数，时间值与 URL 之间用分号(;)分隔，用于告诉浏览器在指定的时间值后跳转到其他网页，例如告诉浏览器经过 3 秒跳转到 www.itcast.cn 网站，具体示例如下：

```
Refresh:3;url=http://www.itcast.cn
```

10. Content-Disposition

如果服务器希望浏览器不是直接处理响应的实体内容，而是让用户选择将响应的实体内容保存到一个文件中，这需要使用 Content-Disposition 头字段。Content-Disposition 头字段没有在 HTTP 的标准规范中定义，它是从 RFC 2183 中借鉴过来的。在 RFC 2183 中，Content-Disposition 指定了接收程序处理数据内容的方式，有 inline 和 attachment 两种标准方式，inline 表示直接处理，而 attachment 则要求用户干预并控制接收程序处理数据内容的方式。而在 HTTP 应用中，只有 attachment 是 Content-Disposition 的标准方式。attachment 后面还可以指定 filename 参数。filename 参数值是服务器建议浏览器保存实体内容的文件名称，浏览器应该忽略 filename 参数值中的目录部分，只取参数中的最后部分作为文件名。在设置 Content-Disposition 之前，一定要设置 Content-Type 头字段，具体示例如下：

```
Content-Type: application/octet-stream
Content-Disposition: attachment; filename=lee.zip
```

3.4 HTTP 其他头字段

3.4.1 通用头字段

在 HTTP 消息中，有些头字段既适用于请求消息也适用于响应消息，这样的字段被称为通用头字段。通用头字段有如下几种：Cache-Control、Connection、Date、Pragma、Trailer、Transfer-Encoding、Upgrade、Via、Warning，关于这些通用头字段的相关讲解具体如下。

1. Cache-Control

如果 Cache-Control 用在请求消息中，它用于通知位于客户端和服务器端之间的代理服务器如何使用已缓存的页面。在这种情况下，Cache-Control 的值可以是：no-cache、no-store、max-age、max-stale、min-fresh、no-transform、only-if-cached 等。

如果 Cache-Control 用在响应消息中，它用于通知客户端和代理服务器如何缓存页面，在这种情况下，Cache-Control 的取值可以为 public、private、no-cache、no-store、no-transform、must-revalidate、proxy-revalidate、max-age、s-max-age 等。

在一个 Cache-Control 头字段中可以设置多个值，它们之间用逗号分隔，具体示例如下：

```
Cache-Control: no-stroe,no-cache,must-revalidage
```

在上面的 Cache-Control 头字段中，设置的每个值都有特定的含义，接下来，通过表 3-7 对 Cache-Control 头字段的一些常用值进行介绍说明。

表 3-7 Cache-Control 头字段的值

头字段值	说明
public	文档可以被任何客户端缓存
private	文档只能被保存在单个用户的私有(非共享)缓存中
no-cache	如果 no-cache 后没有指定字段名，则客户机和代理服务器不应该缓存该文档。也可以在 no-cache 后指定一个或多个其他的头字段名，这样代理服务器可以缓存该页面内容对以后的请求进行响应，但响应消息中不能包含 no-cache 后指定的头字段。例如，如果不想让客户端和代理服务器端缓存 Cookie 信息，可以使用 no-cache=Set-Cookie
no-store	请求和响应信息都不应被存储在对方的磁盘系统上，存储与缓存是有区别的，缓存是指将信息保存在内存或磁盘系统中，而存储专指将信息保存在磁盘系统
must-revalidate	对于客户端的每次请求，代理服务器必须向服务器验证缓存的文档是否过时，以保证总是发送最新的文档给客户机
proxy-revalidate	除了只能用于共享缓存外，其作用与 must-revalidate 相同
max-age=n	在 n 秒后认为文档过时，它可以替代 Expires 头的作用，如果响应头同时给出 Cache-Control 头的 max-age 设置值和 Expires 头，则以 Cache-Control 头的 max-age 为准
s-max-age=n	在代理服务器中缓存的文档(通常称之为共享缓存)在 n 秒后过时

2. Connection

Connection 头字段用于指定处理完本次请求/响应后，客户端和服务器端是否还要继续保持连接。Connection 头字段可以指定两个值，如下所示：

```
Connection: Keep-Alive
Connection: close
```

当 Connection 头字段的值为 Keep-Alive 时，客户端与服务器在完成本次交互后继续保持连接，当 Connection 头字段的值为 close 时，客户端与服务器在完成本次交互后关闭连接。对于 HTTP1.1 版本来说，默认采用持久连接，也就是说默认情况下，Connection 头字段的值为 Keep-Alive。

3. Date

Date 头字段用于表示 HTTP 消息产生的当前时间，它的值为 GMT 格式，具体示例如下：

```
Date: Mon,18 Nov 2013 20:23:51 GMT
```

一般情况下，服务器返回的所有响应中必须包括一个 Date 头字段，除了下面这些情况。

(1) 响应状态代码表示服务器的错误，如 500(内部服务器错误)或 503(服务不可用)，那么服务器就不可能产生一个有效的日期。

(2) 服务器没有时钟，不能提供当前时间，响应就不能设置 Date 头，这种情况下，服务器也不能设置如 Expire、Last-Modified 等这样的头字段。

4. Pragma

Pragma 头字段主要在 HTTP 1.0 中通知代理服务器和客户端如何使用缓存页面，它的值只能固定设置为 no-cache，如下所示：

```
Pragma: no-cache
```

当 Pragma 头字段用于响应消息时，指示客户端不要缓存文档；当用于请求消息时，指示代理服务器必须返回一个最新的文档，而不能返回缓存的文档。在 HTTP 1.0 中，一些浏览器对 Pragma 头字段的支持不是非常可靠，因此，人们常常通过设置 Expires 头字段的值为 0 来实现同样功能。

而在 HTTP 1.1 中，Cache-Control 头字段也基本替代了 Pragma 头字段的使用。

5. Transfer-Encoding

对于 HTTP 1.0 协议，服务器端和客户端不是持久化连接，当服务器端关闭了 TCP 连接，客户端就知道响应的数据已经发送完毕。而对于 HTTP 1.1 来说，由于服务器端和客户端保持持久连接，服务器端必须在响应消息中通过 Content-Length 头字段通知客户端响应数据的长度，客户端才能知道数据何时传输完毕。然而，在服务器端，有些数据是动态生成的，服务器必须等到所有的内容都生成后才能准确地计算出响应数据的长度，也就是说只有当所有数据生成完毕后服务器端才能响应客户端的请求，这样势必会影响效率。为了解决这个问题，Transfer-Encoding 头字段被引入，这个头字段指定响应消息的实体内容采用哪种传输编码方式，目前标准设置值只有 chunked，具体示例如下：

```
Transfer-Encoding: chunked
```

当响应消息中设置了 Transfer-Encoding 头字段后，会把响应消息的整个实体内容分成一连串分段后再进行传输。每个分段的开始都是一个十六进制的数字，用来表示整

个分段的大小。最后一个分段必须是0,用于表示整个chunked编码数据的结束,如下所示:

```
HTTP/1.1 200 OK
Content-Type: text/html
Transfer-Encoding: chunked

7f
<html>
<head>
<title>trailer Example</title>
</head>
<body>
<p>Please wait while we complete your transaction ...</p>
2c
<p>Transaction complete!</p>
</body>
</html>
0
```

上面的响应消息中,7f和2c代表两个分段内容的大小标识信息,所以这种情况下不必用Content-Length头字段来指定整个实体内容的大小。

6. Trailer

一些头字段可以放置在整个HTTP消息的尾部,也就是可以在实体内容部分之后放置头字段信息。对于放置在尾部的头字段,需要在消息头中使用Trailer字段说明,具体示例如下:

```
Trailer:Date
```

需要注意的是,Trailer头字段必须在chunked传输编码的方式下使用。

7. Upgrade

Upgrade头字段用在客户端,用于指定客户端想要从当前协议切换的新的通信协议。如果服务器端认为切换的协议合适,会在响应消息中设置Upgrade头字段指定切换的协议,Upgrade响应头字段需要和101状态码配合使用,具体示例如下:

```
//请求消息
GET / HTTP/1.1
Host: 127.0.0.1
Upgrade: TLS/1.0
//响应消息
```

```
HTTP/1.1 101 Switching Protocols
Upgrade: TLS/1.0
```

8. Via

Via头字段用于指定HTTP消息所途经的代理服务器所使用的协议和主机名称，这个头字段由代理服务器产生，每个代理服务器必须把它的信息追加到Via字段的最后，以反映HTTP消息途经的多个代理服务器的顺序，具体示例如下：

```
Via: HTTP/1.1 Proxy1,HTTP/1.1 Proxy2
```

如果代理服务器所使用的协议为HTTP，Via头字段中的协议名称可以省略，如下所示：

```
Via: 1.1 Proxy1,1.1 Proxy2
```

9. Warning

Warning头字段主要用于说明其他头字段和状态码不能说明的一些附加警告信息，例如提示代理服务器断开网络，如下所示：

```
Warning:112 Disconnected operation
```

3.4.2 实体头字段

请求消息和响应消息中都可以传递实体信息，实体信息包括实体头字段和实体内容，实体头字段是实体内容的元信息，描述了实体内容的属性，例如实体内容的类型、长度、压缩方法、最后的修改时间、数据的有效期等。接下来，本节将针对实体头字段进行详细的讲解。

1. Allow

Allow头字段指定了请求资源所支持的请求方式(如GET、POST等)，用于通知客户端应该严格按照指定的方式请求资源，如下所示：

```
Allow:GET,HEAD,PUT
```

需要注意的是，Allow头字段必须和405响应状态码一起使用。

2. Content-Language

Content-Language用于指定返回网页文档的国家语言类型，其设置值是zh-cn、en-us、ja等国家语言的标准名称。由于同一个字符在不同的国家语言中的样式和意义上能有略微区别，如果一些客户端软件正好要对字符文本按不同的国家语言进行不同处理时，Content-Language 头字段就比较重要了。Content-Language 的具体示例如下所示：

```
Content-Language: en-us
```

3. Content-Length

Content-Length 头字段用于表示实体内容的长度（字节数），首先来看一个带有 Content-Length 头字段的简单的响应消息，具体如下所示：

```
HTTP/1.1 200 OK
Date: Tue, 21 May 2002 12:34:56 GMT
Content-Length: 109

<html>
<head>
<title>Content-Length Example</title>
</head>
<body>
Content-Length: 109
</body>
</html>
```

在上面的响应消息中，从<html>中的第一个字符“<”到</hml>中的最后一个字符“>”，内容的长度为 109。

在 HTTP 1.1 中，浏览器与服务器之间保持持久连接，服务器允许客户端在一个 TCP 连接上发送多个请求，服务器必须在每个响应中发送一个 Content-Length 响应头来标识各个实体内容的长度，以便客户端能分清每个响应内容的结束位置，而不会将上一个响应和下一个响应混淆。

如果响应消息中包含 Transfer-Encoding 响应头，也就是说响应内容以 chunked 编码方式返回，那么，Content-Length 响应头就不应该设置了。

4. Content-Location

Content-Location 头字段用于指定响应消息中实体内容的实际位置路径（不能简单地认为响应消息中的实体内容所在的路径就是请求资源的路径），当一个请求资源路径对应有多种实体内容形式时，例如，同一请求资源可能有多个国家语言的版本，每个国家语言的版本都有自己的位置，在这种情况下，请求资源路径与响应的实体内容所在的路径可能是不同的，具体示例如下：

```
//请求消息
GET /docs/index.html HTTP/1.1
```

```
Host: httpd.apache.org
Accept-Language: en-us
//响应消息
HTTP/1.1 200 OK
Date: Tue, 21 May 2002 12:34:56 GMT
Server: Apache(UNIX)
Content-Location: index_en_us.html
Content-Type: text/html
Content-Language: en-us
```

在上面的示例中，请求消息中需要请求 index. html 文档，而且要求是英文文档，服务器中发现有可用的英文文档 index_en_us. html，就会在响应消息中将 Content-Location 消息头的值设置为 index_en_us. html 文档的路径，并把该文档回送给客户端。

Content-Location 的设置值可以是绝对路径，也可以是相对路径，如果是相对路径，则是相对请求资源路径而言的，对于上面的响应消息来说，index. html 和 index_en_us. html 在同一目录下。

5. Content-Range

Content-Range 头字段用于指定服务器返回的部分实体内容的位置信息。只有客户机使用了 Range 请求头要求服务器返回实体的部分内容时，服务器的响应头中才会包含 Content-Range 头，具体示例如下所示：

```
HTTP/1.1 206 Partial content
Date: Wed, 15 Nov 1995 06:25:24 GMT
Last-Modified: Wed, 15 Nov 1995 04:58:08 GMT
Content-Range: bytes 21010-47021/47022
Content-Length: 26012
Content-Type: image/gif
```

在 Content-Range 头字段中，bytes 说明后面的数据以 byte 为单位，21 010～47 021 说明返回的内容从第 21 010 个字节开始到第 47 021 个字节结束，47 022 说明整个实体内容的大小为 47 022 个字节，从 Content-Length 头字段可以看出返回的实体内容的长度为 26 012(47 021－21 010＋1)个字节。

6. Content-MD5

Content-MD5 头字段用于提供对实体内容的完整性检查，它的值是对实体内容 MD5 数字摘要后再进行 Base64 编码的结果。

MD5 数字摘要算法是一种散列算法，能够通过对一段信息进行运算，产生一个 16 个字节的数字摘要。如果对输入信息做了任何形式的改变，对改变后的信息再次进行 MD5 运算所产生的数字摘要和改变之前的数字摘要都不相同。由于通过 MD5 算法计算的16 个字节摘要信息可能无法转化成可打印的 ASCII 字符显示，因此需要对这 16

个字节进行 Base64 编码，将其转换为可打印的 ASCII 字符。Content-MD5 的头字段如下所示：

```
Content-MD5: ZTFmZDA5MDYyYTMzZGQzMDMxMmIxMjc4YThhNTMyM2I=
```

Base64 编码的原理，这里就不再讲解，有兴趣的读者可以查阅相关文档进行学习。

7. Content-Type

Content-Type 用于指出实体内容的 MIME 类型。MIME(Multipurpose Internet Mail Extensions，多用途互联网邮件扩展类型)是一个互联网标准，它设计之初是为了在发送电子邮件时附加多媒体数据，让邮件客户程序能根据其类型进行处理。由于通过 HTTP 传输的数据也有各种类型，因此，HTTP 也采用了 MIME 来标识不同的数据类型。客户端通过检查响应头字段 Content-Type 中的 MIME 类型，就能知道接收到的实体内容代表哪种格式的数据类型，从而进行正确的处理。

大多数服务器会在配置文件中设置文件扩展名与 MIME 类型的映射关系，从而可以根据请求资源的扩展名自动确定 Content-Type 的 MIME 类型。在 Tomcat 的 web.xml 文件中有大量的<mime-mapping>元素，来实现文件扩展名和 MIME 类型的映射，下面是 web.xml 文件的片段：

```
...
<mime-mapping>
    <extension>pdf</extension>
    <mime-type>application/pdf</mime-type>
</mime-mapping>
...
```

其中<mime-mapping >元素的<extension>子元素用于指定文件的扩展名，<mime-type>子元素用于指定该文件扩展名映射的 MIME 类型。

MIME 类型包含主类型和子类型，两者之间用"/"分隔，上面的文件片段中的 MIME 类型"application/pdf"，application 为主类型，pdf 为子类型。MIME 类型也可以使用"*"号通配符，"*/*"代表所有的 MIME 类型，"image/*"代表所有 image 的子类型。如果子类型以"x-"开头，则表示该类型目前还处于实验性的阶段。Content-Type 头字段中的 MIME 类型后面还可以指定响应内容所使用的字符码表，两者之间用分号(;)和空格隔开，如 Content-Type: text/html; charset=GB2312。如果 Content-Type 头字段中没有指定字符码表，默认使用的是 ISO-8859-1 字符码表。

动手体验：Tomcat 中文件扩展名与 MIME 的映射关系

(1) 从上面列出的<mime-mapping>元素中可以看到，扩展名为 pdf 的文件所映射的 MIME 类型为 application/pdf。在 Tomcat 安装根目录的 webapps/ROOT 目录下，创建一个内容为空的文件，将文件名改为 test.pdf。

(2) 启动 Tomcat 服务器,在 Firefox 浏览器的地址栏中输入 http://localhost:8080/test.pdf,通过 Firebug 可以看到 Tomcat 服务器返回的响应消息如下所示:

```
HTTP/1.1 200 OK
Server: Apache-Coyote/1.1
Accept-Ranges: bytes
Etag: W/"1-1381475207125"
Last-Modified: Tue, 19 Nov 2013 07:06:47 GMT
Content-Type: application/pdf
Content-Length: 1
Date: Tue, 19 Nov 2013 07:06:52 GMT
```

从上面的响应信息中可以看到,响应头字段 Content-Type 的值为 application/pdf,与 web.xml 文件中设置的映射关系一致。

8. Content-Encoding

Content-Encoding 头字段用于指定实体内容的压缩编码方式。服务器端对实体内容的压缩不会影响实体内容的 MIME 类型,当被压缩的实体内容在客户端被解压后,其 MIME 类型与 Content-Type 头字段指定的类型一致。

9. Expires

Expires 头字段用于指定当前文档的过期时间,浏览器在这个时间以后不能再继续使用本地缓存,而需要向服务器发出新的访问请求。Expires 头字段的设置值应该为 GMT 格式时间,具体示例如下:

```
Expires :Thu, 10 Oct 2013 12:34:56 GMT
```

需要注意的是,如果没有按照 HTTP 的标准,将 Expires 头字段的值设置为 0,客户端认为当前网页已经过期,不用缓存。另外,由于浏览器的兼容问题,在设置网页不缓存时,一般将 Pragma、Cache-Control 和 Expires 三个头字段一起使用。

10. Last-Modified

Last-Modified 头字段用于指定文档最后的更改时间,设置值为 GMT 格式的时间。当客户端接收到 Last-Modified 头字段后,它将在以后的请求消息中发送一个 If-Modified-Since 请求消息头来指出缓存文档的最后更新时间,也就是说 Last-Modified 响应头中的时间,就是下次请求消息中 If-Modified-Since 请求头字段指定的时间。

小　　结

HTTP是实现客户端与服务器端通信的重要协议。本章首先介绍了HTTP的概念、HTTP 1.0和HTTP 1.1的区别，其次对HTTP请求消息和响应消息进行了详细介绍，最后介绍了HTTP的通用头字段和实体头字段。通过本章的学习，读者要能够了解HTTP通信原理，深入理解HTTP消息的结构和内容，而对于HTTP的头字段及其作用，读者只需要做到心中有数，没有必要死记硬背，在后面的学习中如果用到HTTP头字段可以从本章中进行查找。

测　一　测

1. 简述HTTP1.1协议的通信过程。
2. 简述POST请求和GET请求有什么不同。

第4章 chapter 4

Servlet 技术

学习目标

- 熟悉 Servlet 在生命周期中调用的方法。
- 掌握 HttpServlet 类的作用及其使用。
- 掌握 Servlet 虚拟路径的映射。
- 掌握 ServletConfig 和 ServletContext 接口的使用。

思政案例

随着 Web 应用业务需求的增多,动态 Web 资源的开发变得越来越重要。目前,很多公司都提供了开发动态 Web 资源的相关技术,其中比较常见的有 ASP、PHP、JSP 和 Servlet 等。基于 Java 的动态 Web 资源开发,Sun 公司提供了 Servlet 和 JSP 两种技术。接下来,本章将针对 Servlet 技术的相关知识进行详细的讲解。

4.1 Servlet 开发入门

4.1.1 Servlet 接口

针对 Servlet 技术的开发,Sun 公司提供了一系列接口和类,其中最重要的是 javax.servlet.Servlet 接口。Servlet 就是一种实现了 Servlet 接口的类,它是由 Web 容器负责创建并调用,用于接收和响应用户的请求。在 Servlet 接口中定义了 5 个抽象方法,具体如表 4-1 所示。

表 4-1 Servlet 接口的方法

方法声明	功能描述
void init(ServletConfig config)	负责 Servlet 初始化工作。容器在创建好 Servlet 对象后,就会调用此方法。该方法接收一个 ServletConfig 类型的参数,Servlet 容器通过这个参数向 Servlet 传递初始化配置信息
ServletConfig getServletConfig()	返回容器调用 init(ServletConfig config)方法时传递给 Servlet 的 ServletConfig 对象
String getServletInfo()	返回一个字符串,其中包含关于 Servlet 的信息,例如,作者、版本和版权等信息

续表

方法声明	功能描述
void service(ServletRequest request, ServletResponse response)	负责响应用户的请求，当容器接收到客户端访问Servlet对象的请求时，就会调用此方法。容器会构造一个表示客户端请求信息的ServletRequest对象和一个用于响应客户端的ServletResponse对象作为参数传递给service()方法。在service()方法中，可以通过ServletRequest对象得到客户端的相关信息和请求信息，在对请求进行处理后，调用ServletResponse对象的方法设置响应信息
void destroy()	负责释放Servlet对象占用的资源。当Servlet对象被销毁时，容器会调用此方法

表4-1列举了Servlet接口中的5个方法，其中，init()、service()和destroy()这三个方法都是Servlet生命周期方法，它们会在某个特定的时刻被调用。另外，getServletInfo()方法用于返回Servlet的相关信息。getServletConfig()方法用于返回ServletConfig对象，该对象包含Servlet的初始化信息。需要注意的是，表中提及的Servlet容器指的是Web服务器。

4.1.2 实现第一个Servlet程序

为了帮助读者快速学习Servlet开发，接下来分步骤实现一个Servlet程序，具体如下。

(1) 在目录D:\cn\itcast\firstapp\servlet下编写一个Servlet。由于直接实现Servlet接口来编写Servlet很不方便，需要实现很多方法。因此，可以通过继承Servlet接口的实现类javax.servlet.GenericSerlvet来实现。具体代码如例4-1所示。

例4-1 HelloWorldServlet.java

```
1  package cn.itcast.firstapp.servlet;
2  import java.io.*;
3  import javax.servlet.*;
4  public class HelloWorldServlet extends GenericServlet {
5      public void service(ServletRequest request, ServletResponse response)
6              throws ServletException, IOException {
7          //得到输出流 PrinterWriter 对象,Servlet 使用输出流来产生响应
8          PrintWriter out=response.getWriter();
9          //使用输出流对象向客户端发送字符数据
10         out.println("Hello World");
11     }
12 }
```

从例4-1中可以看出，HelloWorldServlet类继承GenericServlet后，只实现了service()方法。这是因为GenericServlet类除了Servlet接口的service()方法外，其他方法都已经实现。由此可见，继承GenericServlet类比实现Servlet接口更加简便。

(2) 打开命令行窗口，进入 HelloWorldServlet.java 所在目录，编译 HelloWorldServlet.java 文件，程序报错，如图 4-1 所示。

图 4-1　编译 HelloWorldServlet.java 的出错信息

从图 4-1 中可以看出，编译错误提示"程序包 javax.servlet 不存在"。这是因为 Java 编译器在 CLASSPATH 环境变量中没有找到 javax.servlet 包。因此，如果想编译 Servlet，需要将 Servlet 相关 jar 包所在的目录添加到 ClASSPATH 环境变量中。

(3) 由于 Servlet 程序是一个 JavaEE 程序而不是 JavaSE 程序，因此所有的 jar 文件都需要自己手动地加入 classpath 环境变量中。进入 Tomcat 安装目录下的 lib 目录，里面包含许多与 Tomcat 服务器相关的 jar 文件，其中 servlet-api.jar 文件就是与 Servlet 相关的 jar 文件，如图 4-2 所示。

(4) 打开命令行窗口，通过"set classpath"命令将图 4-2 所示的 servlet-api.jar 文件所在的目录添加到 CLASSPATH 环境变量中，如图 4-3 所示。

(5) 重新编译 HelloWorldServlet.java，如果程序编译通过，则会生成一个 HelloWorldServlet.class 文件，如图 4-4 所示。

(6) 在 Tomcat 的 webapps 下创建目录 chapter04，chapter04 为 Web 应用的名称，然后在 chapter04 目录下创建\WEB-INF\classes 目录，将如图 4-4 所示的 HelloWorldServlet.class 文件复制到 classes 目录下，需要注意的是，在复制时要将该文件所在的包目录(\cn\itcast\firstapp\servlet)一起复制过去，如图 4-5 所示。

(7) 进入目录 WEB-INF，编写一个 web.xml 文件，关于 web.xml 文件的编写方式可以参考 Tomcat 安装目录下的 web.xml 文件，该文件位于 examples\WEB-INF 子目录下。下面是 chapter04\WEB-INF 目录下 web.xml 中的配置代码：

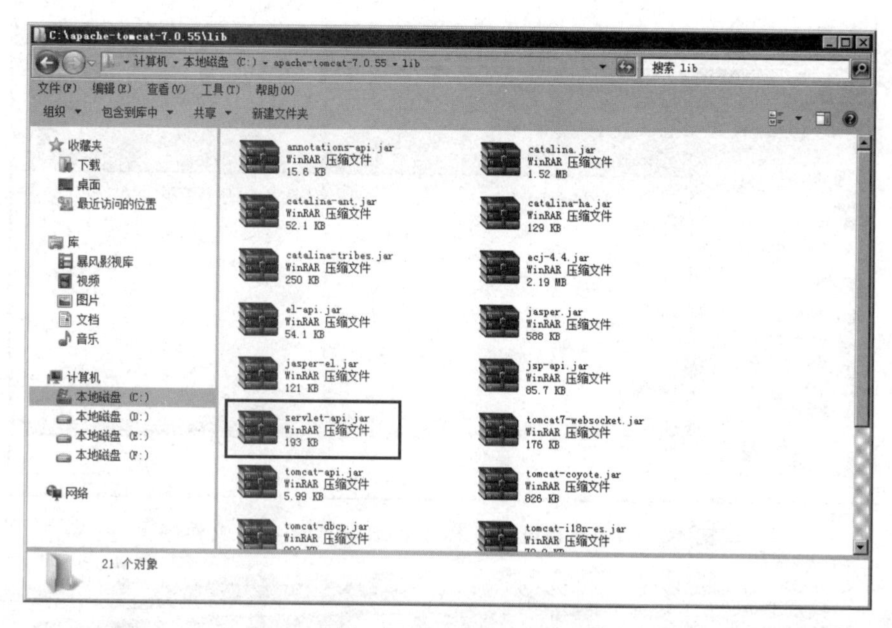

图 4-2 Servlet-api. jar

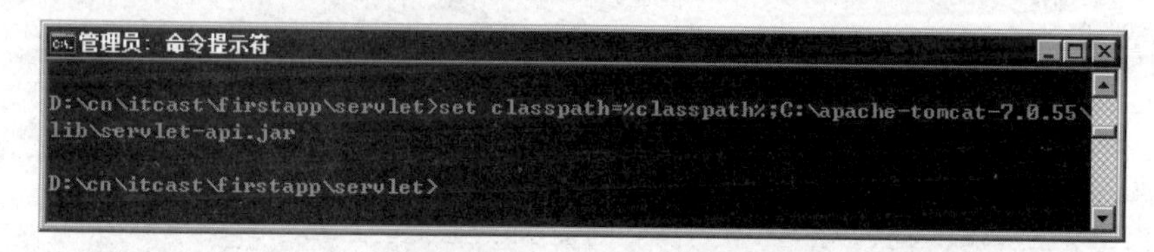

图 4-3 设置 CLASSPATH 环境变量

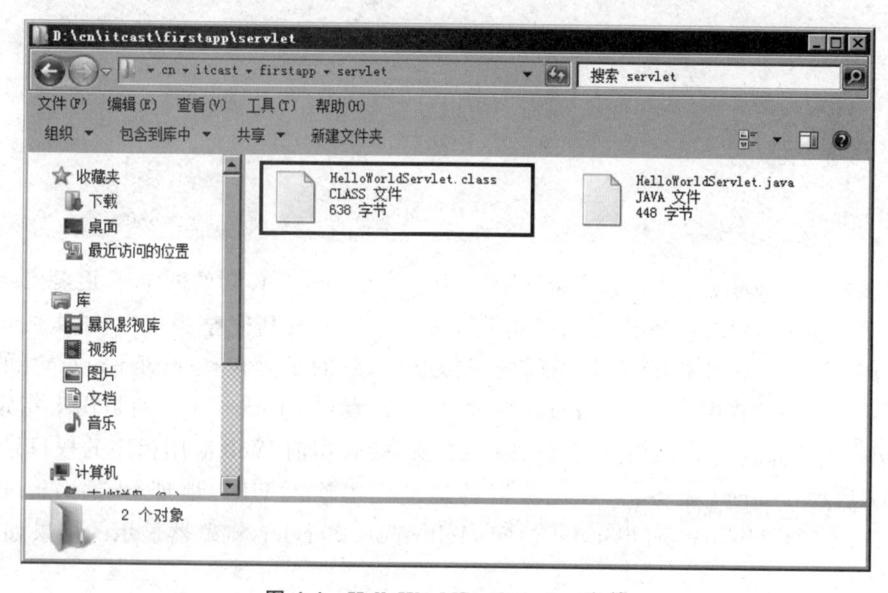

图 4-4 HelloWorldServlet. class 文件

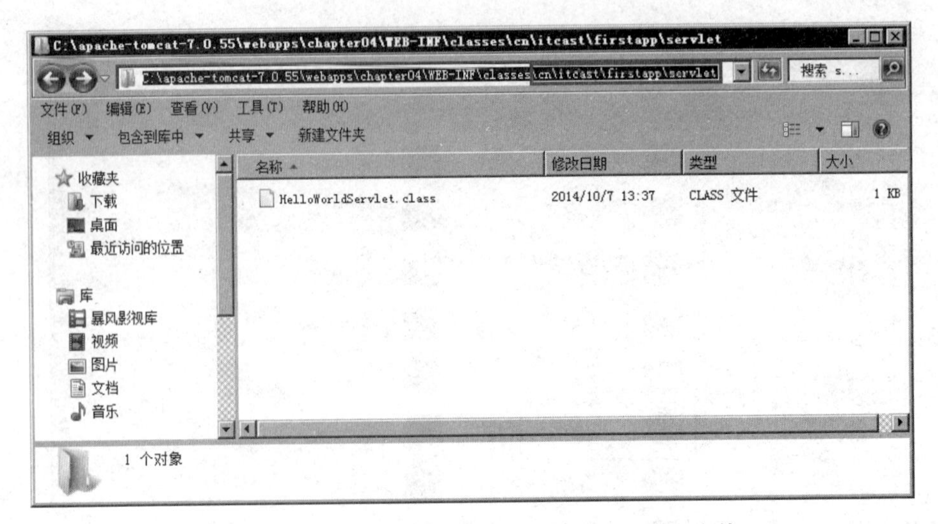

图 4-5 classes 目录下的 HelloWorldServlet. class 文件

```
<?xml version="1.0" encoding="ISO-8859-1"?>
<web-app xmlns="http://java.sun.com/xml/ns/javaee"
  xmlns:xsi="http://www.w3.org/2001/XMLSchema-instance"
  xsi:schemaLocation="http://java.sun.com/xml/ns/javaee
                  http://java.sun.com/xml/ns/javaee/web-app_3_0.xsd"
  version="3.0">
    <servlet>
        <servlet-name>HelloWorldServlet</servlet-name>
        <servlet - class > cn. itcast. firstapp. servlet. HelloWorldServlet </
        servlet-class>
    </servlet>
    <servlet-mapping>
        <servlet-name>HelloWorldServlet</servlet-name>
        <url-pattern>/HelloWorldServlet</url-pattern>
    </servlet-mapping>
</web-app>
```

在上面的配置信息中，元素<servlet>用于注册 Servlet，它的两个子元素<servlet-name>和<servlet-class>分别用来指定 Servlet 名称及其完整类名。元素<servlet-mapping>用于映射 Servlet 对外访问的虚拟路径，它的子元素<servlet-name>的值必须和<servlet>元素中<servlet-name>相同，子元素<url-pattern>则是用于指定访问该 Servlet 的虚拟路径，该路径以正斜线(/)开头，代表当前 Web 应用程序的根目录。

(8) 启动 Tomcat 服务器，在浏览器的地址栏中输入 URL 地址 http://localhost:8080/chapter04/HelloWorldServlet 访问 HelloWorldServlet，浏览器显示的结果如图 4-6 所示。

从图 4-6 中可以看出，客户端可以正常访问 Tomcat 服务器的 Servlet。至此，我们的

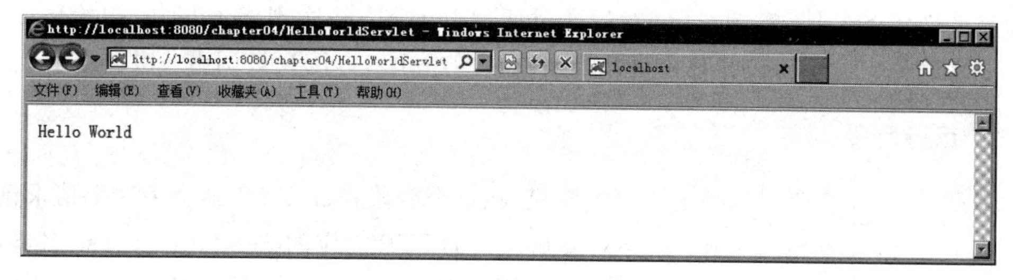

图 4-6 运行结果

第一个 Servlet 程序实现了。

4.1.3 Servlet 的生命周期

在 Java 中,任何对象都有生命周期,Servlet 也不例外,接下来通过一张图来描述 Servlet 的生命周期,如图 4-7 所示。

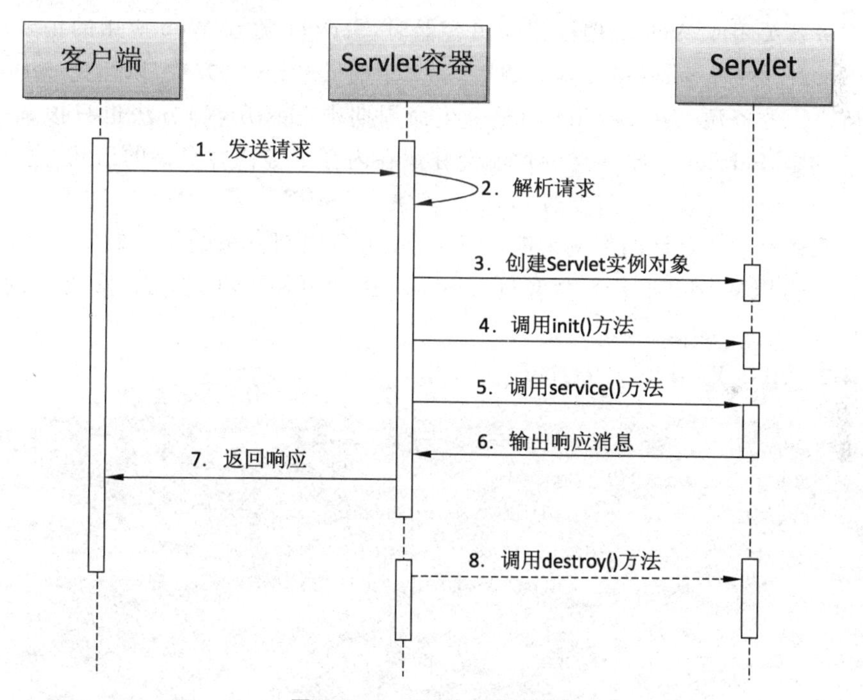

图 4-7 Servlet 的生命周期

图 4-7 描述了 Servlet 的生命周期。按照功能的不同,大致可以将 Servlet 的生命周期分为三个阶段,分别是初始化阶段、运行阶段和销毁阶段。接下来,针对 Servlet 生命周期的这三个阶段进行详细的讲解,具体如下。

1. 初始化阶段

当客户端向 Servlet 容器发出 HTTP 请求要求访问 Servlet 时,Servlet 容器首先会解析请求,检查内存中是否已经有了该 Serlvet 对象,如果有直接使用该 Serlvet 对象,如果没有就创建 Servlet 实例对象，然后通过调用 init()方法实现 Servlet 的初始化工作。需要注意的是，在 Servlet 的整个生命周期内，它的 init()方法只被调用一次。

2. 运行阶段

这是 Servlet 生命周期中最重要的阶段，在这个阶段，Servlet 容器会为这个请求创建代表 HTTP 请求的 ServletRequest 对象和代表 HTTP 响应的 ServletResponse 对象，然后将它们作为参数传递给 Servlet 的 service()方法。service()方法从 ServletRequest 对象中获得客户请求信息并处理该请求，通过 ServletResponse 对象生成响应结果。在 Servlet 的整个生命周期内，对于 Servlet 的每一次访问请求，Servlet 容器都会调用一次 Servlet 的 service()方法，并且创建新的 ServletRequest 和 ServletResponse 对象，也就是说，service()方法在 Servlet 的整个生命周期中会被调用多次。

3. 销毁阶段

当服务器关闭或 Web 应用被移除出容器时，Serlvet 随着 Web 应用的销毁而销毁。在销毁 Servlet 之前，Servlet 容器会调用 Servlet 的 destroy()方法，以便让 Servlet 对象释放它所占用的资源。在 Servlet 的整个生命周期中，destroy()方法也只被调用一次。需要注意的是，Servlet 对象一旦创建就会驻留在内存中等待客户端的访问，直到服务器关闭，或 Web 应用被移除出容器时 Servlet 对象才会销毁。

接下来通过一个具体的案例来演示 Servlet 生命周期方法的执行效果。对例 4-1 进行修改，在 HelloWorldServlet 中重写 init()方法和 destroy()方法，修改后的代码如例 4-2 所示。

例 4-2 HelloWorldServlet. java

```
1  package cn.itcast.firstapp.servlet;
2  import javax.servlet.*;
3  public class HelloWorldServlet extends GenericServlet {
4      public void init(ServletConfig config)throws ServletException {
5          System.out.println("init methed is called");
6      }
7      public void service(ServletRequest request, ServletResponse response)
8              throws ServletException {
9          System.out.println("Hello World");
10     }
11     public void destroy(){
12         System.out.println("destroy method is called");
13     }
14 }
```

重新编译 HelloWorldServlet. java 文件，将编译后生成的 class 文件复制到 chapter04 的 WEB-INF\classes 目录。启动 Tomcat 服务器，在浏览器的地址栏中输入

URL 地址 http://localhost:8080/firstapp/helloWorldServlet 访问 helloWorldServlet，Tomcat 控制台的打印结果如图 4-8 所示。

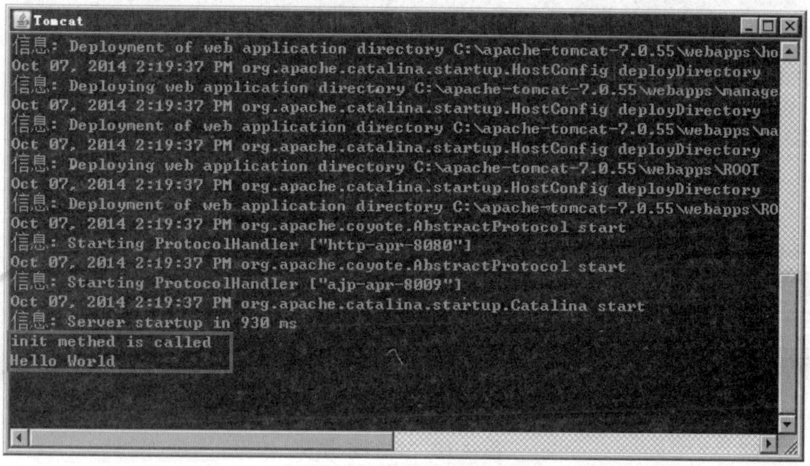

```
Tomcat
信息: Deployment of web application directory C:\apache-tomcat-7.0.55\webapps\ho
Oct 07, 2014 2:19:37 PM org.apache.catalina.startup.HostConfig deployDirectory
信息: Deploying web application directory C:\apache-tomcat-7.0.55\webapps\manage
Oct 07, 2014 2:19:37 PM org.apache.catalina.startup.HostConfig deployDirectory
信息: Deployment of web application directory C:\apache-tomcat-7.0.55\webapps\ma
Oct 07, 2014 2:19:37 PM org.apache.catalina.startup.HostConfig deployDirectory
信息: Deploying web application directory C:\apache-tomcat-7.0.55\webapps\ROOT
Oct 07, 2014 2:19:37 PM org.apache.catalina.startup.HostConfig deployDirectory
信息: Deployment of web application directory C:\apache-tomcat-7.0.55\webapps\RO
Oct 07, 2014 2:19:37 PM org.apache.coyote.AbstractProtocol start
信息: Starting ProtocolHandler ["http-apr-8080"]
Oct 07, 2014 2:19:37 PM org.apache.coyote.AbstractProtocol start
信息: Starting ProtocolHandler ["ajp-apr-8009"]
Oct 07, 2014 2:19:37 PM org.apache.catalina.startup.Catalina start
信息: Server startup in 930 ms
init methed is called
Hello World
```

图 4-8 运行结果

从图 4-8 可以看出，Tomcat 的控制台输出了“init methed is called”和“Hello World”语句。说明用户第一次访问 HelloWorldServlet 时，Tomcat 就创建了 HelloWorldServlet 对象，并在调用 service()方法处理用户请求之前，通过 init()方法实现了 Servlet 的初始化。

刷新浏览器，多次访问 HelloWorldServlet，Tomcat 控制台的打印结果如图 4-9 所示。

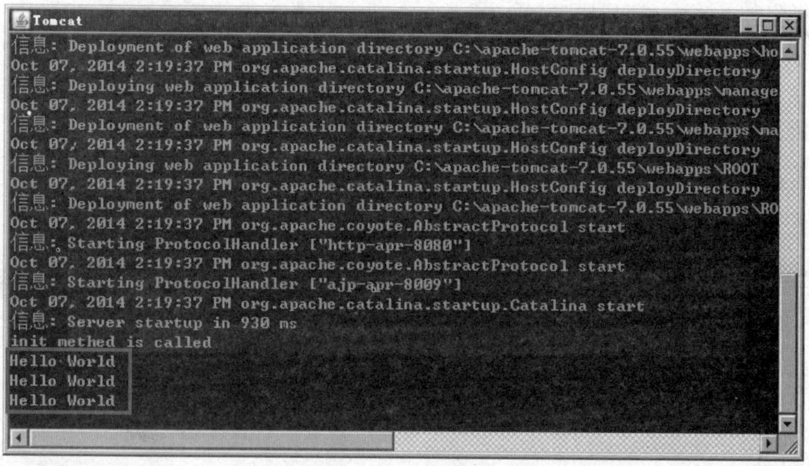

```
Tomcat
信息: Deployment of web application directory C:\apache-tomcat-7.0.55\webapps\ho
Oct 07, 2014 2:19:37 PM org.apache.catalina.startup.HostConfig deployDirectory
信息: Deploying web application directory C:\apache-tomcat-7.0.55\webapps\manage
Oct 07, 2014 2:19:37 PM org.apache.catalina.startup.HostConfig deployDirectory
信息: Deployment of web application directory C:\apache-tomcat-7.0.55\webapps\ma
Oct 07, 2014 2:19:37 PM org.apache.catalina.startup.HostConfig deployDirectory
信息: Deploying web application directory C:\apache-tomcat-7.0.55\webapps\ROOT
Oct 07, 2014 2:19:37 PM org.apache.catalina.startup.HostConfig deployDirectory
信息: Deployment of web application directory C:\apache-tomcat-7.0.55\webapps\RO
Oct 07, 2014 2:19:37 PM org.apache.coyote.AbstractProtocol start
信息: Starting ProtocolHandler ["http-apr-8080"]
Oct 07, 2014 2:19:37 PM org.apache.coyote.AbstractProtocol start
信息: Starting ProtocolHandler ["ajp-apr-8009"]
Oct 07, 2014 2:19:37 PM org.apache.catalina.startup.Catalina start
信息: Server startup in 930 ms
init methed is called
Hello World
Hello World
Hello World
```

图 4-9 运行结果

从图 4-9 中可以看出，Tomcat 控制台只会输出“Hello World”语句。由此可见，init()方法只在第一次访问时执行，service()方法则在每次访问时都被执行。

如果想将 HelloWorldServlet 移除，可以通过 Tomcat 的管理平台终止 Web 应用 chapter04，此时，Servlet 容器会调用 HelloWorldServlet 的 destroy()方法，在 Tomcat 控

制台打印出“destroy method is called”语句，如图 4-10 所示。

```
Tomcat
Oct 07, 2014 2:19:37 PM org.apache.catalina.startup.HostConfig deployDirectory
信息: Deploying web application directory C:\apache-tomcat-7.0.55\webapps\manage
Oct 07, 2014 2:19:37 PM org.apache.catalina.startup.HostConfig deployDirectory
信息: Deployment of web application directory C:\apache-tomcat-7.0.55\webapps\ma
Oct 07, 2014 2:19:37 PM org.apache.catalina.startup.HostConfig deployDirectory
信息: Deploying web application directory C:\apache-tomcat-7.0.55\webapps\ROOT
Oct 07, 2014 2:19:37 PM org.apache.catalina.startup.HostConfig deployDirectory
信息: Deployment of web application directory C:\apache-tomcat-7.0.55\webapps\RO
Oct 07, 2014 2:19:37 PM org.apache.coyote.AbstractProtocol start
信息: Starting ProtocolHandler ["http-apr-8080"]
Oct 07, 2014 2:19:37 PM org.apache.coyote.AbstractProtocol start
信息: Starting ProtocolHandler ["ajp-apr-8009"]
Oct 07, 2014 2:19:37 PM org.apache.catalina.startup.Catalina start
信息: Server startup in 930 ms
init methed is called
Hello World
Hello World
Hello World
destroy method is called
```

图 4-10　运行结果

多学一招：自动加载 Servlet 程序

有时候，我们希望某些 Servlet 程序可以在 Tomcat 启动时随即启动。例如，当启动一个 Web 项目时，首先需要对数据库信息进行初始化。这时，只需要使用 web.xml 文件中的<load-on-startup>元素，将初始化数据库的 Servlet 配置为随着 Web 应用启动而启动的 Servlet 即可。

<load-on-startup>元素是<servlet>元素的一个子元素，它用于指定 Servlet 被加载的时机和顺序。在<load-on-startup>元素中，其值必须是一个整数。如果这个值是一个负数，或者没有设定这个元素，Servlet 容器将在客户端首次请求这个 Servlet 时加载它；如果这个值是正整数或 0，Servlet 容器将在 Web 应用启动时加载并初始化 Servlet，并且<load-on-startup>的值越小，它对应的 Servlet 就越先被加载。

接下来，将例 4-2 中 HelloWorldServlet 配置为 Tomcat 启动时自动加载的 Servlet，具体配置方式如下所示：

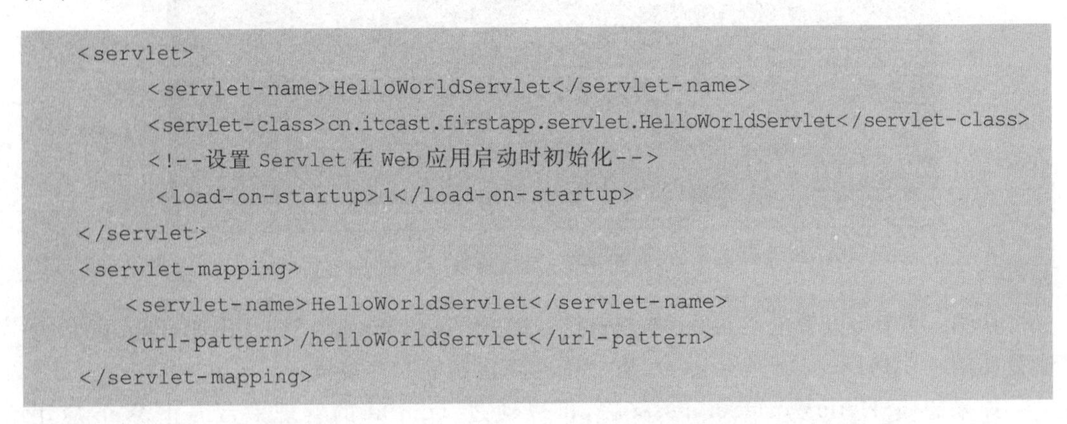

```
<servlet>
    <servlet-name>HelloWorldServlet</servlet-name>
    <servlet-class>cn.itcast.firstapp.servlet.HelloWorldServlet</servlet-class>
    <!--设置 Servlet 在 Web 应用启动时初始化-->
    <load-on-startup>1</load-on-startup>
</servlet>
<servlet-mapping>
    <servlet-name>HelloWorldServlet</servlet-name>
    <url-pattern>/helloWorldServlet</url-pattern>
</servlet-mapping>
```

启动 Tomcat 服务器，在 Tomcat 控制台输出的信息中，会发现如图 4-11 所示的内容。

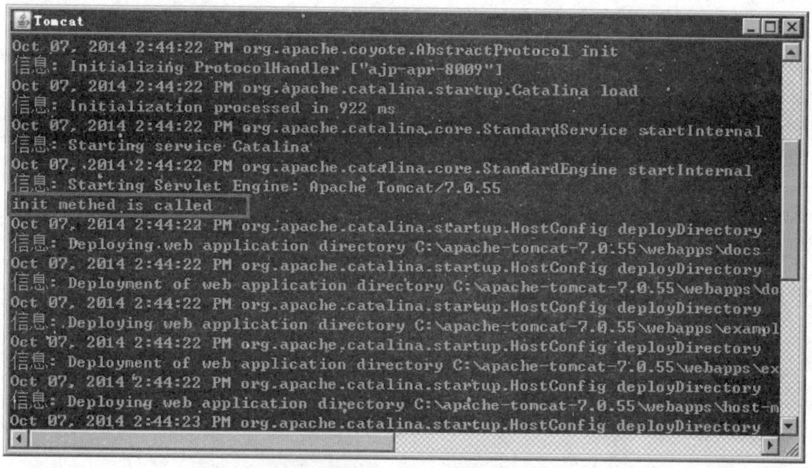

```
Tomcat
Oct 07, 2014 2:44:22 PM org.apache.coyote.AbstractProtocol init
信息: Initializing ProtocolHandler ["ajp-apr-8009"]
Oct 07, 2014 2:44:22 PM org.apache.catalina.startup.Catalina load
信息: Initialization processed in 922 ms
Oct 07, 2014 2:44:22 PM org.apache.catalina.core.StandardService startInternal
信息: Starting service Catalina
Oct 07, 2014 2:44:22 PM org.apache.catalina.core.StandardEngine startInternal
信息: Starting Servlet Engine: Apache Tomcat/7.0.55
init methed is called
Oct 07, 2014 2:44:22 PM org.apache.catalina.startup.HostConfig deployDirectory
信息: Deploying web application directory C:\apache-tomcat-7.0.55\webapps\docs
Oct 07, 2014 2:44:22 PM org.apache.catalina.startup.HostConfig deployDirectory
信息: Deployment of web application directory C:\apache-tomcat-7.0.55\webapps\do
Oct 07, 2014 2:44:22 PM org.apache.catalina.startup.HostConfig deployDirectory
信息: Deploying web application directory C:\apache-tomcat-7.0.55\webapps\exampl
Oct 07, 2014 2:44:22 PM org.apache.catalina.startup.HostConfig deployDirectory
信息: Deployment of web application directory C:\apache-tomcat-7.0.55\webapps\ex
Oct 07, 2014 2:44:22 PM org.apache.catalina.startup.HostConfig deployDirectory
信息: Deploying web application directory C:\apache-tomcat-7.0.55\webapps\host-m
Oct 07, 2014 2:44:23 PM org.apache.catalina.startup.HostConfig deployDirectory
```

图 4-11 运行结果

从图 4-11 中可以看出，HelloWorldServlet 的初始化信息被打印了出来，由此说明，HelloWorldServlet 在 Tomcat 启动时就被自动加载并且初始化了。

4.2 Servlet 高级应用

4.2.1 HttpServlet

由于大多数 Web 应用都是通过 HTTP 和客户端进行交互，因此，在 Servlet 接口中，提供了一个抽象类 javax.servlet.http.HttpServlet，它是 GenericServlet 的子类，专门用于创建应用于 HTTP 的 Servlet。为了让读者可以更好地了解 HttpServlet，接下来看一下 HttpServlet 类的源代码片段，具体如下：

```
1  public abstract class HttpServlet extends GenericServlet {
2      protected void doGet(HttpServletRequest req, HttpServletResponse resp)
3          throws ServletException, IOException
4      {
5          ...
6      }
7      protected void doPost(HttpServletRequest req, HttpServletResponse resp)
8          throws ServletException, IOException {
9          ...
10     }
11     protected void service(HttpServletRequest req, HttpServletResponse resp)
12         throws ServletException, IOException {
13       String method=req.getMethod();
```

```
14      if(method.equals(METHOD_GET)){
15          long lastModified=getLastModified(req);
16          if(lastModified==-1){
17              //servlet doesn't support if-modified-since, no reason
18              //to go through further expensive logic
19              doGet(req, resp);
20          } else {
21              long ifModifiedSince=req.getDateHeader(HEADER_IFMODSINCE);
22              if(ifModifiedSince<(lastModified / 1000 * 1000)){
23                  //If the servlet mod time is later, call doGet()
24                  //Round down to the nearest second for a proper compare
25                  //A ifModifiedSince of-1 will always be less
26                  maybeSetLastModified(resp, lastModified);
27                  doGet(req, resp);
28              } else {
29                  resp.setStatus(HttpServletResponse.SC_NOT_MODIFIED);
30              }
31          }
32      } else if(method.equals(METHOD_HEAD)){
33          long lastModified=getLastModified(req);
34          maybeSetLastModified(resp, lastModified);
35          doHead(req, resp);
36      } else if(method.equals(METHOD_POST)){
37          doPost(req, resp);
38      } else if(method.equals(METHOD_PUT)){
39          doPut(req, resp);
40      } else if(method.equals(METHOD_DELETE)){
41          doDelete(req, resp);
42      } else if(method.equals(METHOD_OPTIONS)){
43          doOptions(req,resp);
44      } else if(method.equals(METHOD_TRACE)){
45          doTrace(req,resp);
46      } else {
47          String errMsg=lStrings.getString("http.method_not_implemented");
48          Object[] errArgs=new Object[1];
49          errArgs[0]=method;
50          errMsg=MessageFormat.format(errMsg, errArgs);
51          resp.sendError(HttpServletResponse.SC_NOT_IMPLEMENTED, errMsg);
52      }
53  }
54  public void service(ServletRequest req, ServletResponse res)
55          throws ServletException, IOException {
56      HttpServletRequest request;
```

```
57          HttpServletResponse response;
58          try {
59              request= (HttpServletRequest) req;
60              response= (HttpServletResponse) res;
61          } catch(ClassCastException e) {
62              throw new ServletException("non-HTTP request or response");
63          }
64          service(request, response);
65      }
66 }
```

通过分析 HttpServlet 的源代码片段，发现 HttpServlet 主要有两大功能，第一是根据用户请求方式的不同，定义相应的 doXxx()方法处理用户请求。例如，与 GET 请求方式对应的 doGet()方法，与 POST 方式对应的 doPost()方法。第二是通过 service()方法将 HTTP 请求和响应分别转为 HttpServletRequest 和 HttpServletResponse 类型的对象。

需要注意的是，由于 HttpServlet 类在重写的 service()方法中，为每一种 HTTP 请求方式都定义了对应的 doXxx 方法，因此，当定义的类继承 HttpServlet 后，只需根据请求方式，重写对应的 doXxx 方法即可，而不需要重写 service()方法。

动手体验：HttpServlet 中的 doGet()和 doPost()方法

由于大多数客户端的请求方式都是 GET 和 POST，因此学习如何使用 HttpServlet 中的 doGet()和 doPost()方法相当重要。接下来通过一个具体的案例，分步骤讲解 HttpServlet 中 doGet()和 doPost()方法的使用，具体如下。

(1) 在目录 D:\cn\itcast\firstapp\servlet 下编写 RequestMethodServlet 类，并且通过继承 HttpServlet 类，实现 doGet()和 doPost()方法的重写，如例 4-3 所示。

例 4-3 RequestMethodServlet.java

```
1  package cn.itcast.firstapp.servlet;
2  import java.io.*;
3  import javax.servlet.*;
4  import javax.servlet.http.*;
5  public class RequestMethodServlet extends HttpServlet {
6      public void doGet(HttpServletRequest request, HttpServletResponse response)
7              throws ServletException, IOException {
8          PrintWriter out=response.getWriter();
9          out.write("this is doGet method");
10         }
11     public void doPost(HttpServletRequest request, HttpServletResponse response)
12             throws ServletException, IOException {
13         PrintWriter out=response.getWriter();
```

```
14          out.write("this is doPost method");
15      }
16 }
```

（2）在 chapter04 应用的 web. xml 中配置 RequestMethodServlet 的映射路径，配置信息如下所示：

```
1  <servlet>
2  <servlet-name>RequestMethodServlet</servlet-name>
3  <servlet-class>cn.itcast.firstapp.servlet.RequestMethodServlet</servlet-class>
4  </servlet>
5  <servlet-mapping>
6       <servlet-name>RequestMethodServlet</servlet-name>
7       <url-pattern>/RequestMethodServlet</url-pattern>
8  </servlet-mapping>
```

（3）编译 RequestMethodServlet. java 文件，并将编译后生成的 RequestMethodServlet. class 文件复制到 Tomcat 安装目录下的 webapps\chapter04\WEB-INF\classes 文件中。

（4）采用 GET 方式访问 RequestMethodServlet。启动 Tomcat 服务器，在浏览器的地址栏中输入 URL 地址 http://localhost:8080/chapter04/RequestMethodServlet，浏览器显示的结果如图 4-12 所示。

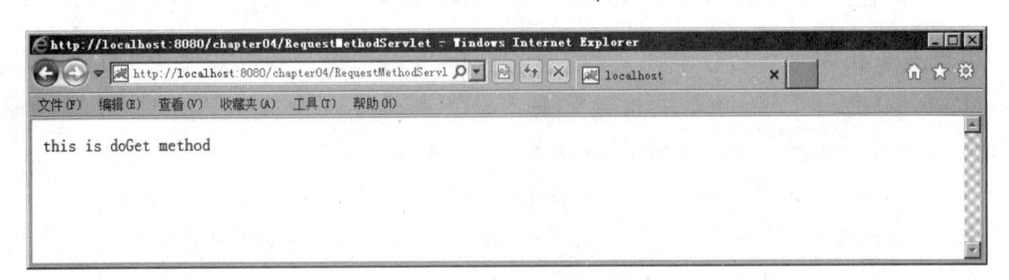

图 4-12　运行结果

从图 4-12 中可以看出，浏览器显示出了“this is doGet method”语句。由此可见，采用 GET 方式请求 Servlet 时，会自动调用 doGet()方法。

（5）采用 POST 方式访问 RequestMethodServlet。在目录 webapps\chapter04 下编写一个名为 form. html 文件，并将其中表单的提交方式设置为 POST，如例 4-4 所示。

例 4-4　form. html

```
<form action="/chapter04/RequestMethodServlet" method="post">
        姓名<input type="text" name="name" /><br />
        密码<input type="text" name="psw" /><br />
        <input type="submit" value="提交"/>
</form>
```

（6）启动Tomcat服务器，在浏览器的地址栏中输入 http://localhost:8080/chapter04/form.html 访问form.html文件，浏览器显示的结果如图4-13所示。

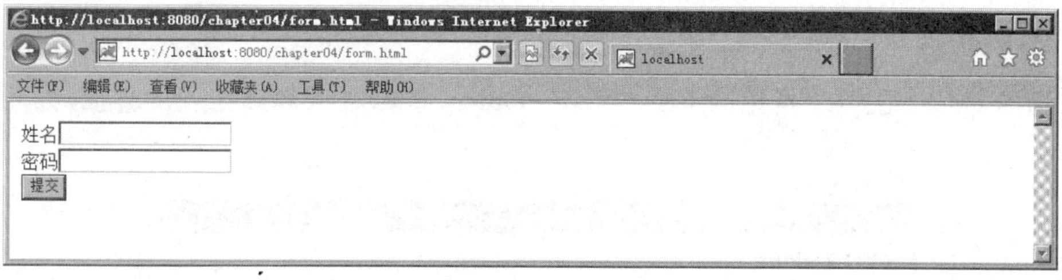

图4-13 运行结果

单击“提交”按钮，浏览器界面跳转到RequestMethodServlet，显示的结果如图4-14所示。

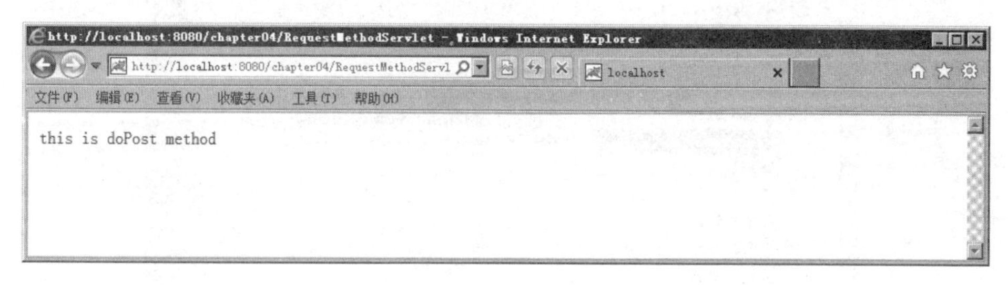

图4-14 运行结果

从图4-14中可以看出，浏览器显示出了“this is doPost method”语句。由此可见，采用POST方式请求Servlet时，会自动调用doPost()方法。

需要注意的是，如果GET和POST请求的处理方式一致，则可以在doPost()方法中直接调用doGet()方法，具体示例如下：

```
public void doGet(HttpServletRequest request,HttpServletResponse response)
        throws ServletException, IOException {
    PrintWriter out=response.getWriter();
    out.write("the same way of the doGet and doPost method");
}
public void doPost(HttpServletRequest request, HttpServletResponse response)
        throws ServletException, IOException {
    this.doGet(request, response);
}
```

4.2.2 使用Eclipse工具开发Servlet

为了帮助读者了解Servlet的开发过程，在本节之前实现的Servlet都没有借助开发工具，开发步骤相当烦琐。但是，在实际开发中，通常都会使用Eclipse工具完成Servlet的开发，Eclipse不仅会自动编译Servlet，还会自动创建web.xml文件，完成Servlet虚拟路径的映射。

接下来,分步骤讲解如何使用 Eclipse 工具开发 Servlet,具体如下。

1. 新建 Web 工程

选择 Eclipse 上方工具栏的 File→New→Other 选项,进入新建工程的界面,如图 4-15 所示。

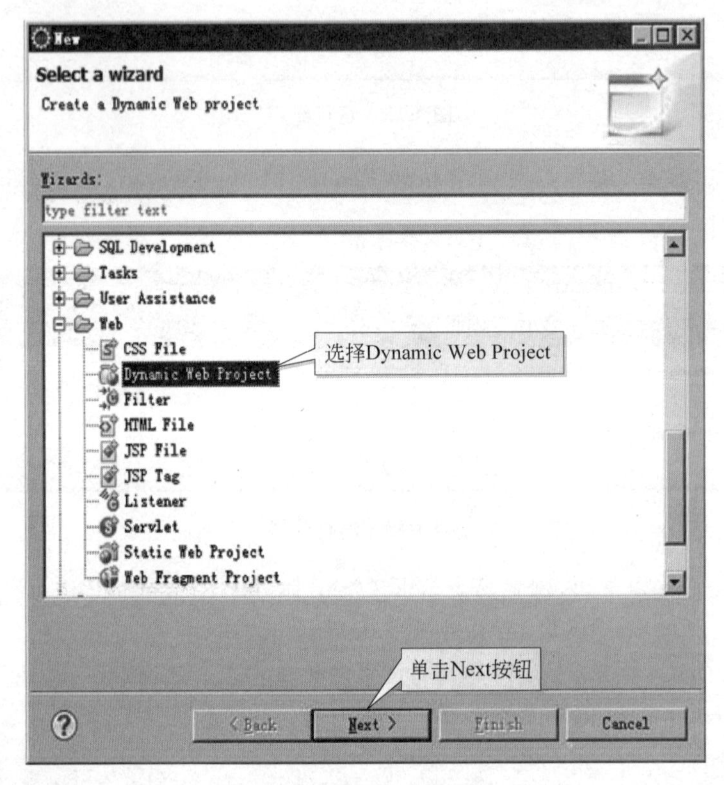

图 4-15 新建工程的界面

选择如图 4-15 所示的 Dynamic Web Project 选项,单击 Next 按钮,进入填写工程信息的界面,如图 4-16 所示。

在图 4-16 中,我们填写的工程名为 chapter04,选择的运行环境是 Tomcat 7.0,单击 Next 按钮,进入 Web 工程的配置界面,如图 4-16 所示。

在图 4-17 中,Eclipse 会自动将 src 目录下的文件编译成 class 文件存放到 classes 目录下。需要注意的是,src 目录和 classes 目录都是可以修改的,在此,我们不做任何修改,采用默认设置的目录。单击 Next 按钮,进入下一个配置页面,如图 4-18 所示。

在图 4-18 中,Context root 选项用于指定 Web 工程的根目录,Content directory 选项用于指定存放 Web 资源的目录。在此,采用默认设置的目录,将 chapter04 作为 Web 资源的根目录,将 WebContent 作为存放 Web 资源的目录。单击 Finish 按钮,完成 Web 工程的配置,创建好的 Web 应用目录如图 4-19 所示。

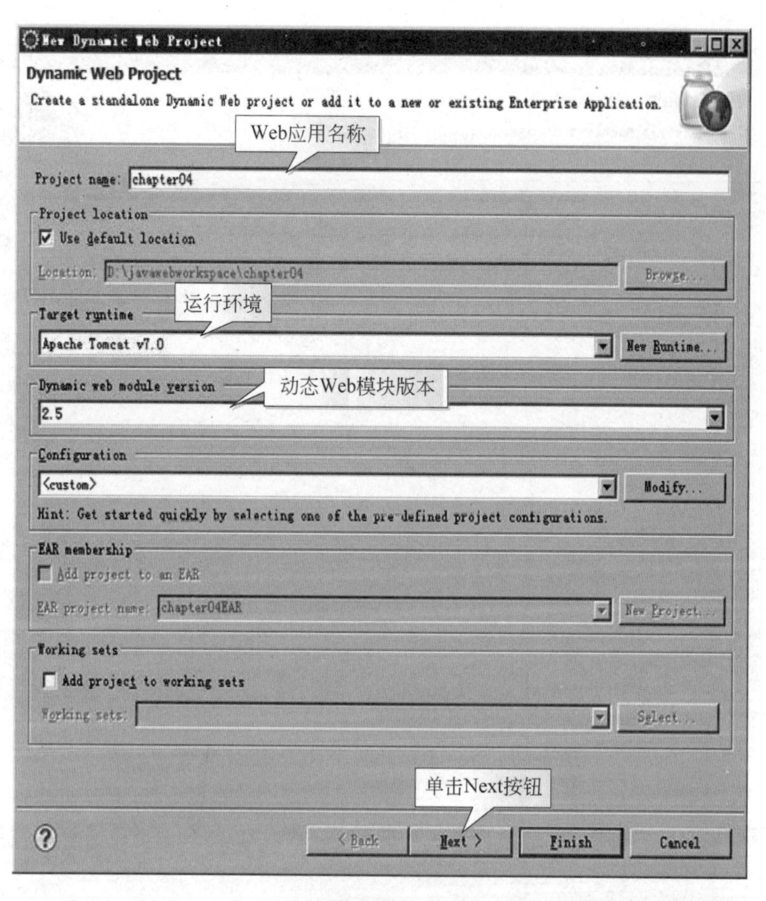

图 4-16 填写工程信息的界面

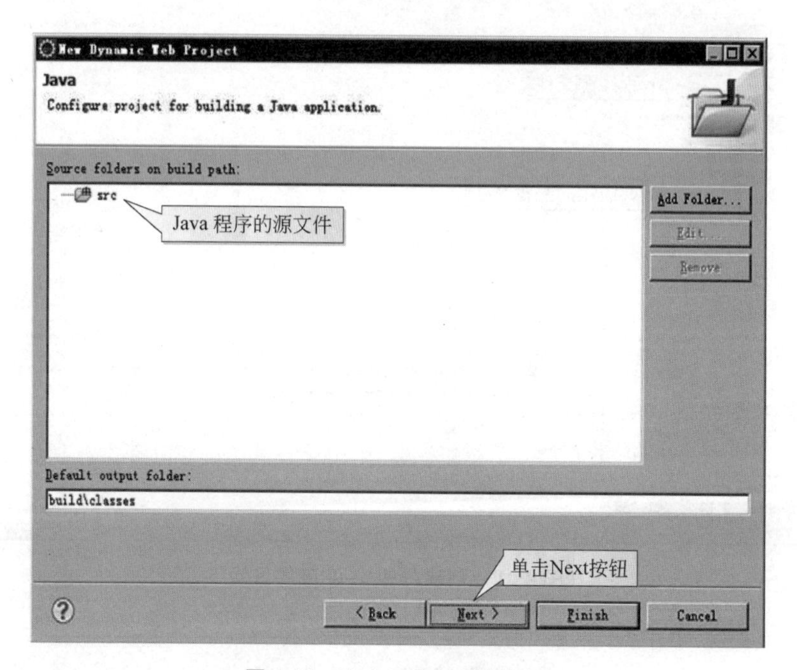

图 4-17 Web 工程的配置界面

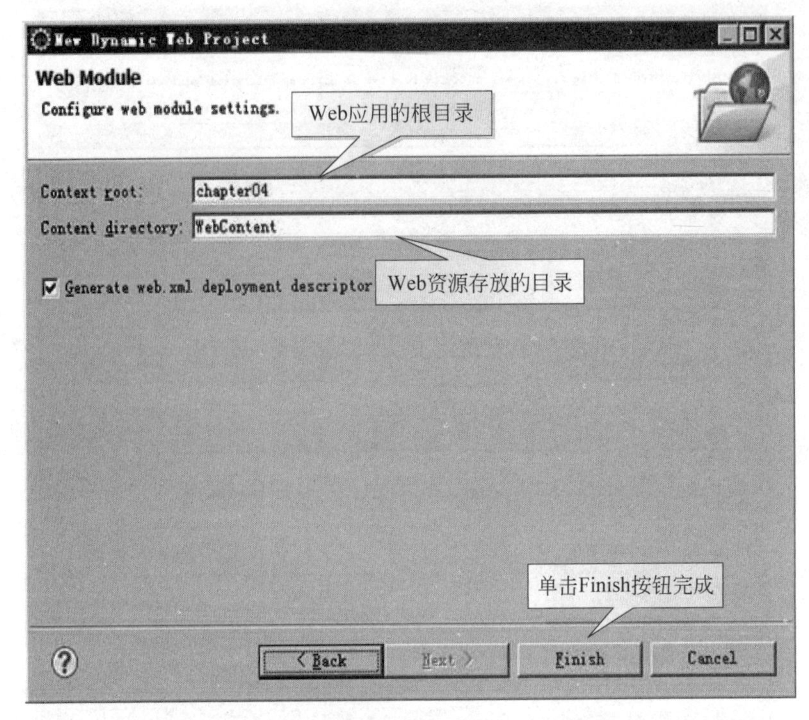

图 4-18 New Dynamic Web Project 选项

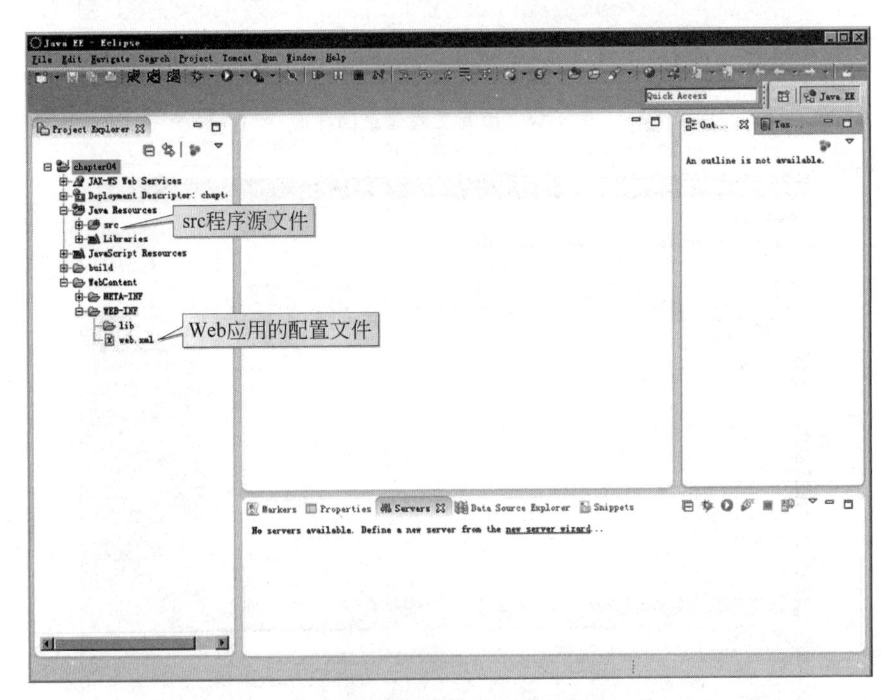

图 4-19 创建好的 Web 应用目录

2. 创建 Servlet 程序

创建好 Web 工程后，接下来就可以开始新建 Servlet 了。右击图 4-19 所示的 src 文件，选择 New→Other 选项，进入创建 Servlet 的界面，如图 4-19 所示。

在图 4-20 中，选择 Servlet 选项，单击 Next 按钮，进入填写 Servlet 信息的界面，如图 4-21 所示。

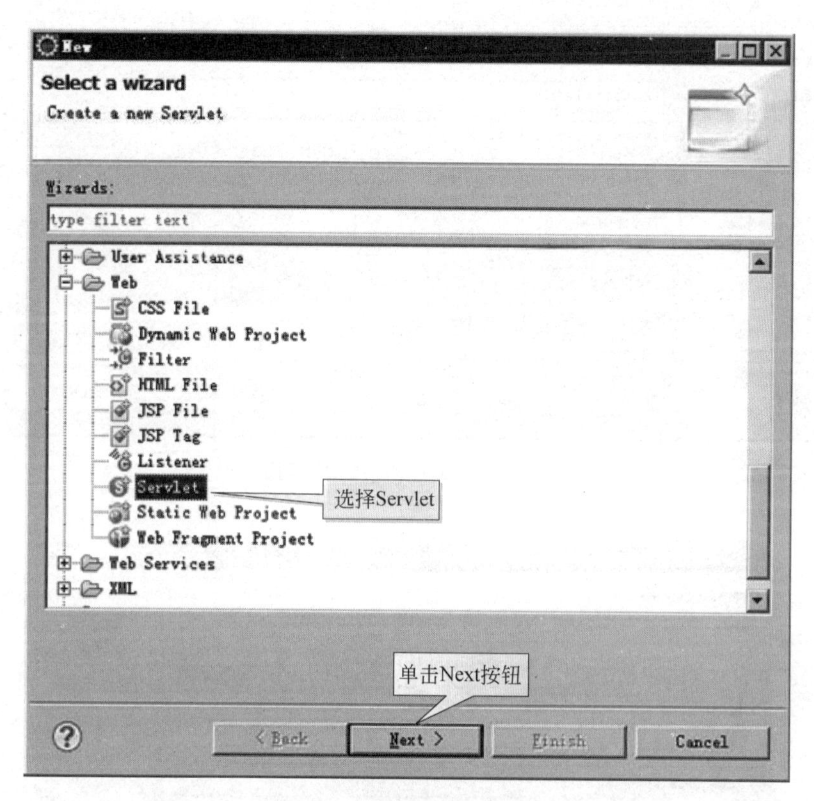

图 4-20 创建 Servlet 的界面

在图 4-21 中，Java package 用于指定 Servlet 所在包的名称，Class name 用于指定 Servlet 的名称。在此，我们创建的 Servlet 的名称为"TestServlet01"，它所在的包的名称为"cn. itcast. chapter04. servlet"。单击 Next 按钮，进入配置 Servlet 的界面，如图 4-22 所示。

在图 4-22 中，Name 选项用来指定 web. xml 文件中<servlet-name>元素的内容，URL mappings 文本框用来指定 web. xml 文件中<url-pattern>元素的内容，这两个选项的内容都是可以修改的，在此，我们不做任何修改，采用默认设置的内容，单击 Next 按钮，进入下一个配置界面，如图 4-23 所示。

在图 4-23 中，可以勾选需要创建的方法。在此，只选择 Inherited abstract methods、doGet 和 doPost 方法，单击 Finish 按钮，完成 Servlet 的创建。TestServlet01 创建后的界面如图 4-24 所示。

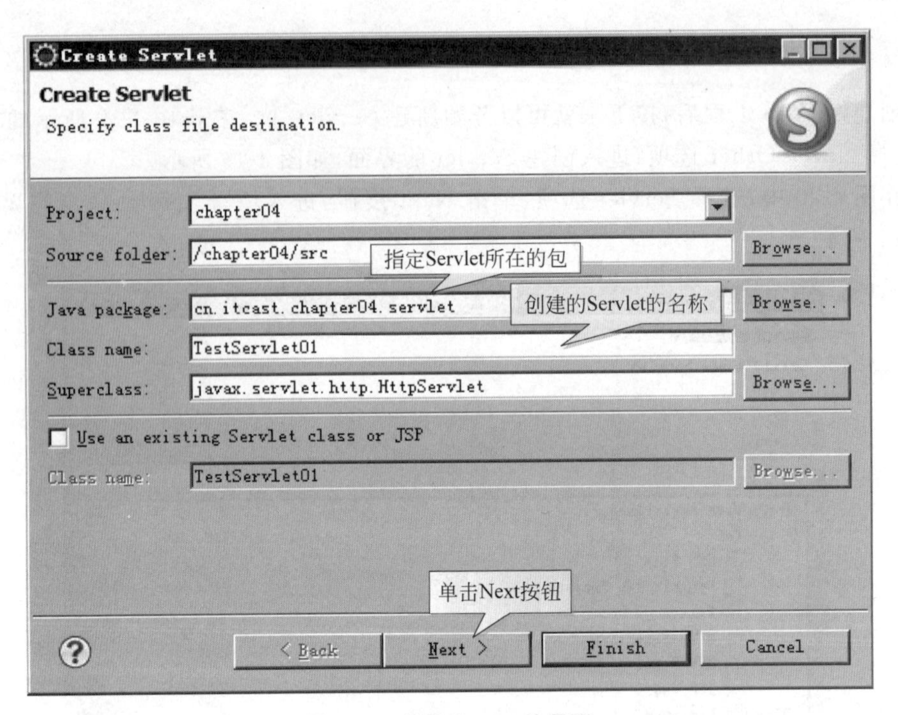

图 4-21 填写 Servlet 的界面

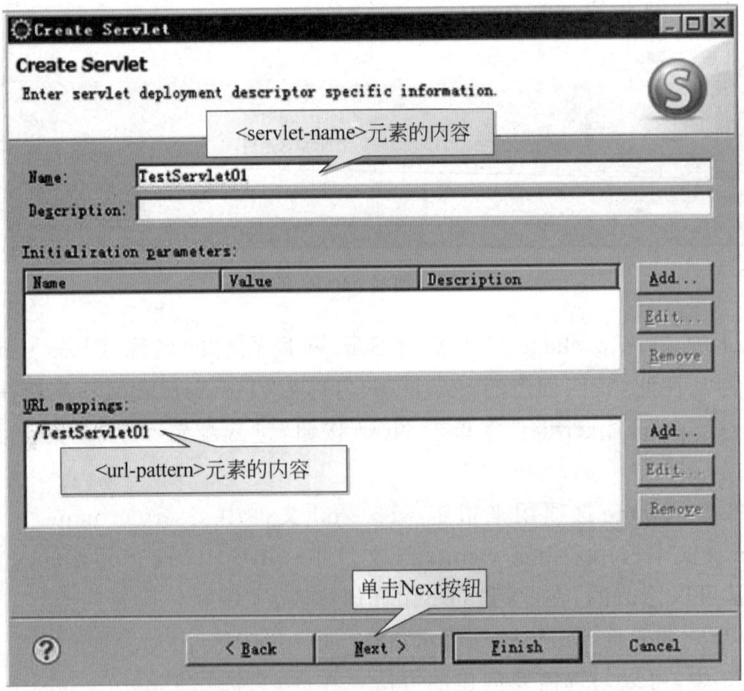

图 4-22 Servlet 的配置界面

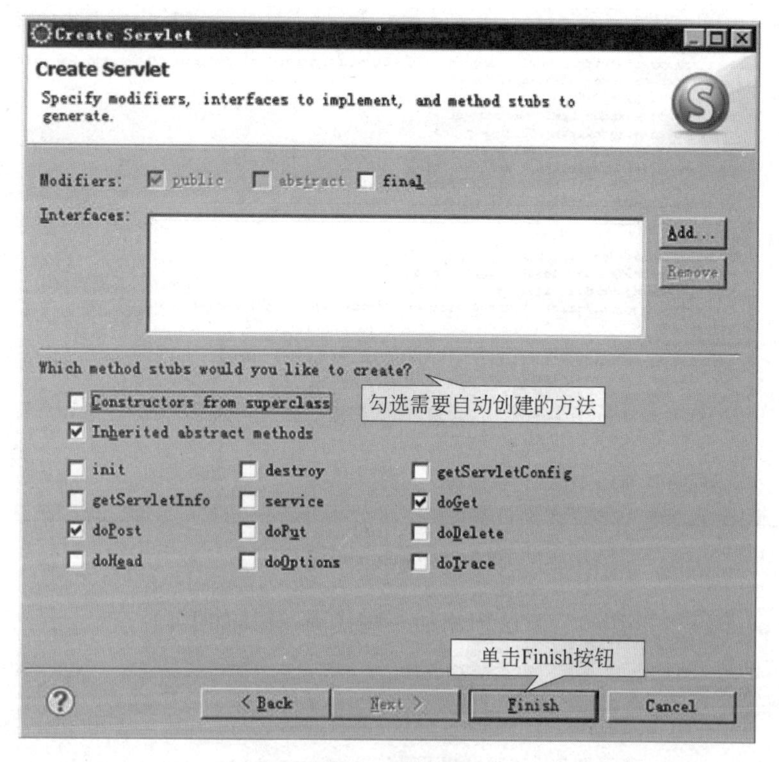

图 4-23 配置界面

```
TestServlet01.java
1  package cn.itcast.chapter04.servlet;
2
3⊕ import java.io.IOException;□
8
9⊖ /**
10  * Servlet implementation class TestServlet01
11  */
12 public class TestServlet01 extends HttpServlet {
13     private static final long serialVersionUID = 1L;
14
15⊖     /**
16      * @see HttpServlet#doGet(HttpServletRequest request, HttpServletResponse response)
17      */
18⊖     protected void doGet(HttpServletRequest request, HttpServletResponse response)
19             throws ServletException, IOException {
20         // TODO Auto-generated method stub
21     }
22
23⊖     /**
24      * @see HttpServlet#doPost(HttpServletRequest request, HttpServletResponse response)
25      */
26⊖     protected void doPost(HttpServletRequest request, HttpServletResponse response)
27             throws ServletException, IOException {
28         // TODO Auto-generated method stub
29     }
30
31 }
```

图 4-24 创建后的 TestServlet01 界面

由于 Eclipse 工具在创建 Servlet 时会自动将 Servlet 的相关配置文件添加到 web.xml，因此打开 web.xml 文件，可以看到 TestServlet01 的虚拟映射路径自动进行了配置，如图 4-25 所示。

至此，Servlet 创建成功了。为了更好地演示 Servlet 的运行效果，接下来在该

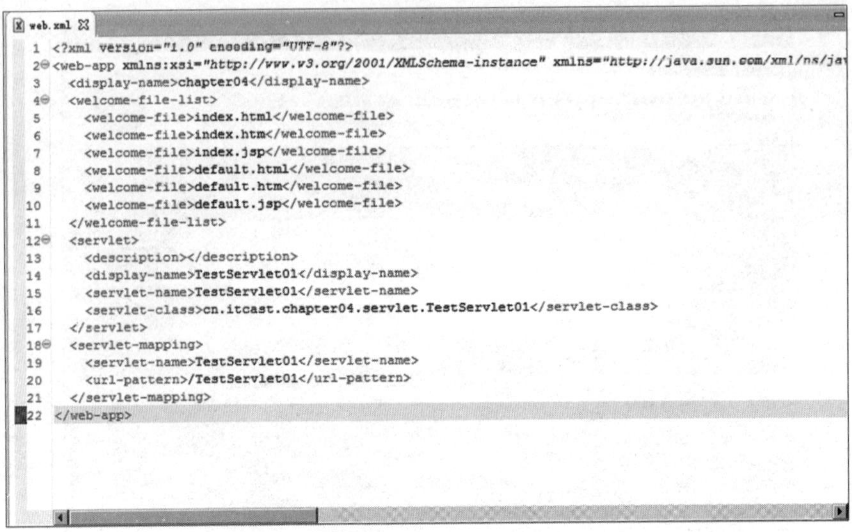

```
1 <?xml version="1.0" encoding="UTF-8"?>
2 <web-app xmlns:xsi="http://www.w3.org/2001/XMLSchema-instance" xmlns="http://java.sun.com/xml/ns/ja
3   <display-name>chapter04</display-name>
4   <welcome-file-list>
5     <welcome-file>index.html</welcome-file>
6     <welcome-file>index.htm</welcome-file>
7     <welcome-file>index.jsp</welcome-file>
8     <welcome-file>default.html</welcome-file>
9     <welcome-file>default.htm</welcome-file>
10    <welcome-file>default.jsp</welcome-file>
11  </welcome-file-list>
12  <servlet>
13    <description></description>
14    <display-name>TestServlet01</display-name>
15    <servlet-name>TestServlet01</servlet-name>
16    <servlet-class>cn.itcast.chapter04.servlet.TestServlet01</servlet-class>
17  </servlet>
18  <servlet-mapping>
19    <servlet-name>TestServlet01</servlet-name>
20    <url-pattern>/TestServlet01</url-pattern>
21  </servlet-mapping>
22 </web-app>
```

图 4-25　web.xml 文件

Servlet 的 doGet()和 doPost()方法中添加一些代码，具体如下：

```
protected void doGet(HttpServletRequest request,
    HttpServletResponse response)throws ServletException, IOException {
        this.doPost(request, response);
}
protected void doPost(HttpServletRequest request,
    HttpServletResponse response)throws ServletException, IOException {
        PrintWriter out=response.getWriter();
        out.print("this servlet is created by eclipse");
}
```

3. 部署和访问 Servlet

打开 Servers 选项卡，选中部署 Web 应用的 Tomcat 服务器(关于 Tomcat 服务器的配置方式参考第 2 章)，右击并选择 Add and Remove 选项，如图 4-26 所示。

单击如图 4-26 所示的 Add and Remove 选项，进入部署 Web 应用的界面，如图 4-27 所示。

在图 4-27 中，Available 选项中的内容是还没有部署到 Tomcat 服务器的 Web 工程，Configured 选项中的内容是已经部署到 Tomcat 服务器的 Web 工程，选中 chapter04，单击 Add 按钮，将 chapter04 工程添加到 Tomcat 服务器中，如图 4-28 所示。

单击如图 4-28 所示的 Finish 按钮，完成 Web 应用的部署。接下来，启动 Eclipse 中的 Tomcat 服务器，在浏览器的地址栏中输入 URL 地址 http://localhost:8080/chapter04/TestServlet01 访问 TestServlet01，浏览器显示的结果如图 4-29 所示。

至此，我们使用 Eclipse 工具完成了 Servlet 的开发。值得一提的是，Eclipse 工具在 Web 开发中相当重要，读者应该熟练掌握 Eclipse 工具的使用。

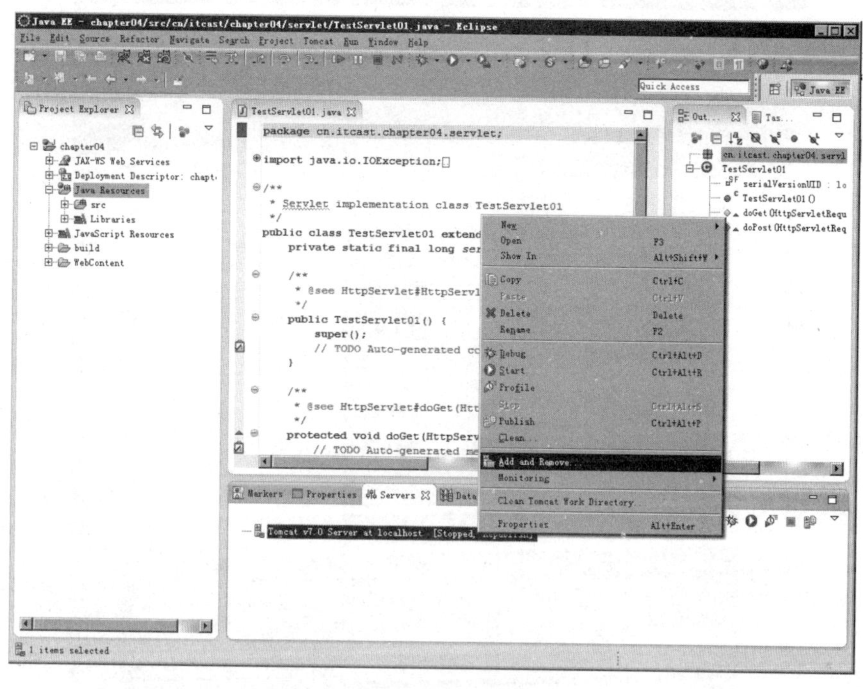

图 4-26　Add and Remove 选项

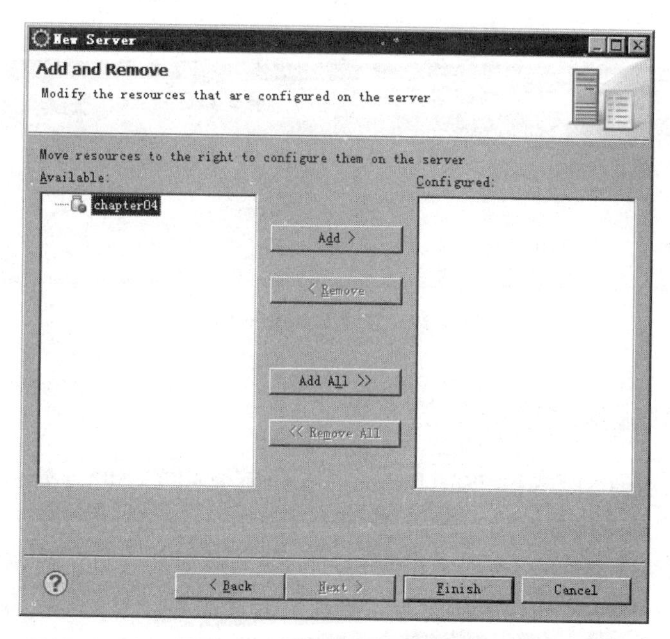

图 4-27　部署 Web 应用的界面

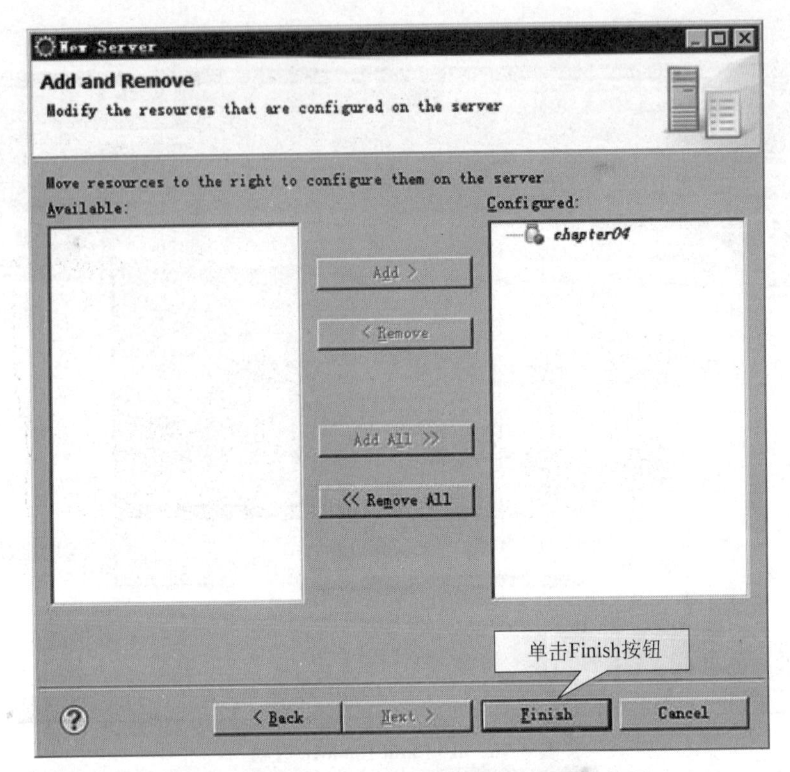

图 4-28　将 chapter04 工程部署到 Tomcat 服务器

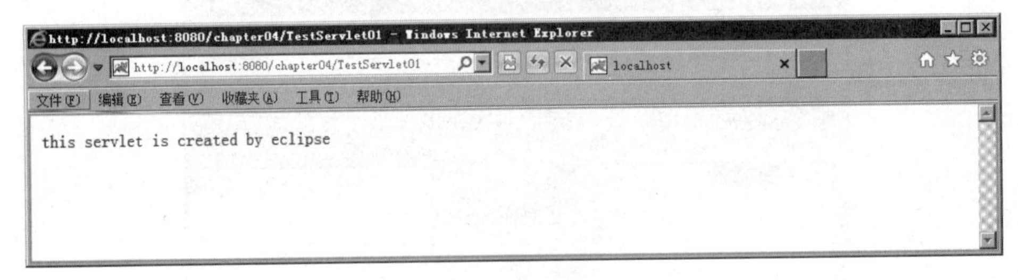

图 4-29　访问 EclipseServlet

4.2.3　Servlet 虚拟路径的映射

在 web. xml 文件中，一个<Servlet-mapping>元素用于映射一个 Servlet 的对外访问路径，该路径也称为虚拟路径。例如，在 4.1.2 节中，HelloWorldServlet 所映射的虚拟路径为"/HelloWorldServlet"。创建好的 Servlet 只有映射成虚拟路径，客户端才能对其进行访问。但是，在映射 Servlet 时，有一些细节问题需要注意，例如 Servlet 的多重映射、在映射路径中使用通配符、配置默认的 Servlet 等，接下来，针对这些问题进行详细的讲解，具体如下。

1. Servlet 的多重映射

Servlet 的多重映射指的是同一个 Servlet 可以被映射成多个虚拟路径。也就是说，客户端可以通过多个路径实现对同一个 Servlet 的访问。Servlet 多重映射的实现方式有两种，具体如下。

(1) 配置多个＜servlet-mapping＞元素。以 4.2.2 节的 TestServlet01 为例，在 web.xml 文件中对 TestServlet01 虚拟路径的映射进行修改，修改后的代码如下所示：

```
<servlet>
    <servlet-name>TestServlet01</servlet-name>
    <servlet-class>cn.itcast.chapter04.servlet.TestServlet01</servlet-class>
</servlet>
<servlet-mapping>
    <!--映射为 TestServlet01-->
    <servlet-name>TestServlet01</servlet-name>
    <url-pattern>/TestServlet01</url-pattern>
</servlet-mapping>
<servlet-mapping>
    <!--映射为 Test01-->
    <servlet-name>TestServlet01</servlet-name>
    <url-pattern>/Test01</url-pattern>
</servlet-mapping>
```

重启 Tomcat 服务器，在浏览器的地址栏中输入 URL 地址 http://localhost:8080/chapter04/TestServlet01 访问 TestServlet01，浏览器显示的结果如图 4-30 所示。

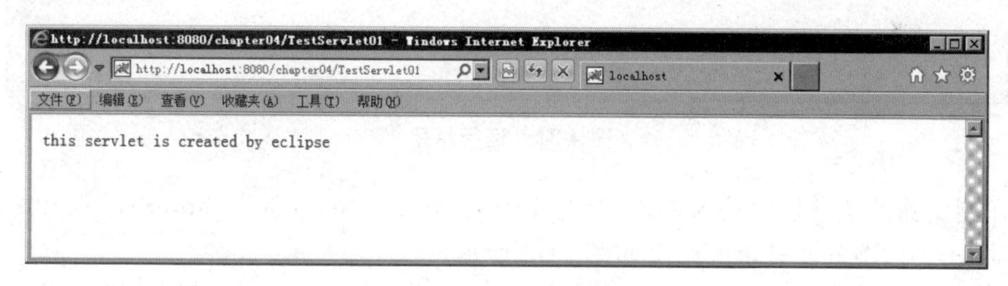

图 4-30　运行结果

在浏览器的地址栏中输入 URL 地址 http://localhost:8080/chapter04/Test01 访问 TestServlet01，浏览器显示的结果如图 4-31 所示。

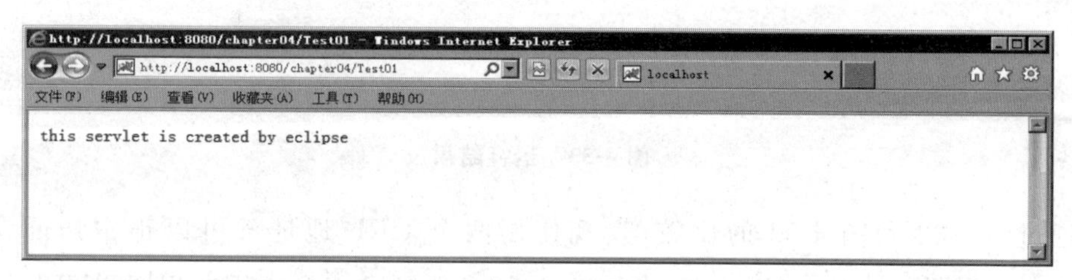

图 4-31　运行结果

通过图 4-30 和图 4-31 的比较，发现使用两个 URL 地址都可以正常访问 TestServlet01。由此可见，通过配置多个<servlct-mapping>元素可以实现 Servlet 的多重映射。

(2) 在一个<servlet-mapping>元素下配置多个<url-pattern>子元素。同样以 TestServlet01 为例，在 web. xml 文件中对 TestServlet01 虚拟路径的映射进行修改，修改后的代码如下所示：

```
<servlet>
    <servlet-name>TestServlet01</servlet-name>
    <servlet-class>cn.itcast.chapter04.servlet.TestServlet01</servlet-class>
</servlet>
<servlet-mapping>
      <!--映射为 TestServlet01 和 Test02-->
      <servlet-name>TestServlet01</servlet-name>
      <url-pattern>/TestServlet01</url-pattern>
      <url-pattern>/Test02</url-pattern>
</servlet-mapping>
```

重启 Tomcat 服务器，在浏览器的地址栏中输入 URL 地址 http://localhost:8080/chapter04/TestServlet01 访问 TestServlet01，浏览器显示的结果如图 4-32 所示。

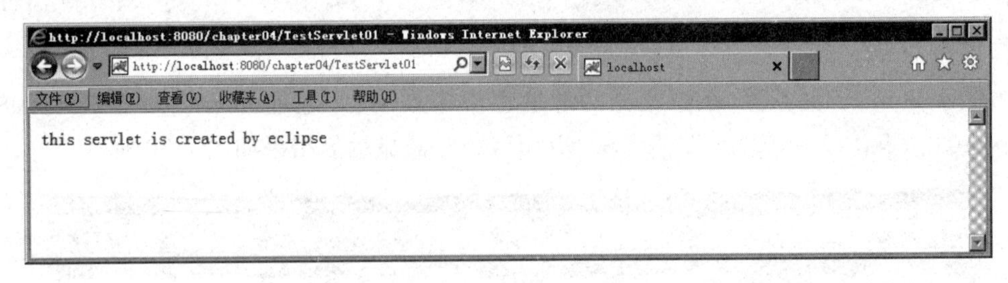

图 4-32 运行结果

在浏览器的地址栏中输入 URL 地址 http://localhost:8080/chapter04/Test02 访问 TestServlet01，浏览器显示的结果如图 4-33 所示。

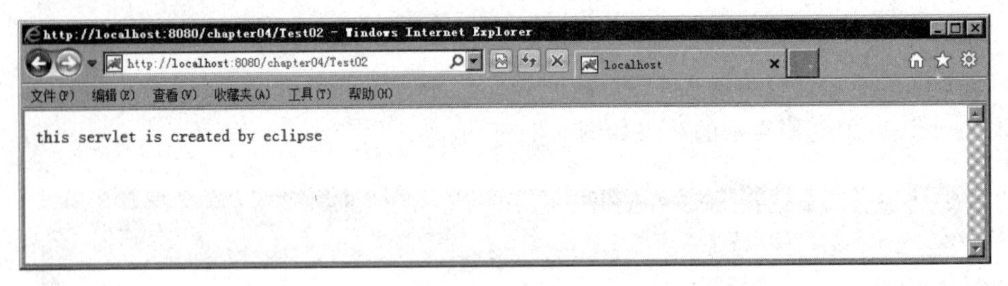

图 4-33 运行结果

通过图 4-32 和图 4-33 的比较，发现使用两个 URL 地址都可以正常访问 TestServlet01。由此可见，在一个<servlet-mapping>元素下配置多个<url-pattern>子元素同样可以实现 Servlet 的多重映射。

2. Servlet 映射路径中使用通配符

有时候，我们希望某个目录下的所有路径都可以访问同一个 Servlet，这时，可以在 Servlet 映射的路径中使用通配符“*”。通配符的格式只有两种，具体如下。

(1) 格式为“*.扩展名”，例如“*.do”匹配以“.do”结尾的所有 URL 地址。

(2) 格式为“/*”，例如“/abc/*”匹配以“/abc”开始的所有 URL 地址。

需要注意的是，这两种通配符的格式不能混合使用，例如，/abc/*.do 就是不合法的映射路径。另外，当客户端访问一个 Servlet 时，如果请求的 URL 地址能够匹配多个虚拟路径，那么 Tomcat 将采取最具体匹配原则查找与请求 URL 最接近的虚拟映射路径。例如，对于如下所示的一些映射关系：

/abc/* 映射到 Servlet1

/* 映射到 Servlet2

/abc 映射到 Servlet3

*.do 映射到 Servlet4

将发生如下一些行为：

当请求 URL 为“/abc/a.html”，“/abc/*”和“/*”都可以匹配这个 URL，Tomcat 会调用 Servlet1。

当请求 URL 为“/abc”，“/abc/*”和“/abc”都可以匹配这个 URL，Tomcat 会调用 Servlet3。

当请求 URL 为“/abc/a.do”，“*.do”和“/abc/*”都可以匹配这个 URL，Tomcat 会调用 Servlet1。

当请求 URL 为“/a.do”，“/*”和“*.do”都可以匹配这个 URL，Tomcat 会调用 Servlet2。

当请求 URL 为“/xxx/yyy/a.do”，“*.do”和“/*”都可以匹配这个 URL，Tomcat 会调用 Servlet2。

3. 默认 Servlet

如果某个 Servlet 的映射路径仅仅是一个正斜线(/)，那么这个 Servlet 就是当前 Web 应用的默认 Servlet。Servlet 服务器在接收到访问请求时，如果在 web.xml 文件中找不到匹配的<servlet-mapping>元素的 URL，就会将访问请求交给默认 Servlet 处理，也就是说，默认 Servlet 用于处理其他 Servlet 都不处理的访问请求。接下来对 4.2.2 节的 TestServlet01 进行修改，将其设置为默认的 Servlet，具体如下：

```
<servlet>
    <servlet-name>TestServlet01</servlet-name>
    <servlet-class>cn.itcast.chapter04.servlet. TestServlet01</servlet-class>
</servlet>
<servlet-mapping>
```

```
        <servlet-name>TestServlet01</servlet-name>
        <url-pattern>/</url-pattern>
    </servlet-mapping>
```

启动 Tomcat 服务器，在浏览器的地址栏中输入任意的 URL 地址 http://localhost:8080/chapter04/abcde，浏览器显示的结果如图 4-34 所示。

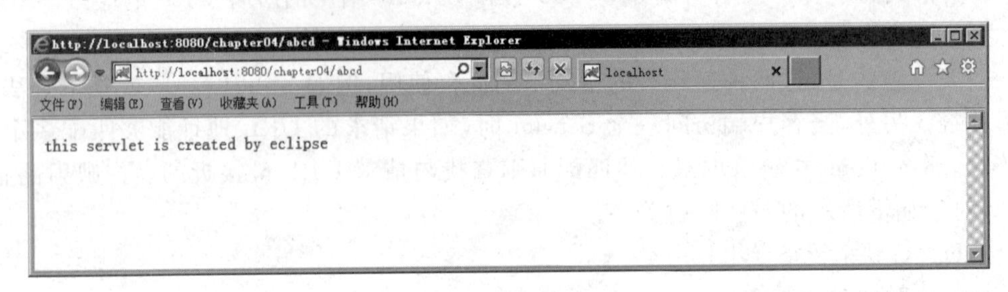

图 4-34 运行结果

从图 4-34 中可以看出，当 URL 地址和 TestServlet01 的虚拟路径不匹配时，浏览器仍然可以正常访问 TestServlet01。

值得一提的是，在 Tomcat 安装目录下的 web. xml 文件中也配置了一个默认的 Servlet，配置信息如下所示：

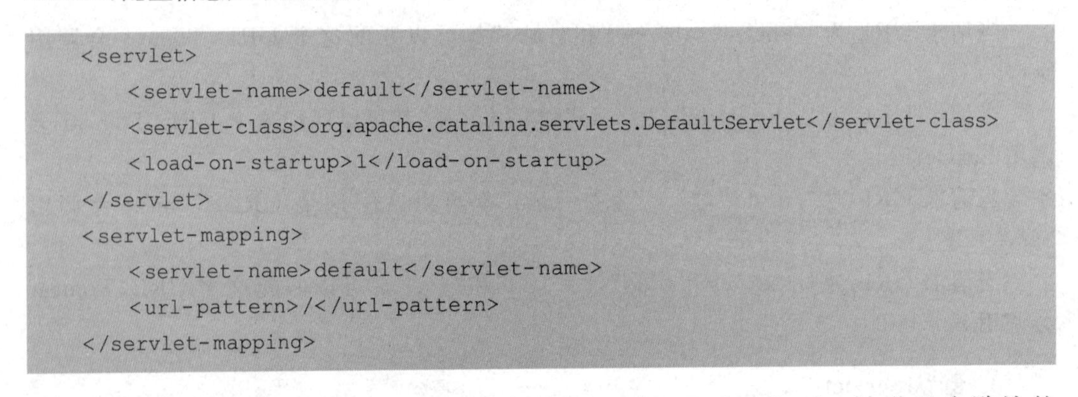

```
<servlet>
    <servlet-name>default</servlet-name>
    <servlet-class>org.apache.catalina.servlets.DefaultServlet</servlet-class>
    <load-on-startup>1</load-on-startup>
</servlet>
<servlet-mapping>
    <servlet-name>default</servlet-name>
    <url-pattern>/</url-pattern>
</servlet-mapping>
```

在上面的配置信息中，org. apache. catalina. servlets. DefaultServlet 被设置为默认的 Servlet，它对 Tomcat 服务器上所有 Web 应用都起作用。当 Tomcat 服务器中的某个 Web 应用没有默认 Servlet 时，都会将 DefaultServlet 作为默认的 Servlet。需要注意的是，当客户端访问 Tomcat 服务器中的某个静态 HTML 文件时，DefaultServlet 会判断 HTML 是否存在，如果存在，就会将数据以流的形式回送给客户端，否则会报告 404 错误。

4.3 ServletConfig 和 ServletContext

4.3.1 ServletConfig 接口

在 Servlet 运行期间，经常需要一些辅助信息，例如，文件使用的编码，使用 Servlet

程序的公司等，这些信息可以在web.xml文件中使用一个或多个<init-param>元素进行配置。当Tomcat初始化一个Servlet时，会将该Servlet的配置信息封装到一个ServletConfig对象中，通过调用init(ServletConfig cofig)方法将ServletConfig对象传递给Servlet。ServletConfig定义了一系列获取配置信息的方法，接下来通过一张表来描述ServletConfig的常用方法，如表4-2所示。

表4-2 ServletConfig接口的常用方法

方法说明	功能描述
String getInitParameter(String name)	根据初始化参数名返回对应的初始化参数值
Enumeration getInitParameterNames()	返回一个Enumeration对象，其中包含所有的初始化参数名
ServletContext getServletContext()	返回一个代表当前Web应用的ServletContext对象
String getServletName()	返回Servlet的名字，即web.xml中<servlet-name>元素的值

了解了ServletConfig接口的常用方法。接下来以getInitParameter()方法为例，分步骤讲解该方法的使用，具体如下。

(1) 在web.xml文件中为Servlet配置一些参数信息，具体如下：

```
<servlet>
    <servlet-name>TestServlet02</servlet-name>
    <servlet-class>cn.itcast.chapter04.servlet.TestServlet02</servlet-class>
    <init-param>
        <param-name>encoding</param-name>
        <param-value>UTF-8</param-value>
    </init-param>
  </servlet>
<servlet-mapping>
    <servlet-name>TestServlet02</servlet-name>
    <url-pattern>/TestServlet02</url-pattern>
</servlet-mapping>
```

上面的参数信息中<init-param>节点表示要设置的参数，该节点中的<param-name>表示参数的名称，<param-value>表示参数的值，我们在<init-param>节点中为TestServlet02配置了一个名为“encoding”的参数，并且参数的值为UTF-8。

(2) 编写TestServlet02类，实现读取web.xml文件中的参数信息，TestServlet02的实现代码如例4-5所示。

例4-5 TestServlet02.java

```
1  package cn.itcast.chapter04.servlet;
2  import java.io.*;
3  import javax.servlet.*;
```

```
4  import javax.servlet.http.*;
5  public class TestServlet02 extends HttpServlet {
6      protected void doGet(HttpServletRequest request,
7              HttpServletResponse response)throws ServletException, IOException {
8          PrintWriter out=response.getWriter();
9          //获得 ServletConfig 对象
10         ServletConfig config=this.getServletConfig();
11         //获得参数名为 encoding 对应的参数值
12         String param=config.getInitParameter("encoding");
13          out.println("encoding="+param);
14     }
15     protected void doPost(HttpServletRequest request,
16             HttpServletResponse response)throws ServletException, IOException {
17         this.doGet(request, response);
18     }
19 }
```

(3) 启动 Tomcat 服务器，在浏览器的地址栏中输入 URL 地址 http://localhost:8080/chapter04/ TestServlet02 访问 TestServlet02，显示的结果如图 4-35 所示。

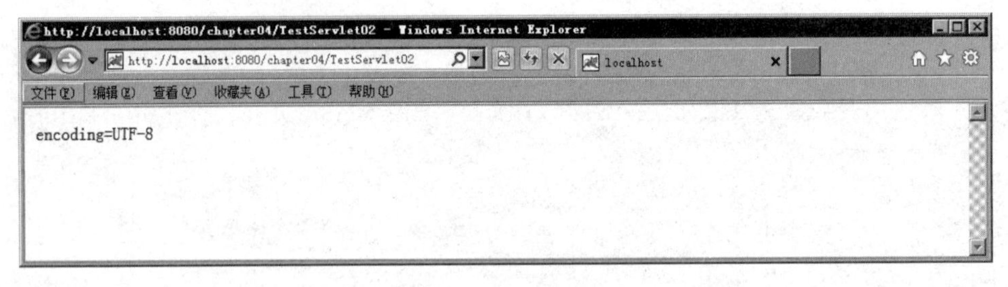

图 4-35 运行结果

从图 4-35 可以看出，在 web.xml 文件中为 TestServlet02 配置的编码信息被读取了出来。由此可见，通过 ServletConfig 对象可以获得 web.xml 文件中的参数信息。

4.3.2 ServletContext 接口

当 Servlet 容器启动时，会为每个 Web 应用创建一个唯一的 ServletContext 对象代表当前 Web 应用，该对象不仅封装了当前 Web 应用的所有信息，而且实现了多个 Servlet 之间数据的共享。接下来，针对 ServletContext 接口的不同作用分别进行讲解，具体如下。

1. 获取 Web 应用程序的初始化参数

在 web.xml 文件中，不仅可以配置 Servlet 的初始化信息，还可以配置整个 Web 应用的初始化信息。Web 应用初始化参数的配置方式具体如下所示：

```
<context-param>
    <param-name>companyName</param-name>
    <param-value>itcast</param-value>
</context-param>
<context-param>
      <param-name>address</param-name>
      <param-value>beijing</param-value>
</context-param>
```

在上面的示例中,<context-param>元素位于根元素<web-app>中,它的子元素<param-name>和<param-value>分别用来指定参数的名字和参数值。要想获取这些参数信息,可以使用 ServletContext 接口,它定义了 getInitParameterNames()和 getInitParameter(String name)方法分别用来获取参数名和参数值。接下来,通过一个案例来演示如何使用 ServletContext 接口获取 Web 应用程序的初始化参数,如例 4-6 所示。

例 4-6 TestServlet03.java

```
1  package cn.itcast.chapter04.servlet;
2  import java.io.*;
3  import java.util.*;
4  import javax.servlet.*;
5  import javax.servlet.http.*;
6  public class TestServlet03 extends HttpServlet {
7      public void doGet(HttpServletRequest request, HttpServletResponse response)
8              throws ServletException, IOException {
9          response.setContentType("text/html;charset=utf-8");
10         PrintWriter out=response.getWriter();
11         //得到 ServletContext 对象
12         ServletContext context=this.getServletContext();
13         //得到包含所有初始化参数名的 Enumeration 对象
14         Enumeration<String>paramNames=context.getInitParameterNames();
15         //遍历所有的初始化参数名,得到相应的参数值,打印到控制台
16         out.println("all the paramName and paramValue are following:");
17         //遍历所有的初始化参数名,得到相应的参数值并打印
18         while(paramNames.hasMoreElements()){
19             String name=paramNames.nextElement();
20             String value=context.getInitParameter(name);
21             out.println(name+": "+value);
22             out.println("<br>");
23         }
24     }
25     public void doPost(HttpServletRequest request, HttpServletResponse response)
26             throws ServletException, IOException {
```

```
27          this.doGet(request, response);
28      }
29 }
```

在例 4-6 中，当通过 this. getServletContext()方法获取到 ServletContext 对象后，首先调用 getInitParameterNames ()方法，获取到包含所有初始化参数名的 Enumeration 对象，然后遍历 Enumeration 对象，根据获取到的参数名，通过 getInitParamter(String name)方法得到对应的参数值。

启动 Tomcat 服务器，在浏览器的地址栏中输入 URL 地址 http://localhost:8080/chapter04/TestServlet03 访问 TestServlet03，浏览器显示的结果如图 4-36 所示。

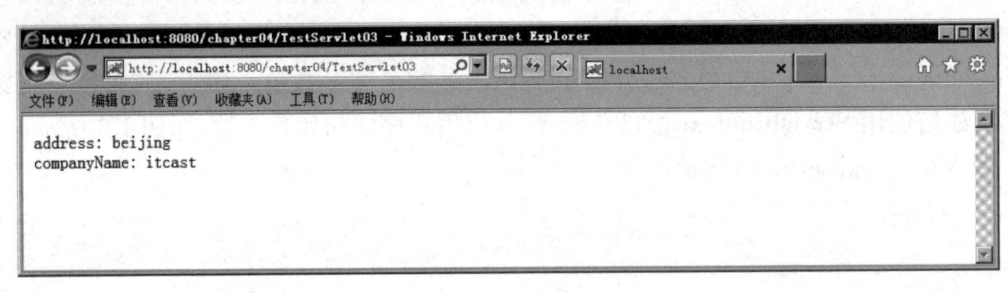

图 4-36 运行结果

从图 4-36 中可以看出，在 web. xml 文件中配置的信息被读取了出来。由此可见，通过 ServletContext 对象可以获取到 Web 应用的初始化参数。

2. 实现多个 Servlet 对象共享数据

由于一个 Web 应用中的所有 Servlet 共享同一个 ServletContext 对象，因此 ServletContext 对象的域属性可以被该 Web 应用中的所有 Servlet 访问。在 ServletContext 接口中定义了分别用于增加、删除、设置 ServletContext 域属性的 4 个方法，如表 4-3 所示。

表 4-3 ServletContext 接口的方法

方法说明	功能描述
Enumeration getAttributeNames()	返回一个 Enumeration 对象，该对象包含所有存放在 ServletContext 中的所有域属性名
Object getAttibute(String name)	根据参数指定的属性名返回一个与之匹配的域属性值
void removeAttribute(String name)	根据参数指定的域属性名，从 ServletContext 中删除匹配的域属性
void setAttribute(String name,Object obj)	设置 ServletContext 的域属性，其中 name 是域属性名，obj 是域属性值

了解了 ServletContext 接口中操作属性的方法，接下来通过一个案例来学习这些方法的使用，如例 4-7 和例 4-8 所示。

例 4-7 TestServlet04. java

```
1  package cn.itcast.chapter04.servlet;
2  import java.io.*;
3  import javax.servlet.*;
4  import javax.servlet.http.*;
5  public class TestServlet04 extends HttpServlet {
6      public void doGet(HttpServletRequest request, HttpServletResponse response)
7              throws ServletException, IOException {
8          ServletContext context=this.getServletContext();
9          //通过 setAttribute()方法设置属性值
10         context.setAttribute("data", "this servlet save data");
11     }
12     public void doPost(HttpServletRequest request, HttpServletResponse response)
13             throws ServletException, IOException {
14         this.doGet(request, response);
15     }
16 }
```

例 4-8 TestServlet05. java

```
1  package cn.itcast.chapter04.servlet;
2  import java.io.*;
3  import javax.servlet.*;
4  import javax.servlet.http.*;
5  public class TestServlet05 extends HttpServlet {
6      public void doGet(HttpServletRequest request, HttpServletResponse response)
7              throws ServletException, IOException {
8      PrintWriter out=response.getWriter();
9          ServletContext context=this.getServletContext();
10         //通过 getAttribute()方法获取属性值
11         String data=(String)context.getAttribute("data");
12         out.println(data);
13     }
14     public void doPost(HttpServletRequest request, HttpServletResponse response)
15             throws ServletException, IOException {
16         this.doGet(request, response);
17     }
18 }
```

在例 4-7 中,setAttribute()方法用于设置 ServletContext 对象的属性值。在例 4-8 中,getAttribute()方法用于获取 ServletContext 对象的属性值。为了验证 ServletContext 对象是否可以实现多个 Servlet 数据的共享,启动 Tomcat 服务器,首先在浏览器的地址栏中输入 URL 地址 http://localhost:8080/chapter04/TestServlet04 访问 TestServlet04,将数据存入

ServletContext 对象，然后在浏览器的地址栏中输入 URL 地址 http://localhost:8080/chapter04/TestServlet05 访问 TestServlet05，浏览器显示的结果如图 4-37 所示。

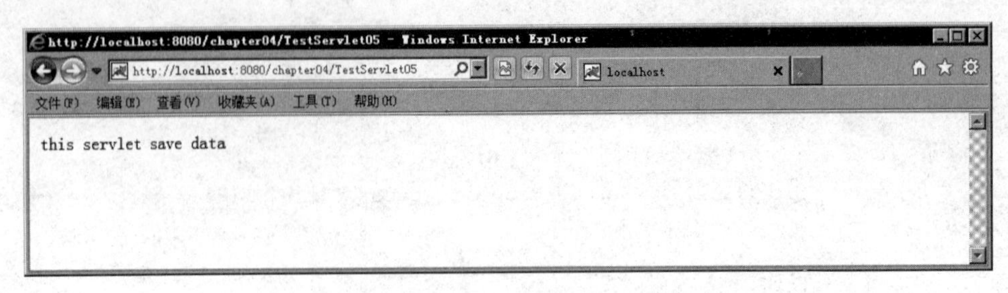

图 4-37 运行结果

从图 4-37 中可以看出，浏览器显示出了 ServletContext 对象存储的属性。由此说明，ServletContext 对象所存储的数据可以被多个 Servlet 所共享。

3. 读取 Web 应用下的资源文件

有时候，希望读取 Web 应用中的一些资源文件，如配置文件、图片等。为此，在 ServletContext 接口中定义了一些读取 Web 资源的方法，这些方法是依靠 Servlet 容器来实现的。Servlet 容器根据资源文件相对于 Web 应用的路径，返回关联资源文件的 IO 流、资源文件在文件系统的绝对路径等。表 4-4 列举了 ServletContext 接口中用于获取资源路径的相关方法，具体如下。

表 4-4 ServletContext 接口的常用方法

方法说明	功能描述
Set getResourcePaths(String path)	返回一个 Set 集合，集合中包含资源目录中子目录和文件的路径名称。参数 path 必须以正斜线(/)开始，指定匹配资源的部分路径
String getRealPath(String path)	返回资源文件在服务器文件系统上的真实路径(文件的绝对路径)。参数 path 代表资源文件的虚拟路径，它应该以正斜线(/)开始，"/"表示当前 Web 应用的根目录，如果 Servlet 容器不能将虚拟路径转换为文件系统的真实路径，则返回 null
URL getResource(String path)	返回映射到某个资源文件的 URL 对象。参数 path 必须以正斜线(/)开始，"/"表示当前 Web 应用的根目录
InputStream getResourceAsStream(String path)	返回映射到某个资源文件的 InputStream 输入流对象。参数 path 传递规则和 getResource()方法完全一致

了解了 ServletContext 接口中用于获得 Web 资源路径的方法，接下来通过一个案例，分步骤演示如何使用 ServletContext 对象读取资源文件，具体如下。

(1) 创建一个资源文件。在 Eclipse 中右击 src 目录，选择 New→Other 选项，进入创建文件的界面，如图 4-38 所示。

单击如图 4-38 所示的 Next 按钮，进入填写文件名称的界面，如图 4-39 所示。

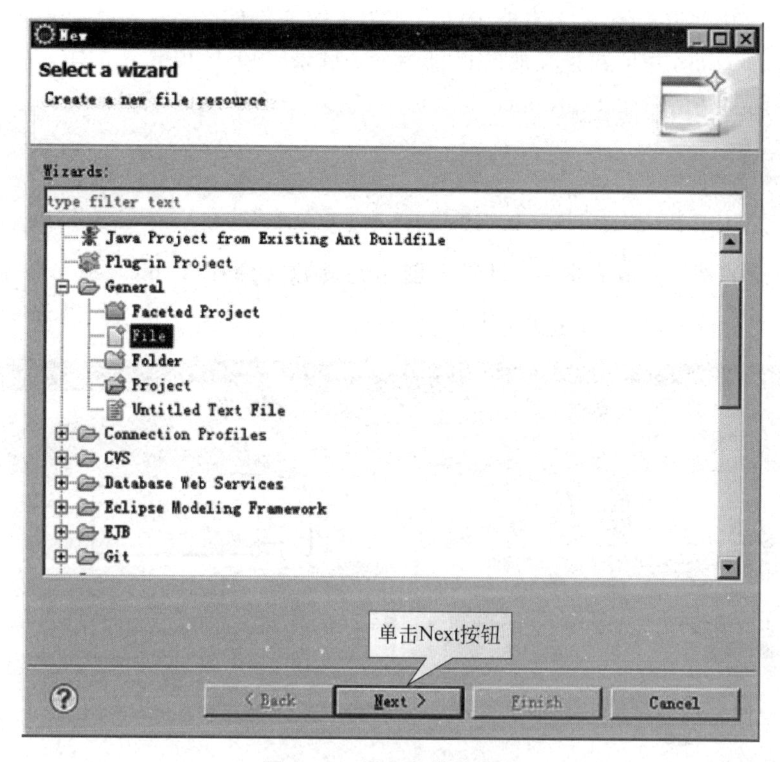

图 4-38 新建文件的界面

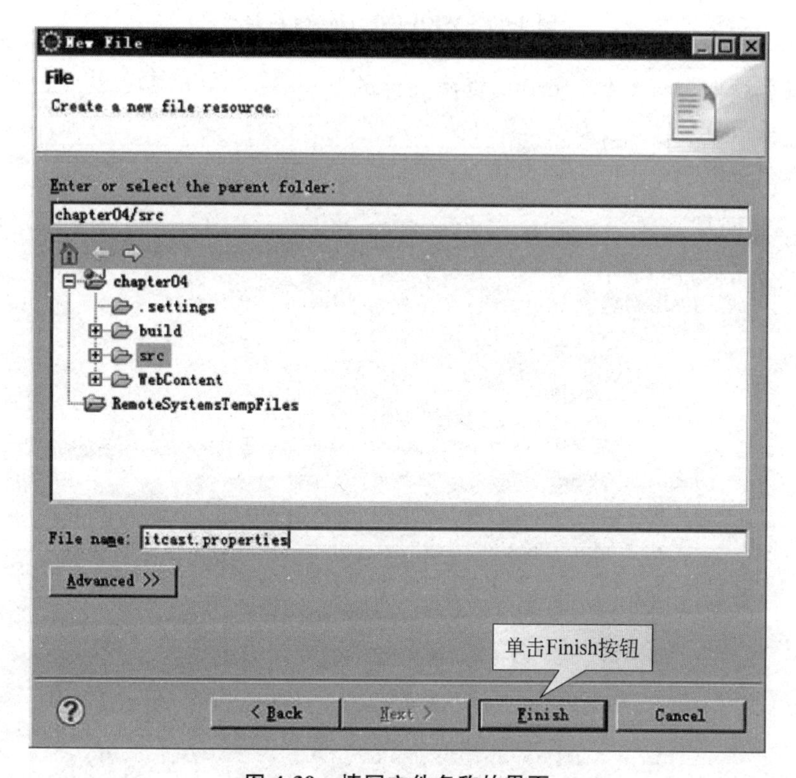

图 4-39 填写文件名称的界面

在图 4-39 中，File name 文本框中的内容为资源文件的名称，在此创建的资源文件名为 itcast. properties，并且选择存放的目录为 src 目录。单击 Finish 按钮，完成配置文件的创建。在创建好的 itcast. properties 文件中，输入如下所示的配置信息：

```
Company=itcast
Address=Beijing
```

需要注意的是，Eclipse 中 src 目录下创建的资源文件在 Tomcat 服务器启动时会被复制到 WEB-INF/classes 目录下，如图 4-40 所示。

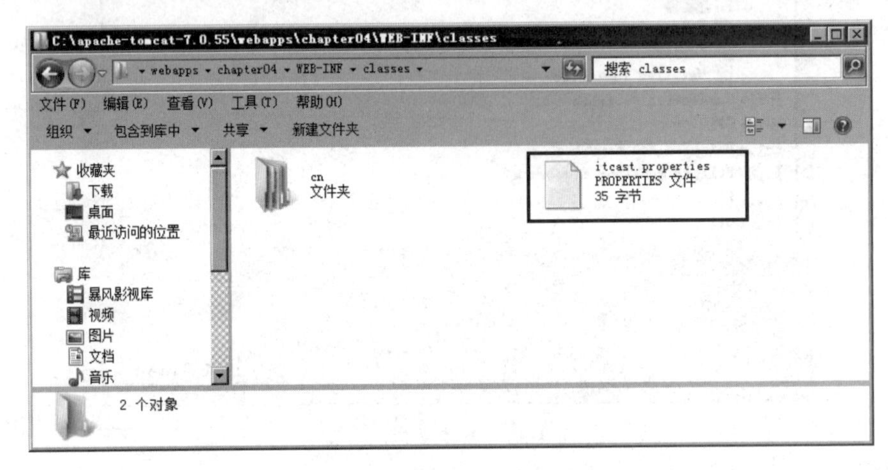

图 4-40 WEB-INF/classes 目录

(2) 编写读取 itcast. properties 资源文件的 TestServlet06，TestServlet06 的实现代码如例 4-9 所示。

例 4-9 TestServlet06. java

```
1  package cn.itcast.chapter04.servlet;
2  import java.io.*;
3  import java.util.Properties;
4  import javax.servlet.*;
5  import javax.servlet.http.*;
6  public class TestServlet06 extends HttpServlet {
7      public void doGet(HttpServletRequest request, HttpServletResponse response)
8              throws ServletException, IOException {
9          response.setContentType("text/html;charset=utf-8");
10         ServletContext context=this.getServletContext();
11         PrintWriter out=response.getWriter();
12         InputStream in=context
13                 .getResourceAsStream("/WEB-INF/classes/itcast.properties");
14         Properties pros=new Properties();
15         pros.load(in);
16         out.println("Company="+pros.getProperty("Company")+"<br>");
```

```
17          out.println("Address="+pros.getProperty("Address")+"<br>");
18 }
19      public void doPost(HttpServletRequest request, HttpServletResponse response)
20              throws ServletException, IOException {
21          this.doGet(request, response);
22      }
23 }
```

在例4-9中，使用ServletContext的getResourceAsStream(String path)方法获得了关联itcast.properties资源文件的输入流对象，其中的path参数必须以正斜线"/"开始，表示itcast.properties文件相对于Web应用的相对路径。

(3) 启动Tomcat服务器，在浏览器的地址栏中输入URL地址http://localhost:8080/chapter04/TestServlet06访问TestServlet06，浏览器显示的结果如图4-41所示。

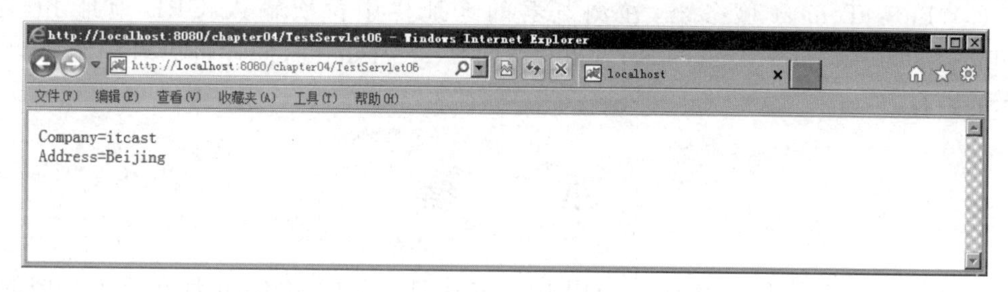

图4-41 运行结果

从图4-41中可以看出，itcast.properties资源文件的内容被读取出来了。由此可见，使用ServletContext可以读取到Web应用中的资源文件。

(4) 有的时候，我们需要获取的是资源的绝对路径。接下来对例4-9进行修改，通过使用getRealPath(String path)方法获取资源文件的绝对路径，修改后的代码如例4-10所示。

例4-10 TestServlet06.java

```
1  package cn.itcast.chapter04.servlet;
2  import java.io.*;
3  import java.util.Properties;
4  import javax.servlet.*;
5  import javax.servlet.http.*;
6  public class TestServlet06 extends HttpServlet {
7      public void doGet(HttpServletRequest request, HttpServletResponse response)
8              throws ServletException, IOException {
9          response.setContentType("text/html;charset=utf-8");
10         PrintWriter out=response.getWriter();
11         ServletContext context=this.getServletContext();
12         String path=context.getRealPath("/WEB-INF/classes/itcast.properties");
13         FileInputStream in=new FileInputStream(path);
14         Properties pros=new Properties();
```

```
15          pros.load(in);
16          out.println("Company="+pros.getProperty("Company")+"<br>");
17          out.println("Address="+pros.getProperty("Address")+"<br>");
18      }
19      public void doPost(HttpServletRequest request, HttpServletResponse response)
20              throws ServletException, IOException {
21          this.doGet(request, response);
22      }
23  }
```

在例4-10中，使用ServletContext对象的getRealPath(String path)方法获得itcast.properties资源文件的绝对路径path，然后使用这个路径创建关联itcast.properties文件的输入流对象。

(5) 启动Tomcat服务器，在浏览器的地址栏中再次输入URL地址http://localhost:8080/chapter04/TestServlet06访问TestServlet06，同样可以看到图4-41所显示的内容。

小　　结

本章主要介绍了Java Servlet API中主要接口和类的用法，并且介绍了它们的生命周期。在Java Web程序中，Servlet负责接收用户请求的HttpServletRequest，在doGet()、doPost()方法中做相应的处理，并将回应HttpServletResponse反馈给用户。Servlet需要在web.xml中配置，一个Servlet可以配置多个URL访问。Servlet技术在Web开发中非常重要，读者应该熟练掌握Servlet相关技术。

测　一　测

1. 编写一个servlet，实现统计网站被访问次数的功能。

2. 请编写一段程序，使程序能读取该servlet的配置信息，从中获得参数名为encoding对应的参数值，并输出到页面上。

第5章 chapter 5

请求和响应

学习目标

- 掌握 HttpServletRequest 对象的使用。
- 掌握 HttpServletResponse 对象的使用。
- 掌握解决中文乱码问题。
- 掌握请求转发与请求重定向。

思政案例

Servlet 最主要的作用就是处理客户端请求，并向客户端做出响应。为此，针对 Servlet 的每次请求，Web 服务器在调用 service()之前，都会创建两个对象，分别是 HttpServletRequest 和 HttpServletResponse。其中，HttpServletRequest 用于封装 HTTP 请求消息，简称 request 对象。HttpServletResponse 用于封装 HTTP 响应消息，简称 response 对象。request 对象和 response 对象在请求 Servlet 过程中至关重要，接下来，通过一张图来描述浏览器访问 Servlet 的交互过程，如图 5-1 所示。

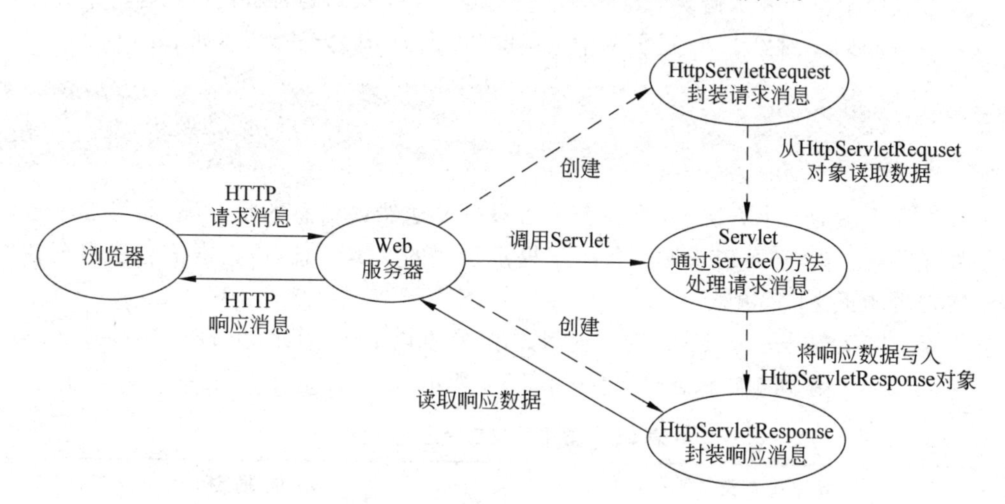

图 5-1 浏览器访问 Servlet 过程

需要注意的是，在 Web 服务器运行阶段，每个 Servlet 都只会创建一个实例对象。然而，每次 HTTP 请求，Web 服务器都会调用所请求 Servlet 实例的 service(HttpServletRequest request, HttpServletResponse response)方法，重新创建一个 request 对象和一个 response 对象。

接下来，本章将针对 request 对象和 response 对象进行详细的讲解。

5.1 HttpServletResponse 对象

在 Servlet API 中，定义了一个 HttpServletResponse 接口，它继承自 ServletResponse，专门用来封装 HTTP 响应消息。由于 HTTP 响应消息分为状态行、响应消息头、消息体三部分，因此，在 HttpServletResponse 接口中定义了向客户端发送响应状态码、响应消息头、响应消息体的方法，接下来，本节将针对这些方法进行详细的讲解。

5.1.1 发送状态码相关的方法

当 Servlet 向客户端回送响应消息时，需要在响应消息中设置状态码。为此，在 HttpServletResponse 接口中，定义了两个发送状态码的方法，具体如下。

1. setStatus(int status)方法

该方法用于设置 HTTP 响应消息的状态码，并生成响应状态行。由于响应状态行中的状态描述信息直接与状态码相关，而 HTTP 版本由服务器确定，因此，只要通过 setStatus(int status)方法设置了状态码，即可实现状态行的发送。需要注意的是，正常情况下，Web 服务器会默认产生一个状态码为 200 的状态行。

2. sendError(int sc)方法

该方法用于发送表示错误信息的状态码，例如，404 状态码表示找不到客户端请求的资源。在 response 对象中，提供了两个重载的 sendError()方法，具体如下：

```
public void sendError(int code)throws java.io.IOException
public void sendError(int code, String message)throws java.io.IOException
```

在上面重载的两个方法中，第一个方法只是发送错误信息的状态码，而第二个方法除了发送状态码外，还可以增加一条用于提示说明的文本信息，该文本信息将出现在发送给客户端的正文内容中。

由于响应状态码是一个三位的十进制数，非常难以记忆，为此，在 HttpServletResponse 接口中，定义了一系列响应状态码常量，如表 5-1 所示。

表 5-1 常用的响应状态码常量

状态码常量	功能描述
static int SC_OK	该常量代表状态码 200，表示请求成功
static int SC_FORBIDDEN	该常量代表状态码 403，表示服务器接收到请求，但拒绝对请求进行处理

续表

状态码常量	功能描述
static int SC_NOT_FOUND	该常量代表码状态码 404，在 HTTP 1.1 规范中的标准状态信息为 Not Found，也就是没有找到资源，是最常见的一种状态码
static int SC_CONFLICT	该常量代表状态码 409，表示请求的资源与当前状态冲突
static int SC_MOVED_TEMPORARILY	该常量代表状态码 302，表示临时使用其他资源处理当前请求，但是，之后的请求还应该使用原来的地址(Servlet API 2.4 规范中，SC_FOUND 常量用来对应状态码 302)
static int SC_INTERNAL_SERVER_ERROR	该常量代表状态码 500，表示服务器内部发生了错误
static int SC_HTTP_VERSION_NOT_SUPPORTED	该常量代表状态码 505，表示服务器不支持或拒绝支持请求行中给出的 HTTP 版本
static int SC_BAD_REQUEST	该常量代表状态码 400，表示客户端发送的请求语法有误

在表 5-1 列举的一系列状态码常量中，SC_OK 和 SC_NOT_FOUND 是 Web 应用中最常遇见的，因此，建议读者深刻记忆这两个状态码常量。

5.1.2 发送响应消息头相关的方法

当 Servlet 向客户端回送响应消息时，由于 HTTP 的响应头字段有很多种，为此，在 HttpServletResponse 接口中，定义了一系列设置 HTTP 响应头字段的方法，如表 5-2 所示。

表 5-2 设置响应消息头字段的方法

方法声明	功能描述
void addHeader(String name, String value)	这两个方法都是用来设置 HTTP 的响应头字段，其中，参数 name 用于指定响应头字段的名称，参数 value 用于指定响应头字段的值。不同的是，addHeader()方法可以增加同名的响应头字段，而 setHeader()方法则会覆盖同名的头字段
void setHeader(String name, String value)	
void addIntHeader(String name,int value)	这两个方法专门用于设置包含整数值的响应头。避免了使用 addHeader()与 setHeader()方法时，需要将 int 类型的设置值转换为 String 类型的麻烦
void setIntHeader(String name,int value)	
void setContentLength(int len)	该方法用于设置响应消息的实体内容的大小，单位为字节。对于 HTTP 来说，这个方法就是设置 Content-Length 响应头字段的值

续表

方法声明	功能描述
void setContentType(String type)	该方法用于设置 Servlet 输出内容的 MIME 类型，对于 HTTP 来说，就是设置 Content-Type 响应头字段的值。例如，如果发送到客户端的内容是 jpeg 格式的图像数据，就需要将响应头字段的类型设置为"image/jpeg"。需注意的是，如果响应的内容为文本，setContentType()方法还可以设置字符编码，如 text/html; charset = UTF-8
void setLocale(Locale loc)	该方法用于设置响应消息的本地化信息。对 HTTP 来说，就是设置 Content-Language 响应头字段和 Content-Type 头字段中的字符集编码部分。需要注意的是，如果 HTTP 消息没有设置 Content-Type 头字段，setLocale()方法设置的字符集编码不会出现在 HTTP 消息的响应头中，如果调用 setCharacterEncoding()或 setContentType()方法指定了响应内容的字符集编码，setLocale()方法将不再具有指定字符集编码的功能
void setCharacterEncoding(String charset)	该方法用于设置输出内容使用的字符编码，对 HTTP 来说，就是设置 Content-Type 头字段中的字符集编码部分。如果没有设置 Content-Type 头字段，setCharacterEncoding 方法设置的字符集编码不会出现在 HTTP 消息的响应头中。setCharacterEncoding()方法比 setContentType()和 setLocale()方法的优先权高，它的设置结果将覆盖 setContentType()和 setLocale()方法所设置的字符码表

需要注意的是，在表 5-2 列举的一系列方法中，addHeader()、setHeader()、addIntHeader()、setIntHeader()方法都是用于设置各种头字段的。另外，setContentType()、setLocale()和 setCharacterEncoding()方法用于设置字符编码，这些方法可以有效解决乱码问题。

5.1.3 发送响应消息体相关的方法

由于在 HTTP 响应消息中，大量的数据都是通过响应消息体传递的，因此，ServletResponse 遵循以 IO 流传递大量数据的设计理念，在发送响应消息体时，定义了两个与输出流相关的方法，具体如下。

1. getOutputStream()方法

该方法所获取的字节输出流对象为 ServletOutputStream 类型。由于 ServletOutputStream 是 OutputStream 的子类，它可以直接输出字节数组中的二进制数据。因此，要想输出二进制格式的响应正文，就需要使用 getOutputStream()方法。

2. getWriter()方法

该方法所获取的字符输出流对象为 PrintWriter 类型。由于 PrintWriter 类型的对象可以直接输出字符文本内容，因此，要想输出内容全为字符文本的网页文档，需要使用 getWriter()方法。

了解了 response 对象发送响应消息体的两个方法，接下来，通过一个案例来学习这两个方法的使用，如例 5-1 所示。

例 5-1 PrintServlet. java

```
1  package cn.itcast.chapter05.response;
2  import java.io.*;
3  import javax.servlet.*;
4  import javax.servlet.http.*;
5  public class PrintServlet extends HttpServlet {
6      public void doGet(HttpServletRequest request, HttpServletResponse
7                          response)throws ServletException, IOException {
8          String data="itcast";
9          OutputStream out=response.getOutputStream();     //获取输出流对象
10         out.write(data.getBytes());                      //输出字符串信息
11     }
12     public void doPost(HttpServletRequest request, HttpServletResponse
13                         response)throws ServletException, IOException {
14         doGet(request,response);
15     }
16 }
```

在 web.xml 中配置完 PrintServlet 映射后，启动 Tomcat 服务器，在浏览器的地址栏中输入 URL 地址 http://localhost:8080/chapter05/PrintServlet 访问 PrintServlet，浏览器显示的结果如图 5-2 所示。

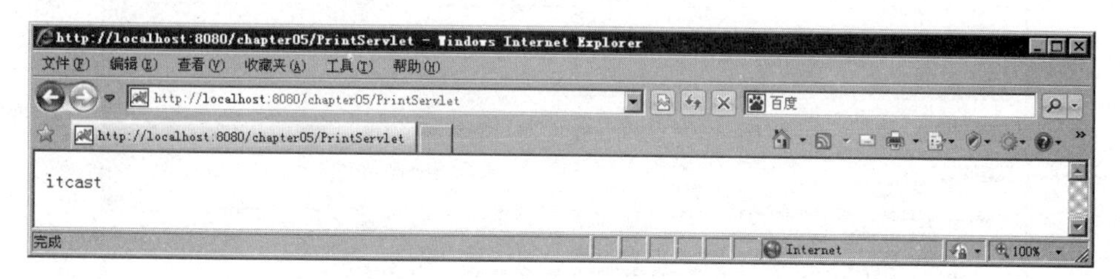

图 5-2 运行结果

从图 5-2 中可以看出，浏览器显示出了 response 对象发送的数据。由此可见，response 对象的 getOutputStream()方法可以很方便地发送响应消息体。

接下来，对例 5-1 进行修改，使用 getWriter()方法发送消息体，修改后的代码如例 5-2 所示。

例 5-2 PrintServlet.java

```
1  package cn.itcast.chapter05.response;
2  import java.io.*;
3  import javax.servlet.*;
4  import javax.servlet.http.*;
5  public class PrintServlet extends HttpServlet {
6      public void doGet(HttpServletRequest request, HttpServletResponse
7                        response)throws ServletException, IOException {
8          String data="itcast";
9          PrintWriter print=response.getWriter();
10         print.write(data);
11     }
12     public void doPost(HttpServletRequest request, HttpServletResponse
13                        response)throws ServletException, IOException {
14         doGet(request,response);
15     }
16 }
```

重启 Tomcat 服务器，在浏览器的地址栏中输入 URL 地址 http://localhost:8080/chapter05/PrintServlet 访问 PrintServlet，浏览器显示的结果同样如图 5-2 所示。

注意：虽然 response 对象的 getOutputStream()和 getWriter()方法都可以发送响应消息体，但是，它们之间互相排斥，不可同时使用，否则会发生 IllegalStateException 异常，如图 5-3 所示。

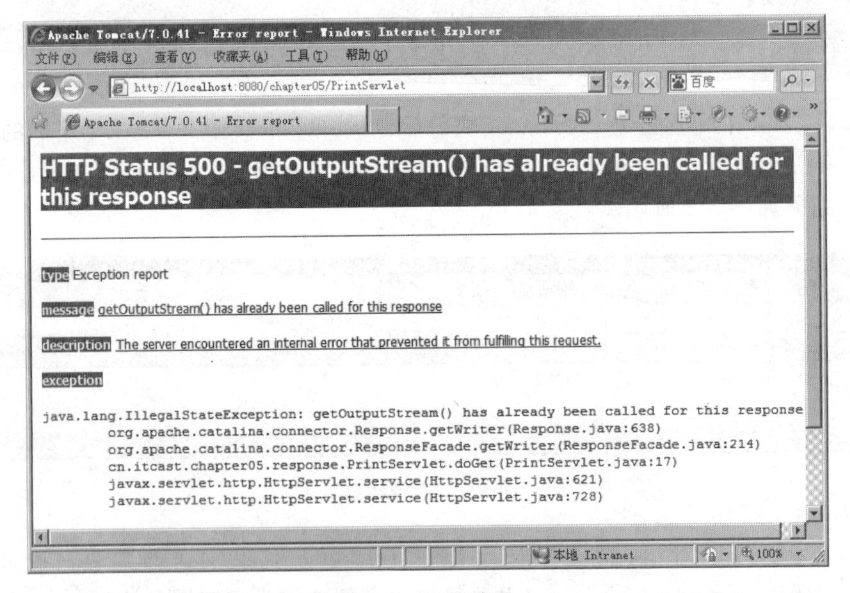

图 5-3 运行结果

图 5-3 中发生异常的原因就是在 Servlet 中，调用 response.getWriter() 方法之前已经调用了 response.getOutputStream() 方法。

5.2 HttpServletResponse 应用

5.2.1 中文输出乱码问题

由于计算机中的数据都是以二进制形式存储的，因此，当传输文本时，就会发生字符和字节之间的转换。字符与字节之间的转换是通过查码表完成的，将字符转换成字节的过程称为编码，将字节转换成字符的过程称为解码，如果编码和解码使用的码表不一致，就会导致乱码问题。接下来，通过一个案例来演示产生乱码的情况，如例 5-3 所示。

例 5-3 ChineseServlet. java

```
1  package cn.itcast.chapter05.response;
2  import java.io.*;
3  import javax.servlet.*;
4  import javax.servlet.http.*;
5  public class ChineseServlet extends HttpServlet {
6      public void doGet(HttpServletRequest request,
7              HttpServletResponse response)throws ServletException, IOException {
8          String data="中国";
9          PrintWriter out=response.getWriter();
10         out.println(data);
11     }
12     public void doPost(HttpServletRequest request,
13             HttpServletResponse response)throws ServletException, IOException {
14         doGet(request,response);
15     }
16 }
```

在 web. xml 中配置完 ChineseServlet 映射后，启动 Tomcat 服务器，在浏览器的地址栏中输入 URL 地址 http://localhost:8080/chapter05/ChineseServlet 访问 ChineseServlet，浏览器显示的结果如图 5-4 所示。

图 5-4 运行结果

从图 5-4 中可以看出，浏览器显示的内容都是“?”，说明发生了乱码问题。通过分析发现,response 对象的字符输出流在编码时,采用的是 ISO 8859-1 的字符码表,该码表并不兼容中文,会将“中国”编码为“63 63”(在 ISO 8859-1 的码表中若查不到字符就会显示63)。当浏览器对接收到的数据进行解码时,会采用默认的码表 GB2312,将“63 ”解码为“?”,因此,浏览器将“中国”两个字符显示成了“??”,具体分析如图 5-5 所示。

图 5-5 编码错误分析

为了解决上述编码错误,在 HttpServletResponse 接口中,提供了一个 setCharacterEncoding()方法,该方法用于设置字符的编码方式,接下来对例 5-3 进行修改,在第 7 行和第 8 行代码之间增加一行代码,设置字符编码使用的码表为 UTF-8,代码具体如下:

```
response.setCharacterEncoding("utf-8");
```

在浏览器的地址栏中输入 URL 地址 http://localhost:8080/chapter05/ChineseServlet 再次访问 ChineseServlet,浏览器显示的结果如图 5-6 所示。

图 5-6 运行结果

从图 5-6 可以看出,浏览器中显示的乱码虽然不是“?”,但也不是我们希望输出的“中国”。通过分析发现,这是由浏览器解码错误导致的。因为 response 对象的字符输出流设置的编码方式为 UTF-8,而浏览器使用的解码方式是 GB2312,具体分析过程如图 5-7 所示。

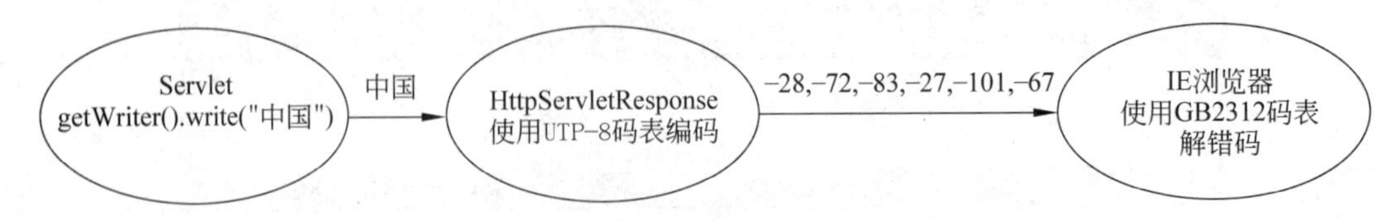

图 5-7 解码错误分析

对于如图 5-7 所示的解码错误,可以通过修改浏览器的解码方式解决。在浏览器中单击"查看"→"编码"→utf-8 选项，将浏览器的编码方式设置为 UTF-8，浏览器的显示结果如图 5-8 所示。

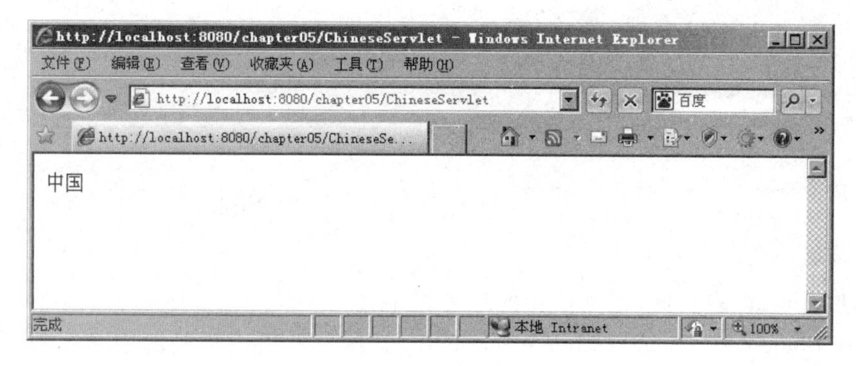

图 5-8 运行结果

从图 5-8 中可以看出，浏览器显示的内容没有出现乱码，由此说明，通过修改浏览器的编码方式可以解决乱码，但是，这样的做法显然不可取，为此，在 HttpServletResponse 对象中，提供了两种解决乱码的方案，具体如下。

第一种方式：

```
//设置 HttpServletResponse 使用 utf-8 编码
response.setCharacterEncoding("utf-8");
//通知浏览器使用 utf-8 解码
response.setHeader("Content-Type","text/html;charset=utf-8");
```

第二种方式：

```
//包含第一种方式的两个功能
response.setContentType("text/html;charset=utf-8");
```

通常情况下，为了使代码更加简洁，采用第二种方式。接下来，对例 5-3 进行修改，使用 HttpServletResponse 对象的第二种方式来解决乱码问题，修改后的代码如例 5-4 所示。

例 5-4 ChineseServlet.java

```
1  package cn.itcast.chapter05.response;
2  import java.io.*;
3  import javax.servlet.*;
4  import javax.servlet.http.*;
5  public class ChineseServlet extends HttpServlet {
6      public void doGet(HttpServletRequest request,
7              HttpServletResponse response)throws ServletException, IOException {
8          String data="中国";
```

```
9           response.setContentType("text/html;charset=utf-8");
10          PrintWriter out=response.getWriter();
11          out.println(data);
12      }
13      public void doPost(HttpServletRequest request,
14              HttpServletResponse response)throws ServletException, IOException {
15          doGet(request,response);
16      }
17 }
```

启动 Tomcat 服务器,在浏览器的地址栏中输入 URL 地址 http://localhost:8080/chapter05/ChineseServlet 访问 ChineseServlet,浏览器显示出了正确的中文字符,如图 5-9 所示。

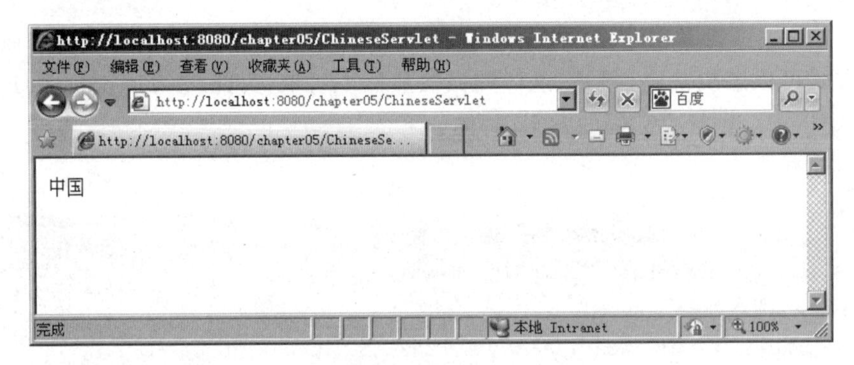

图 5-9 运行结果

5.2.2 网页定时刷新并跳转

在 Web 开发中,有时会遇到定时跳转页面的需求。在 HTTP 中,定义了一个 Refresh 头字段,它可以通知浏览器在指定的时间内自动刷新并跳转到其他页面,接下来,通过一个案例来演示如何使用 response 对象实现网页的定时刷新并跳转,如例 5-5 所示。

例 5-5 RefreshServlet.java

```
1 package cn.itcast.chapter05.response;
2 import java.io.*;
3 import javax.servlet.*;
4 import javax.servlet.http.*;
5 public class RefreshServlet extends HttpServlet {
6     public void doGet(HttpServletRequest request, HttpServletResponse response)
7             throws ServletException, IOException {
8         //2秒后刷新并跳转到传智播客官网首页
9         response.setHeader("Refresh","2;URL=http://www.itcast.cn");
```

```
10      }
11      public void doPost(HttpServletRequest request, HttpServletResponse response)
12              throws ServletException, IOException {
13          doGet(request, response);
14      }
15 }
```

在 web.xml 中配置完 RefreshServlet 映射后，启动 Tomcat 服务器，在浏览器的地址栏中输入 URL 地址 http://localhost:8080/chapter05/RefreshServlet 访问 RefreshServlet，发现浏览器 2 秒后自动跳转到了传智播客的官网首页，如图 5-10 所示。

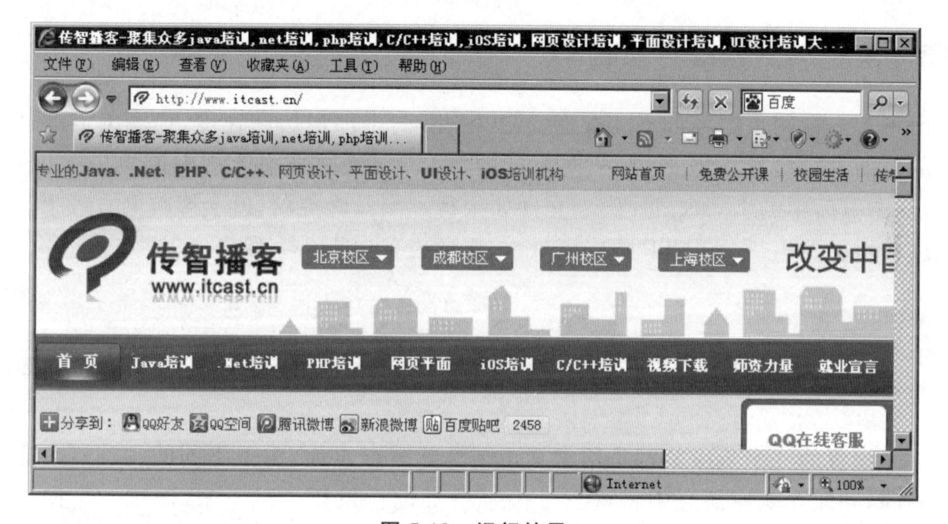

图 5-10 运行结果

有时候，我们希望当前页面可以自动刷新，例如，定时刷新火车票页面，查看车票的剩余情况。这时，可以通过 response.setHeader("Refresh","3")语句使当前页面定时刷新。接下来，对例 5-5 进行修改，使当前页面每隔 3 秒自动刷新，修改后的代码如例 5-6 所示。

例 5-6 RefreshServlet.java

```
1  package cn.itcast.chapter05.response;
2  import java.io.*;
3  import javax.servlet.*;
4  import javax.servlet.http.*;
5  public class RefreshServlet extends HttpServlet {
6      public void doGet(HttpServletRequest request, HttpServletResponse response)
7              throws ServletException, IOException {
8          //每隔 3 秒定时刷新当前页面
9          response.setHeader("Refresh","3");
10         response.getWriter().println(new java.util.Date());  //输出当前时间
```

```
11      }
12      public void doPost(HttpServletRequest request, HttpServletResponse response)
13              throws ServletException, IOException {
14          doGet(request, response);
15      }
16 }
```

启动 Tomcat 服务器，在浏览器的地址栏中输入 URL 地址 http://localhost:8080/chapter05/RefreshServlet 访问 RefreshServlet，可以看到浏览器每隔 3 秒刷新一次，并且输出了当前的时间值。

5.2.3 禁止浏览器缓存页面

由于大多数网页内容都不会发生变化，因此，为了加快访问速度，很多浏览器都对访问过的页面进行缓存。但是，在某些特定的场合下，缓冲页面会影响网页的部分功能。例如，动态页面中的 JavaScript 脚本文件如果得不到及时更新，就会影响网页效果。为了避免这种情况发生，在 HTTP 响应消息中，需要设置以下头字段：

```
Expires:0
Cache-Control:no-cache
Pragma : no-cache
```

上面设置的三个响应头都是用来禁止浏览器缓存页面，由于不同的浏览器对它们的支持不同，一般在响应消息中将这三个头字段都进行设置。接下来，通过一个向客户端输出随机数和产生 Form 表单的案例，学习如何使用 response 对象禁止浏览器缓冲页面，如例 5-7 所示。

例 5-7 CacheServlet.java

```
1  package cn.itcast.chapter05.response;
2  import java.io.*;
3  import javax.servlet.*;
4  import javax.servlet.http.*;
5  public class CacheServlet extends HttpServlet {
6      public void doGet(HttpServletRequest request, HttpServletResponse response)
7              throws ServletException, IOException {
8          response.setContentType("text/html;charset=utf-8");
9          response.setDateHeader("Expires",0);
10         response.setHeader("Cache-Control","no-cache");
11         response.setHeader("Pragma","no-cache");
12         PrintWriter out=response.getWriter();
13         out.println("本次响应的随机数为:"+Math.random());
14         out.println("<form action='NotServlet'"+"method='POST'>"+
```

```
15              "第一个参数:<input type='text' name='p1'><br>"+
16              "第二个参数:<textarea name='p2'></textarea><br>"+
17              "<input type='submit' value='提交'>"+
18              "</form>");
19     }
20     public void doPost(HttpServletRequest request, HttpServletResponse response)
21              throws ServletException, IOException {
22         doGet(request, response);
23     }
24 }
```

在web.xml中配置完CacheServlet映射后，启动Tomcat服务器，在浏览器的地址栏中输入URL地址http://localhost:8080/chapter05/CacheServlet访问CacheServlet，浏览器显示的结果如图5-11所示。

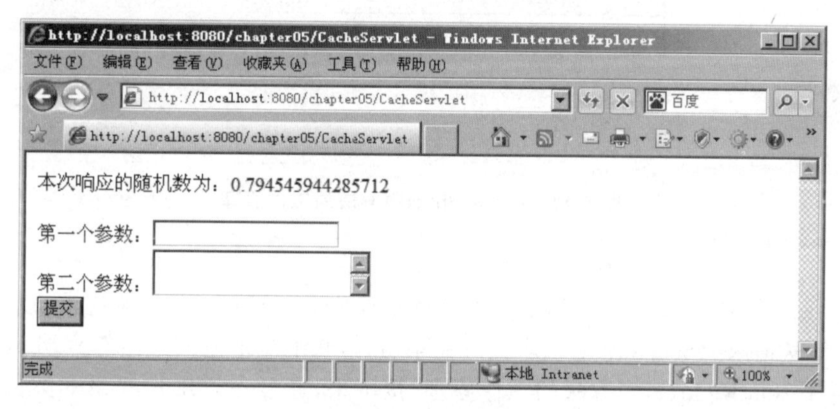

图5-11 运行结果

在图5-11中，当表单数据填写完成后，单击“提交”按钮，此时，服务器返回一个404错误的页面，该页面暂时无须理会。单击浏览器的“回退”按钮，返回到刚才填写的表单页面，发现浏览器之前填写的表单内容都不在了，而且重新生成了一个随机数。由此说明，HttpServletResponse对象实现了禁止浏览器缓存页面的功能。

5.2.4 请求重定向

在某些情况下，针对客户端的请求，一个Servlet类可能无法完成全部工作。这时，可以使用请求重定向来完成。所谓请求重定向，指的是Web服务器接受到客户端的请求后，可能由于某些条件限制，不能访问当前请求URL所指向的Web资源，而是指定了一个新的资源路径，让客户端重新发送请求。

为了实现请求重定向，在HttpServletResponse接口中，定义了一个sendRedirect()方法，该方法用于生成302响应码和Location响应头，从而通知客户端重新访问Location响应头中指定的URL，sendRedirect()方法的完整语法如下所示：

```
public void sendRedirect(java.lang.String location)throws java.io.IOException
```

需要注意的是，参数 location 可以使用相对 URL，Web 服务器会自动将相对 URL 翻译成绝对 URL，再生成 Location 头字段。

为了让读者更好地了解 sendRedirect()方法如何实现请求重定向，接下来，通过一个图例来描述 sendRedirect()方法的工作原理，如图 5-12 所示。

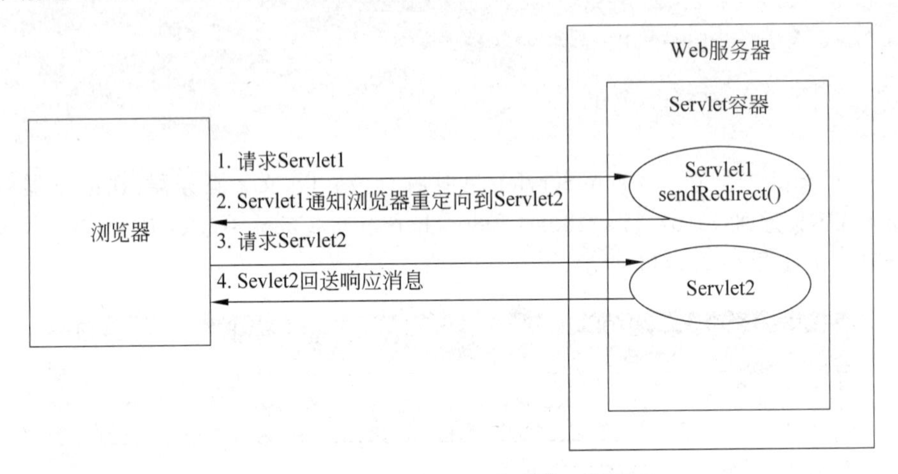

图 5-12 sendRedirect()方法的工作原理

在图 5-12 中，当客户端访问 Servlet1 时，由于在 Servlet1 中调用了 sendRedirect()方法将请求重定向到 Servlet2 中，因此，Web 服务器在收到 Servlet1 的响应消息后，立刻向 Servlet2 发送请求。Servlet2 对请求处理完毕后，再将响应消息回送给客户端。

了解了 sendRedirect()方法的工作原理，接下来，通过一个用户登录的案例，分步骤讲解 sendRedirect()方法的使用，具体如下。

(1) 编写用户登录的界面 login. html 和登录成功的界面 welcome. html，如例 5-8 和例 5-9 所示。

例 5-8 login. html

```
1  <!--把表单内容提交到 chapter05 工程下的 LoginServlet-->
2  <form action="/chapter05/LoginServlet" method="post">
3      用户名:<input type="text" name="username" /><br>
4      密  码:<input type="password" name="password" /><br>
5      <input type="submit" value="登录" />
6  </form>
```

例 5-9 welcome. html

```
1  <html>
2      <head>
3          <title>Insert title here</title>
4      </head>
```

```
5     <body>
6         欢迎你,登录成功!
7     </body>
8 </html>
```

(2) 编写处理用户登录请求的 LoginServlet,如例 5-10 所示。

例 5-10 LoginServlet. java

```
1  package cn.itcast.chapter05.response;
2  import java.io.*;
3  import javax.servlet.*;
4  import javax.servlet.http.*;
5  public class LoginServlet extends HttpServlet {
6      public void doGet(HttpServletRequest request, HttpServletResponse response)
7              throws ServletException, IOException {
8          response.setContentType("text/html;charset=utf-8");
9          //用 HttpServletRequest 对象的 getParameter()方法获取用户名和密码
10         String username=request.getParameter("username");
11         String password=request.getParameter("password");
12         //假设用户名和密码分别为:itcast 和 123
13         if(("itcast").equals(username)&&("123").equals(password)){
14             //如果用户名和密码正确,重定向到 welcome.html
15             response.sendRedirect("/chapter05/welcome.html");
16         } else {
17             //如果用户名和密码错误,重定向到 login.html
18             response.sendRedirect("/chapter05/login.html");
19         }
20     }
21     public void doPost(HttpServletRequest request, HttpServletResponse response)
22             throws ServletException, IOException {
23         doGet(request, response);
24     }
25 }
```

在例 5-10 中,如果输入的用户名为"itcast",密码为"123",将请求重定向到 welcome.html 页面,否则重定向到 login. html 页面。

(3) 在 web. xml 中配置完 LoginServlet 映射后,启动 Tomcat 服务器,在浏览器的地址栏中输入 URL 地址 http://localhost:8080/chapter05/login. html 访问 login. html,浏览器显示的结果如图 5-13 所示。

(4) 在图 5-13 所示的界面中填写用户名"itcast",密码"123",单击"登录"按钮,浏览器显示的结果如图 5-14 所示。

从图 5-14 中可以看出,当用户名和密码输入正确后,浏览器跳转到了 welcome. html 页面。但是,如果用户名或者密码输入错误,则会跳转到如图 5-13 所示的页面。

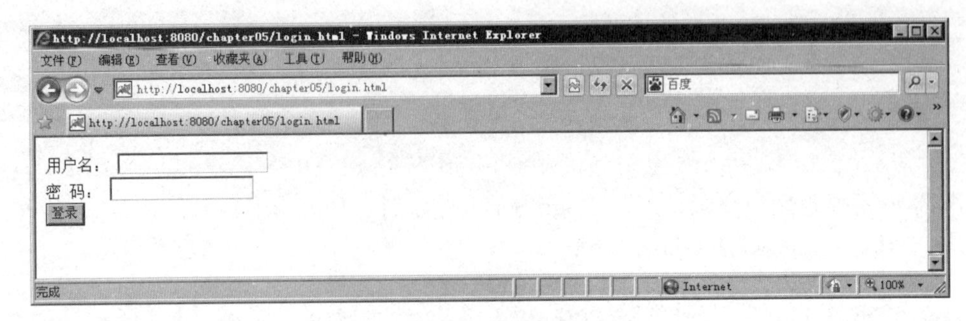

图 5-13 运行结果

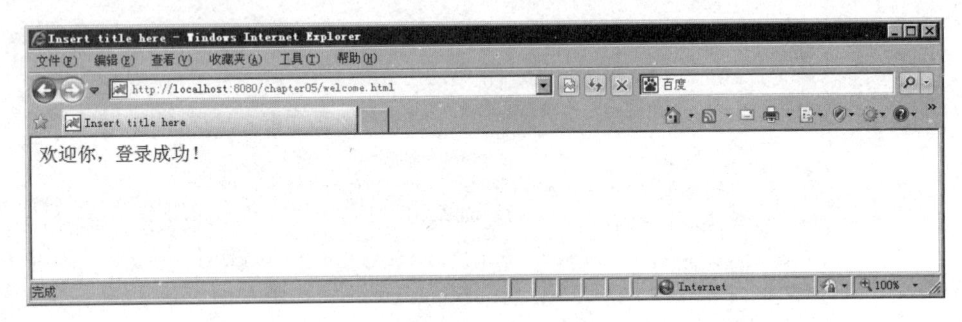

图 5-14 运行结果

5.3 HttpServletRequest对象

在Servlet API中，定义了一个HttpServletRequest接口，它继承自ServletRequest，专门用来封装HTTP请求消息。由于HTTP请求消息分为请求行、请求消息头和请求消息体三部分，因此，在HttpServletRequest接口中定义了获取请求行、请求头和请求消息体的相关方法，接下来，本节将针对这些方法进行详细的讲解。

5.3.1 获取请求行信息的相关方法

当访问Servlet时，会在请求消息的请求行中，包含请求方法、请求资源名，请求路径等信息，为了获取这些信息，在HttpServletRequest接口中，定义了一系列用于获取请求行信息的方法，如表5-3所示。

表 5-3 获取请求行的相关方法

方法声明	功能描述
String getMethod()	该方法用于获取HTTP请求消息中的请求方式(如GET、POST等)
String getRequestURI()	该方法用于获取请求行中资源名称部分，即位于URL的主机和端口之后、参数部分之前的部分
String getQueryString()	该方法用于获取请求行中的参数部分，也就是资源路径后面的问号(?)以后的所有内容

续表

方法声明	功能描述
String getProtocol()	该方法用于获取请求行中的协议名和版本，例如，HTTP 1.0 或 HTTP 1.1
String getContextPath()	该方法用于获取请求 URL 中属于 Web 应用程序的路径，这个路径以"/"开头，表示相对于整个 Web 站点的根目录，路径结尾不含"/"。如果请求 URL 属于 Web 站点的根目录，那么返回结果为空字符串(" ")
String getPathInfo()	该方法用于获取请求 URL 中的额外路径信息。额外路径信息是请求 URL 中的位于 Servlet 的路径之后和查询参数之前的内容，它以"/"开头。如果请求 URL 中没有额外路径信息部分，getPathInfo 返回 null
String getPathTranslated()	该方法用于获取 URL 中的额外路径信息所对应的资源的真实路径。假设"/controller/one. jsp"中的"/one. jsp"为额外路径信息，getPathTranslated()即为"/one. jsp"所对应的资源文件的真实路径
String getServletPath()	该方法用于获取 Servlet 的名称或 Servlet 所映射的路径

在表 5-3 中，列出了一系列用于获取请求消息行的方法，为了让读者更好地理解这些方法，接下来，通过一个案例来演示这些方法的使用，如例 5-11 所示。

例 5-11 RequestLineServlet. java

```
1  package cn.itcast.chapter05.request;
2  import java.io.*;
3  import javax.servlet.*;
4  import javax.servlet.http.*;
5  public class RequestLineServlet extends HttpServlet {
6      public void doGet(HttpServletRequest request, HttpServletResponse response)
7              throws ServletException, IOException {
8          response.setContentType("text/html;charset=utf-8");
9          PrintWriter out=response.getWriter();
10         //获取请求行的相关信息
11         out.println("getMethod : "+request.getMethod()+"<br>");
12         out.println("getRequestURI : "+request.getRequestURI()+"<br>");
13         out.println("getQueryString : "+request.getQueryString()+"<br>");
14         out.println("getProtocol : "+request.getProtocol()+"<br>");
15         out.println("getContextPath : "+request.getContextPath()+"<br>");
16         out.println("getPathInfo : "+request.getPathInfo()+"<br>");
17         out.println("getPathTranslated : "+request.getPathTranslated()+"<br>");
18         out.println("getServletPath : "+request.getServletPath()+"<br>");
19     }
20     public void doPost(HttpServletRequest request, HttpServletResponse response)
21             throws ServletException, IOException {
22         doGet(request, response);
23     }
24 }
```

在 web.xml 中配置完 RequestLineServlet 映射后，启动 Tomcat 服务器，在浏览器的地址栏中输入 URL 地址 http://localhost:8080/chapter05/RequestLineServlet 访问 RequestLineServlet，浏览器显示的结果如图 5-15 所示。

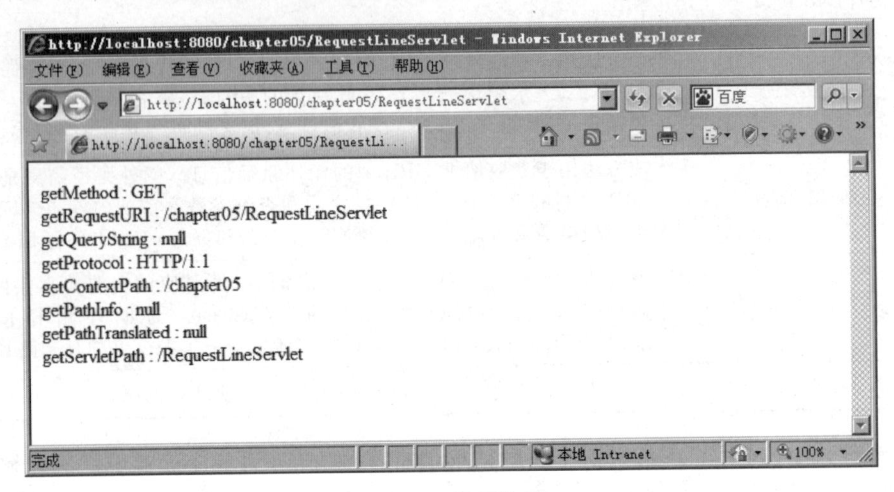

图 5-15 运行结果

从图 5-15 中可以看出，浏览器显示出了请求 RequestLineServlet 时，发送的请求行信息。由此可见，通过 HttpServletRequest 对象可以很方便地获取到请求行的相关信息。

5.3.2 获取请求消息头的相关方法

当请求 Servlet 时，需要通过请求头向服务器传递附加信息，例如，客户端可以接受的数据类型、压缩方式、语言等。为此，在 HttpServletRequest 接口中，定义了一系列用于获取 HTTP 请求头字段的方法，如表 5-4 所示。

表 5-4 获取请求消息头的方法

方法声明	功能描述
String getHeader(String name)	该方法用于获取一个指定头字段的值，如果请求消息中没有包含指定的头字段，getHeader()方法返回 null；如果请求消息中包含多个指定名称的头字段，getHeader()方法返回其中第一个头字段的值
Enumeration getHeaders(String name)	该方法返回一个 Enumeration 集合对象，该集合对象由请求消息中出现的某个指定名称的所有头字段值组成。在多数情况下，一个头字段名在请求消息中只出现一次，但有时候可能会出现多次
Enumeration getHeaderNames()	该方法用于获取一个包含所有请求头字段的 Enumeration 对象

续表

方法声明	功能描述
int getIntHeader(String name)	该方法用于获取指定名称的头字段，并且将其值转为 int 类型。需要注意的是，如果指定名称的头字段不存在，返回值为－1；如果获取到的头字段的值不能转为 int 类型，将发生 NumberFormatException 异常
long getDateHeader(String name)	该方法用于获取指定头字段的值，并将其按 GMT 时间格式转换成一个代表日期/时间的长整数，这个长整数是自 1970 年 1 月 1 日 0 点 0 分 0 秒算起的以毫秒为单位的时间值
String getContentType()	该方法用于获取 Content-Type 头字段的值，结果为 String 类型
int getContentLength()	该方法用于获取 Content-Length 头字段的值，结果为 int 类型
String getCharacterEncoding()	该方法用于返回请求消息的实体部分的字符集编码，通常是从 Content-Type 头字段中进行提取，结果为 String 类型

在表 5-4 中，列出了一系列用于读取 HTTP 请求消息头字段的方法，为了更好地掌握这些方法，接下来通过一个案例来学习这些方法的使用，如例 5-12 所示。

例 5-12 RequestHeadersServlet.java

```
1  package cn.itcast.chapter05.request;
2  import java.io.IOException;
3  import java.io.PrintWriter;
4  import java.util.Enumeration;
5  import javax.servlet.*;
6  import javax.servlet.http.*;
7  public class RequestHeadersServlet extends HttpServlet {
8      public void doGet(HttpServletRequest request, HttpServletResponse response)
9              throws ServletException, IOException {
10         response.setContentType("text/html;charset=utf-8");
11         PrintWriter out=response.getWriter();
12         //获取请求消息中所有头字段
13         Enumeration headerNames=request.getHeaderNames();
14         //使用循环遍历所有请求头,并通过 getHeader()方法获取一个指定名称的头字段
15         while (headerNames.hasMoreElements()) {
16             String headerName= (String)headerNames.nextElement();
17             out.print(headerName+" : "+request.getHeader(headerName)+"<br>");
18         }
19     }
20     public void doPost(HttpServletRequest request, HttpServletResponse response)
21             throws ServletException, IOException {
22         doGet(request, response);
```

```
23      }
24 }
```

在 web.xml 中配置完 RequestHeadersServlet 映射后，启动 Tomcat 服务器，在浏览器的地址栏中输入 URL 地址 http://localhost:8080/chapter05/RequestHeadersServlet 访问 RequestHeadersServlet，浏览器显示的结果如图 5-16 所示。

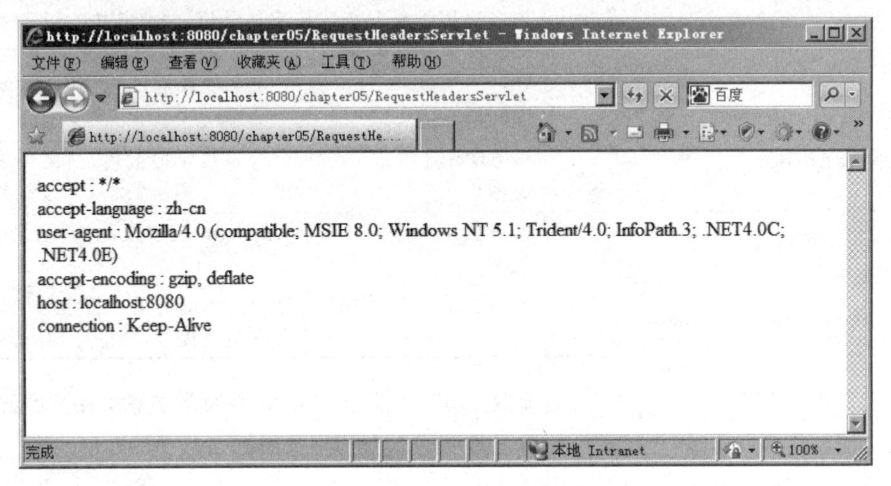

图 5-16 运行结果

动手体验：利用 Referer 请求头防止“盗链”

在实际开发中，经常会使用 Referer 头字段，例如，一些站点为了吸引人气并且提高站点访问量，提供了各种软件的下载页面，但是它们本身没有这些资源，只是将下载的超链接指向其他站点上的资源。而真正提供了下载资源的站点为了防止这种“盗链”，就需要检查请求来源，只接受本站链接发送的下载请求，阻止其他站点链接的下载请求。接下来通过一个案例，分步骤讲解如何利用 Referer 请求头防止“盗链”，具体如下。

(1) 编写一个 DownManagerServlet 类，负责提供下载内容，但它要求下载请求的链接必须是通过本网站进入的，否则，会将请求转发给下载说明的 HTML 页面。DownManagerServlet 类的具体实现如例 5-13 所示。

例 5-13 DownManagerServlet.java

```
1  package cn.itcast.chapter05.request;
2  import java.io.*;
3  import javax.servlet.*;
4  import javax.servlet.http.*;
5  public class DownManagerServlet extends HttpServlet {
6      public void doGet(HttpServletRequest request, HttpServletResponse response)
7              throws ServletException, IOException {
8          response.setContentType("text/html;charset=utf-8");
```

```
9          PrintWriter out=response.getWriter();
10         String referer=request.getHeader("referer");    //获取 referer 头的值
11         String sitePart="http://"+request.getServerName();    //获取访问地址
12         //判断 referer 头是否为空,这个头的首地址是否以 sitePart 开始的
13         if(referer !=null && referer.startsWith(sitePart)){
14             //处理正在下载的请求
15             out.println("dealing download ...");
16         } else {
17             //非法下载请求跳转到 download.html 页面
18             RequestDispatcher rd=request.getRequestDispatcher("/download.html");
19             rd.forward(request, response);
20         }
21     }
22     public void doPost(HttpServletRequest request, HttpServletResponse response)
23             throws ServletException, IOException {
24         doGet(request, response);
25     }
26 }
```

(2) 编写一个下载说明的文件 download. html,具体实现如例 5-14 所示。

例 5-14 download. html

```
1 <html>
2     <head>
3         <title>Insert title here</title>
4     </head>
5     <body>
6         <a href="/chapter05/DownManagerServlet">download</a>
7     </body>
8 </html>
```

(3) 在 web. xml 中配置完 DownManagerServlet 映射后,启动 Tomcat 服务器,在浏览器的地址栏中输入 URL 地址 http://localhost:8080/chapter05/DownManagerServlet 访问 DownManagerServlet,浏览器显示的结果如图 5-17 所示。

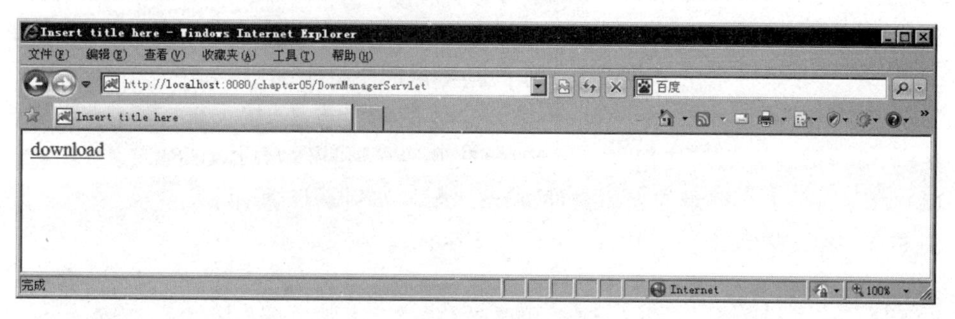

图 5-17 运行结果

从图 5-17 中可以看出,浏览器显示的是 download.html 页面的内容。这是因为第一次请求 DownManagerServlet 时,请求消息中不含 referer 请求头,所以,DownManagerServlet 将下载请求转发给了 download.html 页面。

(4) 单击如图 5-17 所示的 download 链接后,重新访问 DownManagerServlet,这时,由于请求消息中包含 Referer 头字段,并且其值与 DownManagerServlet 位于同一个 Web 站点,因此,DownManagerServlet 接受下载请求,浏览器显示的结果如图 5-18 所示。

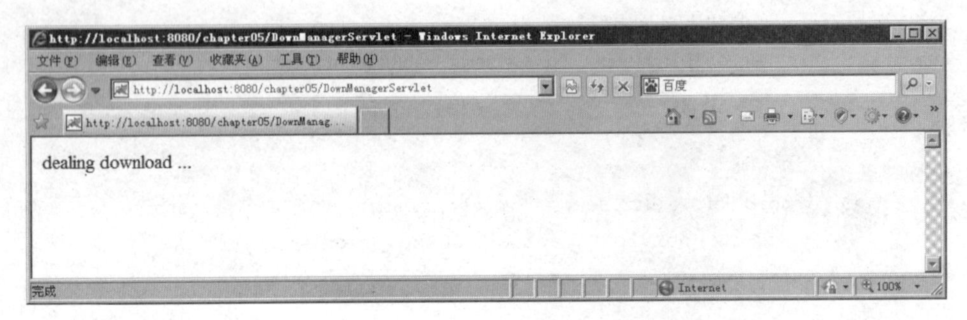

图 5-18 运行结果

5.3.3 获取请求消息体的相关方法

由于 HTTP 请求消息中,用户提交的大量表单数据都是通过消息体发送给服务器的,为此,在 HttpServletRequest 接口中,同样遵循以 IO 流传递大量数据的设计理念,在接收请求消息体时,定义了两个与输入流相关的方法,具体如下。

1. getInputStream()方法

该方法用于获取表示实体内容的 ServletInputStream 对象。需要注意的是,如果实体内容为非文本,那么只能通过 getInputStream()方法获取请求消息体。

2. getReader()方法

该方法用于获取表示实体内容的 BufferedReader 对象,该对象会将实体内容中的字节数据按照请求消息中指定的字符集编码转换成文本字符串。需要注意的是,当调用 getReader()方法时,可以使用 setCharacterEncoding()方法指定 BufferedReader 对象所使用的字符编码,但是,如果在请求消息中不指定实体内容的字符编码,那么,返回的 BufferedReader 对象将采用 ISO8859-1 作为其默认的字符集编码。

了解了 HttpServletRequest 获取请求消息体的两个方法,接下来,通过一个用户登录的案例,分步骤讲解如何使用 request 对象获取请求消息体,具体如下。

(1) 编写一个用户登录的表单文件 form.html,如例 5-15 所示。

例 5-15 form.html

```
1  <form action="/chapter05/RequestBodyServlet" method="post">
```

```
2      用户名:<input type="text" name="username"><br>
3      密  码:<input type="password" name="password"><br>
4      <input type="submit" value="提交">
5  </form>
```

(2) 编写一个用于接收请求消息体的 RequestBodyServlet，如例 5-16 所示。

例 5-16 RequestBodyServlet.java

```
1  package cn.itcast.chapter05.request;
2  import java.io.*;
3  import javax.servlet.*;
4  import javax.servlet.http.*;
5  public class RequestBodyServlet extends HttpServlet {
6      public void doGet(HttpServletRequest request, HttpServletResponse response)
7              throws ServletException, IOException {
8          response.setContentType("text/html;charset=utf-8");
9
10         InputStream in=request.getInputStream();   //获取输入流对象
11         byte[] buffer=new byte[1024];              //定义 1024 个字节的数组
12         StringBuilder sb=new StringBuilder();      //创建 StringBuilder 对象
13         int len;
14         //循环读取数组中的数据
15         while ((len=in.read(buffer))!=-1) {
16             sb.append(new String(buffer, 0, len));
17         }
18         System.out.println(sb);
19     }
20     public void doPost(HttpServletRequest request, HttpServletResponse response)
21             throws ServletException, IOException {
22         doGet(request, response);
23     }
24 }
```

(3) 在 web.xml 中配置完 RequestBodyServlet 映射后，启动 Tomcat 服务器，在浏览器的地址栏中输入 URL 地址 http://localhost:8080/chapter05/form.html 访问 form.html，浏览器显示的结果如图 5-19 所示。

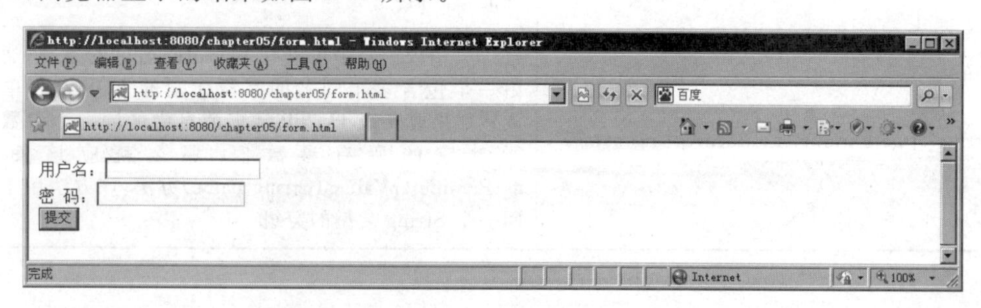

图 5-19 运行结果

(4) 在如图5-19所示的页面中，填写用户名"itcast"和密码"123"，单击"提交"按钮，控制台显示的结果如图5-20所示。

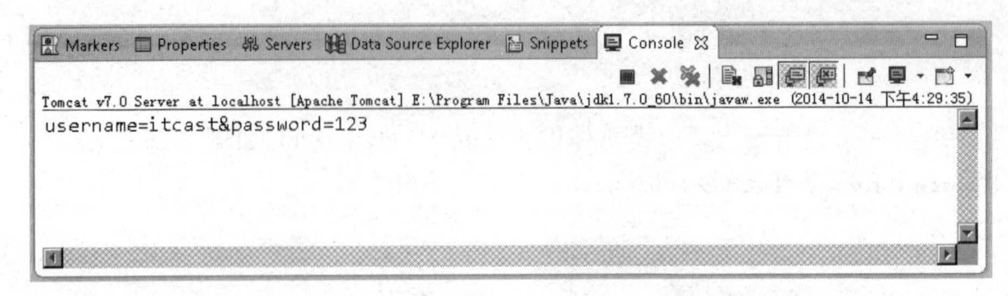

图5-20 运行结果

从图5-20中可以看出，控制台将用户名和密码打印了出来。由此说明，通过request对象的getInputStream()方法可以很方便地获取到请求消息体。getReader()方法的使用与getInputStream()类似，在此不再进行演示了。

注意：HttpServletRequest获取请求消息的两个方法是互斥的，即getInputStream()和getReader()方法不能同时使用，否则会抛出IllegalStateException异常。

5.4 HttpServletRequest应用

5.4.1 获取请求参数

在实际开发中，经常需要获取用户提交的表单数据，例如，用户名、密码、电子邮件等，为了方便获取表单中的请求参数，在HttpServletRequest接口中，定义了一系列获取请求参数的方法，如表5-5所示。

表5-5 获取请求参数的方法

方法声明	功能描述
String getParameter(String name)	该方法用于获取某个指定名称的参数值，如果请求消息中没有包含指定名称的参数，getParameter方法返回null；如果指定名称的参数存在但没有设置值，则返回一个空串；如果请求消息中包含多个该指定名称的参数，getParameter(String name)方法返回第一个出现的参数值
String[] getParameterValues(String name)	HTTP请求消息中可以有多个相同名称的参数(通常由一个包含多个同名的字段元素的FORM表单生成)，如果要获得HTTP请求消息中的同一个参数名所对应的所有参数值，那么就应该使用getParameterValues(String name)方法，该方法用于返回一个String类型的数组

续表

方法声明	功能描述
Enumeration getParameterNames()	getParameterNames()方法用于返回一个包含请求消息中的所有参数名的 Enumeration 对象，在此基础上，可以对请求消息中的所有参数进行遍历处理
Map getParameterMap()	getParameterMap()方法用于将请求消息中的所有参数名和值装进一个 Map 对象中返回

表 5-5 中，列出了 HttpServletRequest 获取请求参数的一系列方法。其中，getParameter()方法用于获取某个指定的参数，而 getParameterValues()方法用于获取多个同名的参数。接下来，通过一个具体的案例，分步骤讲解这两个方法的使用，具体如下。

(1) 修改 5.3.3 节中的 form.html 文件，增加三个复选框，修改后的代码如例 5-17 所示。

例 5-17 form.html

```
1  <form action="/chapter05/RequestParamsServlet" method="POST">
2      用户名:<input type="text" name="username"><br>
3      密　码:<input type="password" name="password"><br>
4      爱　好:
5      <input type="checkbox" name="hobby" value="sing">唱歌
6      <input type="checkbox" name="hobby" value="dance">跳舞
7      <input type="checkbox" name="hobby" value="football">足球<br>
8      <input type="submit" value="提交">
9  </form>
```

(2) 编写一个用于获取请求参数的 RequestParamsServlet，如例 5-18 所示。

例 5-18 RequestParamsServlet.java

```
1  package cn.itcast.chapter05.request;
2  import java.io.*;
3  import javax.servlet.*;
4  import javax.servlet.http.*;
5  public class RequestParamsServlet extends HttpServlet {
6      public void doGet(HttpServletRequest request, HttpServletResponse response)
7              throws ServletException, IOException {
8          String name=request.getParameter("username");
9          String password=request.getParameter("password");
10         System.out.println("用户名:"+name);
11         System.out.println("密　码:"+password);
12         //获取参数名为"hobby"的值
13         String[] hobbys=request.getParameterValues("hobby");
14         System.out.print("爱好:");
```

```
15         for(int i=0; i<hobbys.length; i++){
16             System.out.println(hobbys[i]+" ");
17         }
18     }
19     public void doPost(HttpServletRequest request, HttpServletResponse response)
20             throws ServletException, IOException {
21         doGet(request, response);
22     }
23 }
```

需要注意的是，由于参数名为“hobby”的值可能有多个，因此，需要通过调用 getParameterValues()方法，该方法返回一个 String 类型的数组，可以获取多个同名参数的值。

(3) 在 web. xml 中配置完 RequestParamsServlet 映射后，启动 Tomcat 服务器，在浏览器的地址栏中输入 URL 地址 http://localhost:8080/chapter05/form. html 访问 form. html 页面，并填写表单相关信息，填写后的页面如图 5-21 所示。

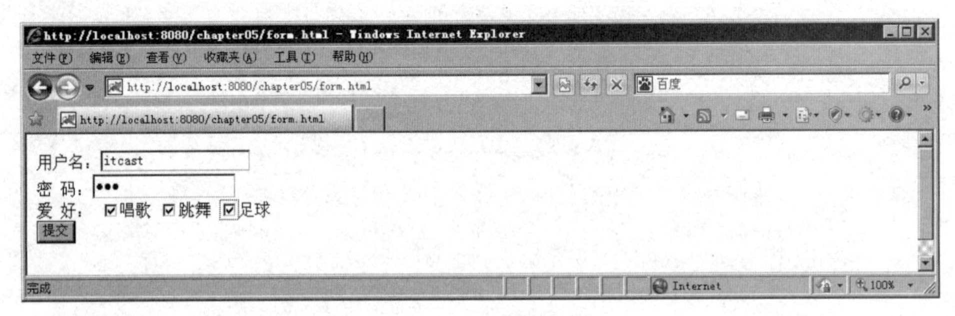

图 5-21 运行结果

(4) 单击如图 5-21 所示的“提交”按钮，在 Eclipse 的控制台中打印出了每个参数的信息，如图 5-22 所示。

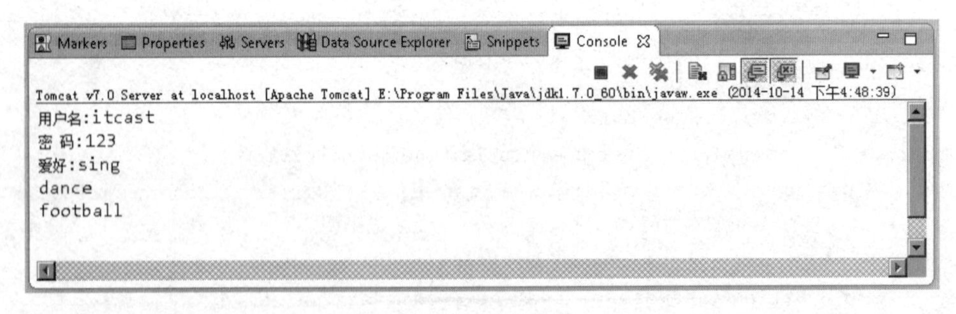

图 5-22 运行结果

5.4.2 请求参数的中文乱码问题

在填写表单数据时，难免会输入中文，如姓名、公司名称等，为了查看请求参数会不会发生中文乱码问题，接下来，再次访问 form. html 文件，在表单中填写中文的用户名“传智播客”，如图 5-23 所示。

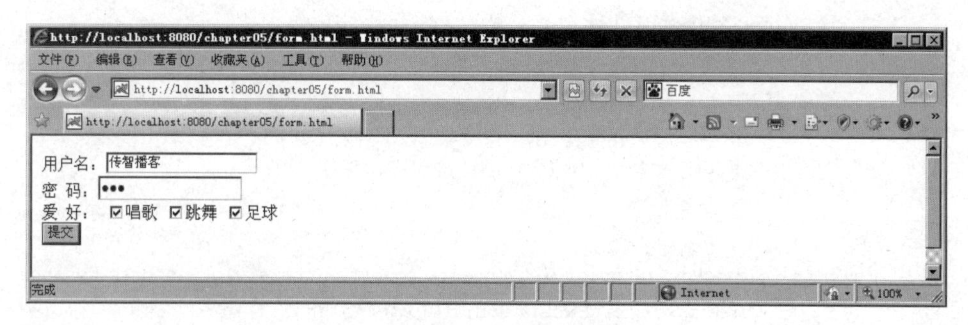

图 5-23　运行结果

单击如图 5-23 所示的“提交”按钮，这时，控制台打印出了每个参数的值，具体如图 5-24 所示。

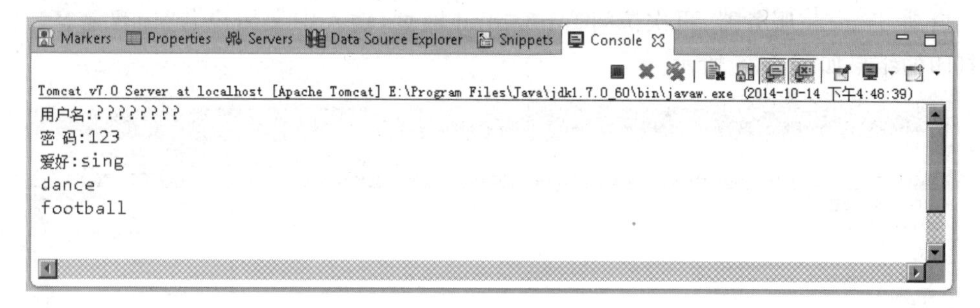

图 5-24　运行结果

从图 5-24 可以看出，当输入的用户名为中文时，出现了乱码问题。通过分析发现，浏览器在传递请求参数时，默认采用的编码方式是 GBK，但在解码时采用的是默认的 ISO 8859-1，因此，导致控制台打印的参数信息出现乱码。

为了解决上述问题，在 HttpServletRequest 接口中，提供了一个 setCharacterEncoding() 方法，该方法用于设置 request 对象的解码方式，接下来，对例 5-18 进行修改，将参数的解码方式改为 GBK，修改后的代码如例 5-19 所示。

例 5-19　RequestParamsServlet. java

```
1  package cn.itcast.chapter05.request;
2  import java.io.*;
3  import javax.servlet.*;
4  import javax.servlet.http.*;
5  public class RequestParamsServlet extends HttpServlet {
6      public void doGet(HttpServletRequest request, HttpServletResponse response)
7              throws ServletException, IOException {
8          request.setCharacterEncoding("utf-8");
9          String name=request.getParameter("username");
```

```
10          String password=request.getParameter("password");
11          System.out.println("用户名:"+name);
12          System.out.println("密    码:"+password);
13          String[] hobbys=request.getParameterValues("hobby");
14          System.out.print("爱好:");
15          for(int i=0; i<hobbys.length; i++){
16              System.out.print(hobbys[i]+" ");
17          }
18      }
19      public void doPost(HttpServletRequest request, HttpServletResponse response)
20              throws ServletException, IOException {
21          doGet(request, response);
22      }
23 }
```

启动 Tomcat 服务器,再次访问 form. html 网页,输入中文用户名"传智播客",控制台打印的结果如图 5-25 所示。

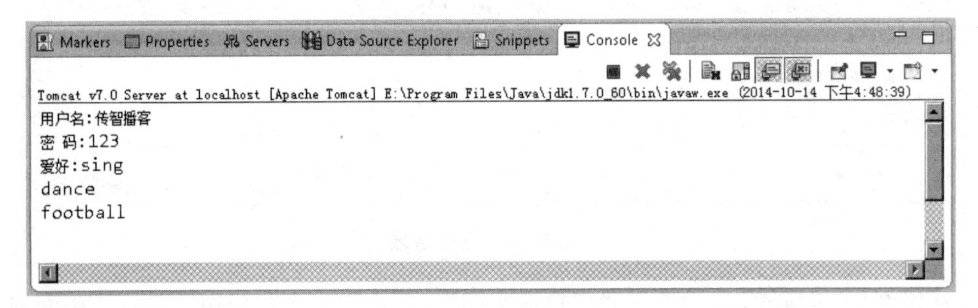

图 5-25 运行结果

从图 5-25 可以看出,控制台输出的参数信息没有出现乱码。需要注意的是,这种解决乱码的方式只对 POST 方式有效,而对 GET 方式无效。为了验证 GET 方式的演示效果,接下来,将 form. html 文件中 method 属性的值改为"GET"。重新访问 form. html 网页并填写中文信息,控制台打印的结果如图 5-26 所示。

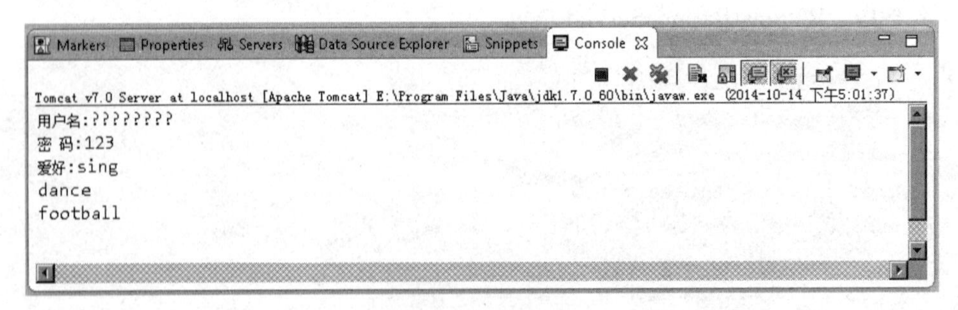

图 5-26 运行结果

从图 5-26 可以看出,使用 GET 方式提交表单,用户名出现了乱码,这就验证了

setCharacterEncoding()方法只对 POST 提交方式有效的结论。为了解决 GET 方式提交表单的中文乱码问题，可以首先使用错误码表 ISO 8859-1 将用户名重新编码，然后使用码表 GBK 进行解码。接下来，对例 5-18 进行修改，在第 9 行和第 10 行代码之间增加一行代码，如下所示：

```
name=new String(name.getBytes("iso8859-1"),"utf-8");
```

重启 Tomcat 服务器，再次访问 form.html 网页，输入中文用户名“传智播客”，这时，控制台的打印结果没有出现乱码，如图 5-27 所示。

```
Markers  Properties  Servers  Data Source Explorer  Snippets  Console
Tomcat v7.0 Server at localhost [Apache Tomcat] E:\Program Files\Java\jdk1.7.0_60\bin\javaw.exe (2014-10-14 下午5:01:37)
用户名:传智播客
密 码:123
爱好:sing
dance
football
```

图 5-27 运行结果

多学一招：配置 Tomcat 解决 GET 方式提交参数乱码

对于 GET 请求参数的乱码问题，除了可以通过重新编码解码来解决外，还可以通过配置 Tomcat 来解决。在 server.xml 文件中的 Connector 节点下增加一个 useBody-EncodingForURI 的属性，设置该属性的值为 true，如下所示：

```
<Connector port="8080" protocol="HTTP/1.1"
          connectionTimeout="20000"
          redirectPort="8443" useBodyEncodingForURI="true"/>
```

并在程序中调用 response.setCharacterEncoding("GBK")方法，这样可以使消息头的编码方式和消息体一致，就能解决 GET 方式的乱码问题。

值得一提的是，由于通过 Tomcat 解决参数乱码是在服务器端操作的，操作非常不便，因此，建议读者在解决参数乱码时，不要使用配置 Tomcat 的方式，该方式只需了解即可。

5.4.3 获取网络连接信息

当 Web 服务器与客户端进行通信时，经常需要获取客户端的一些网络连接信息。为此，在 HttpServletRequest 接口中，定义了一系列用于获取客户端网络连接信息的方法，如表 5-6 所示。

表 5-6　获取网络连接信息的相关方法

方法声明	功能描述
String getRemoteAddr()	该方法用于获取请求客户端的 IP 地址，其格式类似于"192.168.0.3"
String getRemoteHost()	该方法用于获取请求客户端的完整主机名，其格式类似于"pc1.itcast.cn"。需要注意的是，如果无法解析出客户机的完整主机名，该方法将会返回客户端的 IP 地址
int getRemotePort()	该方法用于获取请求客户端网络连接的端口号
String getLocalAddr()	该方法用于获取 Web 服务器上接收当前请求网络连接的 IP 地址
String getLocalName()	该方法用于获取 Web 服务器上接收当前网络连接 IP 所对应的主机名
int getLocalPort()	该方法用于获取 Web 服务器上接收当前网络连接的端口号
String getServerName()	该方法用于获取当前请求所指向的主机名，即 HTTP 请求消息中 Host 头字段所对应的主机名部分
int getServerPort()	该方法用于获取当前请求所连接的服务器端口号，即 HTTP 请求消息中 Host 头字段所对应的端口号部分
String getScheme()	该方法用于获取请求的协议名，例如 http、https 或 ftp
StringBuffer getRequestURL()	该方法用于获取客户端发出请求时的完整 URL，包括协议、服务器名、端口号、资源路径等信息，但不包括后面的查询参数部分。注意，getRequestURL()方法返回的结果是 StringBuffer 类型，而不是 String 类型，这样更便于对结果进行修改

表 5-6 中，列出了一系列用于获取网络连接信息的相关方法，这些方法在实际开发中会经常用到，接下来通过一个案例来演示一下这些方法的使用，如例 5-20 所示。

例 5-20　RequestNetServlet.java

```
1  package cn.itcast.chapter05.request;
2  import java.io.*;
3  import javax.servlet.*;
4  import javax.servlet.http.*;
5  public class RequestNetServlet extends HttpServlet {
6      public void doGet(HttpServletRequest request, HttpServletResponse response)
7              throws ServletException, IOException {
8          response.setContentType("text/html;charset=utf-8");
9          PrintWriter out=response.getWriter();
10         out.println("getRemoteAddr : "+request.getRemoteAddr()+"<br>");
11         out.println("getRemoteHost : "+request.getRemoteHost()+"<br>");
12         out.println("getRemotePort : "+request.getRemotePort()+"<br>");
13         out.println("getLocalAddr : "+request.getLocalAddr()+"<br>");
14         out.println("getLocalName : "+request.getLocalName()+"<br>");
15         out.println("getLocalPort : "+request.getLocalPort()+"<br>");
16         out.println("getServerName : "+request.getServerName()+"<br>");
```

```
17          out.println("getServerPort : "+request.getServerPort()+"<br>");
18          out.println("getScheme : "+request.getScheme()+"<br>");
19          out.println("getRequestURL : "+request.getRequestURL()+"<br>");
20      }
21      public void doPost(HttpServletRequest request, HttpServletResponse response)
22              throws ServletException, IOException {
23          doGet(request, response);
24      }
25 }
```

启动 Web 服务器，在浏览器的地址栏中输入 http://localhost:8080/chapter05/RequestNetServlet 访问 RequestNetServlet，浏览器显示的结果如图 5-28 所示。

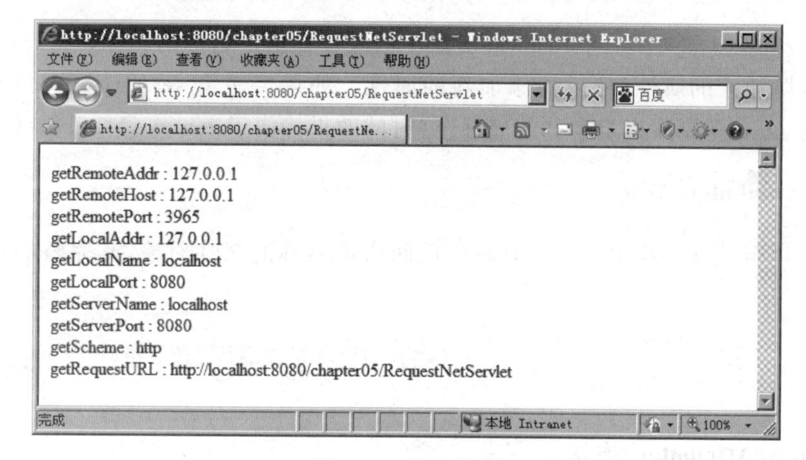

图 5-28 运行结果

在图 5-28 中，由于当前请求的客户端和服务器都是本机，因此，客户端获取到的一系列 IP 地址都是 127.0.0.1。

为了演示服务器不是本机的情况，编者在局域网内另外一台 IP 地址为 192.168.1.7 的计算机上部署工程 chapter05，并在浏览器中输入 URL 地址 http://192.168.1.79:8080/chapter05/RequestNetServlet 访问 RequestNetServlet，浏览器显示出了服务器的相关网络连接信息，具体如图 5-29 所示。

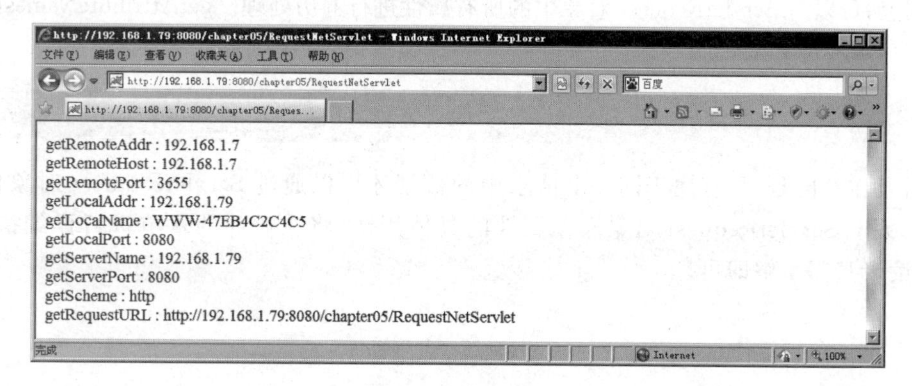

图 5-29 运行结果

5.4.4 通过 Request 对象传递数据

Request 对象不仅可以获取一系列数据，还可以通过属性传递数据。在 ServletRequest 接口中，定义了一系列操作属性的方法，具体如下。

1. setAttribute()方法

该方法用于将一个对象与一个名称关联后存储进 ServletRequest 对象中，其完整语法定义如下：

```
public void setAttribute(java.lang.String name,java.lang.Object o);
```

需要注意的是，如果 ServletRequest 对象中已经存在指定名称的属性，setAttribute()方法将会先删除原来的属性，然后再添加新的属性。如果传递给 setAttribute()方法的属性值对象为 null，则删除指定名称的属性，这时的效果等同于 removeAttribute()方法。

2. getAttribute()方法

该方法用于从 ServletRequest 对象中返回指定名称的属性对象，其完整的语法定义如下：

```
public java.lang.String getAttribute(java.lang.String name);
```

3. removeAttribute()方法

该方法用于从 ServletRequest 对象中删除指定名称的属性，其完整的语法定义如下：

```
public void removeAttribute(java.lang.String name);
```

4. getAttributeNames()方法

该方法用于返回一个包含 ServletRequest 对象中的所有属性名的 Enumeration 对象，在此基础上，可以对 ServletRequest 对象中的所有属性进行遍历处理。getAttributeNames()方法的完整语法定义如下：

```
public java.util.Enumeration getAttributeNames();
```

需要注意的是，只有属于同一个请求中的数据才可以通过 ServletRequest 对象传递数据。关于 ServletRequest 对象操作属性的具体用法，将在后面的章节进行详细讲解。在此，读者只需了解即可。

5.5 RequestDispatcher 对象的应用

5.5.1 RequestDispatcher 接口

当一个 Web 资源收到客户端的请求后，如果希望服务器通知另外一个资源去处理请求，这时，除了使用 sendRedirect()方法实现请求重定向外，还可以通过 RequestDispatcher 接口的实例对象来实现。在 ServletRequest 接口中定义了一个获取 RequestDispatcher 对象的方法，如表 5-7 所示。

表 5-7 获取 RequestDispatcher 对象的方法

方法声明	功能描述
getRequestDispatcher(String path)	返回封装了某个路径所指定资源的 RequestDispatcher 对象。其中，参数 path 必须以“/”开头，用于表示当前 Web 应用的根目录。需要注意的是，WEB-INF 目录中的内容对 RequestDispatcher 对象也是可见的，因此，传递给 getRequestDispatcher(String path)方法的资源可以是 WEB-INF 目录中的文件

获取到 RequestDispatcher 对象后，最重要的工作就是通知其他 Web 资源处理当前的 Servlet 请求，为此，在 RequestDispatcher 接口中，定义了两个相关方法，如表 5-8 所示。

表 5-8 RequestDispatcher 接口的方法

方法声明	功能描述
forward(ServletRequest request, ServletResponse response)	该方法用于将请求从一个 Servlet 传递给另外的一个 Web 资源。在 Servlet 中，可以对请求做一个初步处理，然后通过调用这个方法，将请求传递给其他资源进行响应。需要注意的是，该方法必须在响应提交给客户端之前被调用，否则将抛出 IllegalStateException 异常
include(ServletRequest request, ServletResponse response)	该方法用于将其他的资源作为当前响应内容包含进来

表 5-8 列举了 RequestDispatcher 的两个重要方法，其中，forward()方法可以实现请求转发，include()方法可以实现请求包含，关于请求转发和请求包含的相关知识，将在下节进行讲解。

5.5.2 请求转发

在 Servlet 中，如果当前 Web 资源不想处理它的访问请求，可以通过 forward()方法将当前请求传递给其他的 Web 资源进行处理，这种方式称为请求转发。为了让读者更好地了解如何使用 forward()方法实现请求转发，接下来通过一张图来描述 forward()方法的工作原理，如图 5-30 所示。

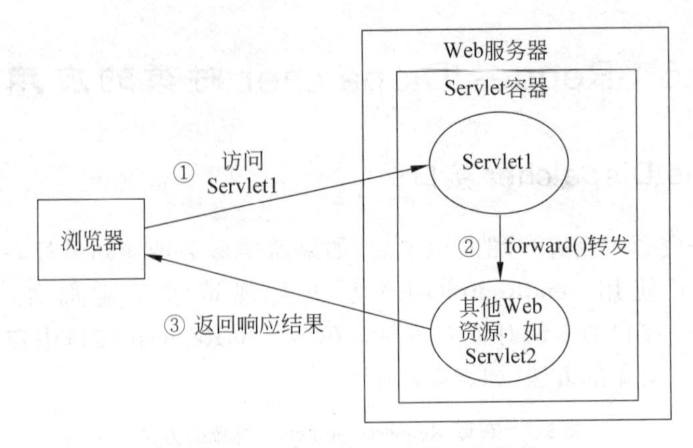

图 5-30　forward()方法的工作原理

从图 5-30 中可以看出，当客户端访问 Servlet1 时，可以通过 forward()方法将请求转发给其他 Web 资源，其他 Web 资源处理完请求后，直接将响应结果返回到了客户端。

了解了 forward()方法的工作原理，接下来，通过一个案例来学习 forward()方法的使用，如例 5-21 所示。

例 5-21　RequestForwardServlet. java

```
1  package cn.itcast.chapter05.request;
2  import java.io.IOException;
3  import javax.servlet.*;
4  import javax.servlet.http.*;
5  public class RequestForwardServlet extends HttpServlet {
6      public void doGet(HttpServletRequest request, HttpServletResponse response)
7              throws ServletException, IOException {
8          response.setContentType("text/html;charset=utf-8");
9          //将数据存储到 request 对象中
10         request.setAttribute("company", "北京传智播客教育有限公司");
11         RequestDispatcher dispatcher=request
12                 .getRequestDispatcher("/ResultServlet");
13         dispatcher.forward(request, response);
14     }
15     public void doPost(HttpServletRequest request, HttpServletResponse response)
16             throws ServletException, IOException {
17         doGet(request, response);
18     }
19 }
```

在例 5-21 中，通过使用 forward()方法，将当前 Servlet 的请求转发到 ResultServlet 页面，ResultServlet 的具体实现如例 5-22 所示。

例 5-22　ResultServlet. java

```
1  package cn.itcast.chapter05.request;
2  import java.io.*;
3  import javax.servlet.*;
4  import javax.servlet.http.*;
5  public class ResultServlet extends HttpServlet {
6      public void doGet(HttpServletRequest request, HttpServletResponse response)
7              throws ServletException, IOException {
8          response.setContentType("text/html;charset=utf-8");
9          //获取 PrintWriter 对象用于输出信息
10         PrintWriter out=response.getWriter();
11         //获取 request 请求对象中保存的数据
12         String company=(String)request.getAttribute("company");
13         if(company !=null){
14             out.println("公司名称:"+company+"<br>");
15         }
16     }
17     public void doPost(HttpServletRequest request, HttpServletResponse response)
18             throws ServletException, IOException {
19         doGet(request, response);
20     }
21 }
```

启动 Tomcat 服务器,在浏览器中输入 URL 地址 http://localhost:8080/chapter05/RequestForwardServlet 访问 RequestForwardServlet,浏览器显示的结果如图 5-31 所示。

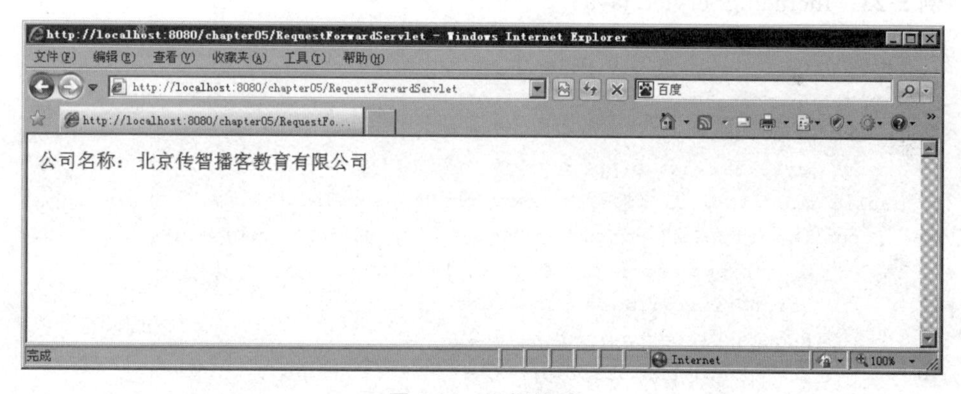

图 5-31 运行结果

从图 5-31 中可以看出,浏览器显示出了 ResultServlet 中要输出的内容。由此可见,forward()方法不仅可以实现请求转发,还可以使转发页面和转发到的页面共享数据。需要注意的是,存储在 request 对象中的数据只对当前请求有效,而对其他请求无效。

5.5.3 请求包含

请求包含指的是使用 include()方法将 Servlet 请求转发给其他 Web 资源进行处理,与请求转发不同的是,在请求包含返回的响应消息中,既包含当前 Servlet 的响应消息,也包含其他 Web 资源所做出的响应消息。为了让读者更好地了解如何使用 include()方法实现请求包含，接下来，通过一个图例来描述 include()方法的工作原理，如图 5-32 所示。

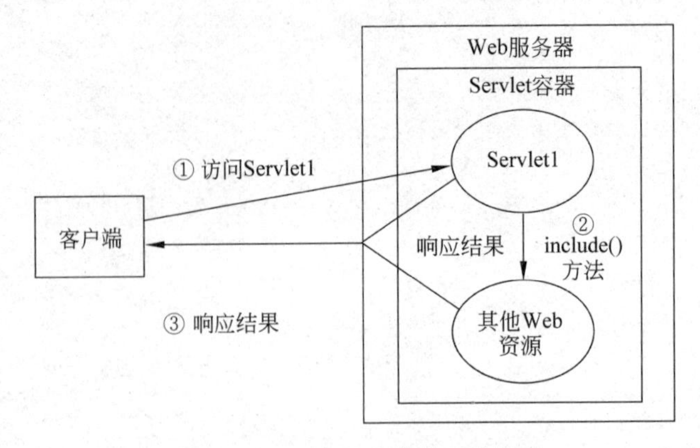

图 5-32 include()方法的工作原理

从图 5-32 中可以看出，当客户端访问 Servlet1 时，通过调用 include()方法将其他 Web 资源包含进来，这样，当请求处理完毕后，回送给客户端的响应结果既包含当前 Servlet 的响应结果，也包含其他 Web 资源的响应结果。

了解了 include()方法的工作原理，接下来，通过一个案例来讲解 include()方法的使用。首先编写两个 Servlet，分别是 IncludingServlet 和 IncludedServlet，其中，在 IncludingServlet 中调用 include()方法请求包含 IncludedServlet。这两个 Servlet 的具体实现代码如例 5-23 和例 5-24 所示。

例 5-23 IncludingServlet.java

```
1  package cn.itcast.chapter05.request;
2  import java.io.*;
3  import javax.servlet.*;
4  import javax.servlet.http.*;
5  public class IncludingServlet extends HttpServlet {
6      public void doGet(HttpServletRequest request, HttpServletResponse response)
7              throws ServletException, IOException {
8          PrintWriter out=response.getWriter();
9          RequestDispatcher rd=request
10                 .getRequestDispatcher("/IncludedServlet?p1=abc");
11         out.println("before including"+"<br>");
12         rd.include(request, response);
13         out.println("after including"+"<br>");
14     }
15     public void doPost(HttpServletRequest request, HttpServletResponse response)
16             throws ServletException, IOException {
17         doGet(request, response);
18     }
19 }
```

例 5-24 IncludedServlet.java

```
1  package cn.itcast.chapter05.request;
2  import java.io.*;
3  import javax.servlet.*;
4  import javax.servlet.http.*;
5  public class IncludedServlet extends HttpServlet {
6      public void doGet(HttpServletRequest request, HttpServletResponse response)
7              throws ServletException, IOException {
8          //设置响应时使用的字符编码
9          response.setContentType("text/html;charset=utf-8");
10         response.setCharacterEncoding("utf-8");
11         PrintWriter out=response.getWriter();
12         out.println("中国"+"<br>");
13         out.println("URI:"+request.getRequestURI()+"<br>");
14         out.println("QueryString:"+request.getQueryString()+"<br>");
15         out.println("parameter p1:"+request.getParameter("p1")+"<br>");
16     }
17     public void doPost(HttpServletRequest request, HttpServletResponse response)
18             throws ServletException, IOException {
19         doGet(request, response);
20     }
21 }
```

启动 Tomcat 服务器，在浏览器的地址栏中输入 URL 地址 http://localhost:8080/chapter05/IncludingServlet 访问 IncludingServlet，浏览器显示的结果如图 5-33 所示。

图 5-33 运行结果

从图 5-33 中可以看到，IncludedServlet 中输出的中文字符出现了乱码，说明在例 5-24 中，用于设置响应字符编码的第 9 行代码不起作用。这是因为在请求 IncludingServlet 时，用于封装响应消息的 HttpServletResponse 对象已经创建，该对象在编码时采用的是默认的 ISO 8859-1，所以，当客户端对接收到的数据进行解码时，Web 服务器会继续保持调用 HttpServletResponse 对象中的信息，从而使 IncludedServlet 中的输出内容发生乱码。

为了解决如图 5-33 所示的乱码问题，接下来，对例 5-23 进行修改，在第 7 行和第 8 行代码之间增加一行代码，具体如下：

```
response.setContentType("text/html;charset=utf-8");
```

重新启动服务器，通过浏览器重新访问 IncludingServlet，此时，浏览器显示的结果如图 5-34 所示。

图 5-34　运行结果

从图 5-34 可以看出，IncludedServlet 中输出的中文字符正常显示了。需要注意的是，使用 include()方法实现请求包含后，浏览器显示的URL地址是不会发生变化的。

小　结

本章主要介绍了 HttpServletResponse 和 HttpServletRequest，其中 HttpServletResponse 封装了 HTTP 响应消息，并且提供了发送状态码、发送响应消息头、发送响应消息体的方法，它可以实现网页的定时刷新跳转，请求重定向等。HttpServletRequest 封装了 HTTP 请求消息，也提供了获取请求行、获取请求消息头、获取请求消息体、获取请求参数等方法，可以实现请求转发和请求包含。HttpServletResponse 和 HttpServletRequest 在 Web 开发中至关重要，读者要认真学习，深刻掌握。

测　一　测

请按照以下要求设计一个实现下载资源防盗链的类。

(1) 创建一个 DownManagerServlet 类，继承 HttpServlet 类。

(2) 在 doGet()方法中，判断是否可以进行资源下载。

第6章 chapter 6

会话及其会话技术

学习目标

- 掌握 Cookie 对象的相关 API。
- 掌握 Session 对象的相关 API。
- 学会使用 Session 实现购物车和用户登录。

思政案例

当用户通过浏览器访问 Web 应用时，通常情况下，服务器需要对用户的状态进行跟踪。例如，用户在网站结算商品时，Web 服务器必须根据请求用户的身份，找到该用户所购买的商品。在 Web 开发中，服务器跟踪用户信息的技术称为会话技术，接下来，本章将针对会话及其会话技术进行详细讲解。

6.1 会话概述

在日常生活中，从拨通电话到挂断电话之间的一连串的你问我答的过程就是一个会话。Web 应用中的会话过程类似于生活中的打电话过程，它指的是一个客户端（浏览器）与 Web 服务器之间连续发生的一系列请求和响应过程，例如，一个用户在某网站上的整个购物过程就是一个会话。

在打电话过程中，通话双方会有通话内容，同样，在客户端与服务器端交互的过程中，也会产生一些数据。例如，用户甲和用户乙分别登录了购物网站，甲购买了一个 Nokia 手机，乙购买了一个 iPad，当这两个用户结账时，Web 服务器需要对用户甲和用户乙的信息分别进行保存。在前面章节讲解的对象中，HttpServletRequest 对象和 ServletContext 对象都可以对数据进行保存，但是这两个对象都不可行，具体原因如下。

（1）客户端请求 Web 服务器时，针对每次 HTTP 请求，Web 服务器都会创建一个 HttpServletRequest 对象，该对象只能保存本次请求所传递的数据。由于购买和结账是两个不同的请求，因此，在发送结账请求时，之前购买请求中的数据将会丢失。

（2）使用 ServletContext 对象保存数据时，由于同一个 Web 应用共享的是同一个 ServletContext 对象，因此，当用户在发送结账请求时，由于无法区分哪些商品是哪个用户所购买的，而会将该购物网站中所有用户购买的商品进行结算，这显然也是不可行的。

为了保存会话过程中产生的数据，在 Servlet 技术中，提供了两个用于保存会话数据的对象，分别是 Cookie 和 Session。关于 Cookie 和 Session 的相关知识，将在下面的章节进行详细讲解。

6.2 Cookie 对象

Cookie 是一种会话技术，它用于将会话过程中的数据保存到用户的浏览器中，从而使浏览器和服务器可以更好地进行数据交互。接下来，本节将针对 Cookie 进行详细的讲解。

6.2.1 什么是 Cookie

在现实生活中，当顾客在购物时，商城经常会赠送顾客一张会员卡，卡上记录用户的个人信息(姓名，手机号等)、消费额度和积分额度等。顾客一旦接受了会员卡，以后每次光临该商场时，都可以使用这张会员卡，商场也将根据会员卡上的消费记录计算会员的优惠额度和累加积分。在 Web 应用中，Cookie 的功能类似于这张会员卡，当用户通过浏览器访问 Web 服务器时，服务器会给客户发送一些信息，这些信息都保存在 Cookie 中。这样，当该浏览器再次访问服务器时，都会在请求头中将 Cookie 发送给服务器，方便服务器对浏览器做出正确的响应。

服务器向客户端发送 Cookie 时，会在 HTTP 响应头字段中增加 Set-Cookie 响应头字段。Set-Cookie 头字段中设置的 Cookie 遵循一定的语法格式，具体示例如下：

```
Set-Cookie: user=itcast; Path=/;
```

在上述示例中，user 表示 Cookie 的名称，itcast 表示 Cookie 的值，Path 表示 Cookie 的属性。需要注意的是，Cookie 必须以键值对的形式存在，其属性可以有多个，但这些属性之间必须用分号(;)和空格分隔。

了解了 Cookie 信息的发送方式，接下来，通过一张图来描述 Cookie 在浏览器和服务器之间的传输过程，具体如图 6-1 所示。

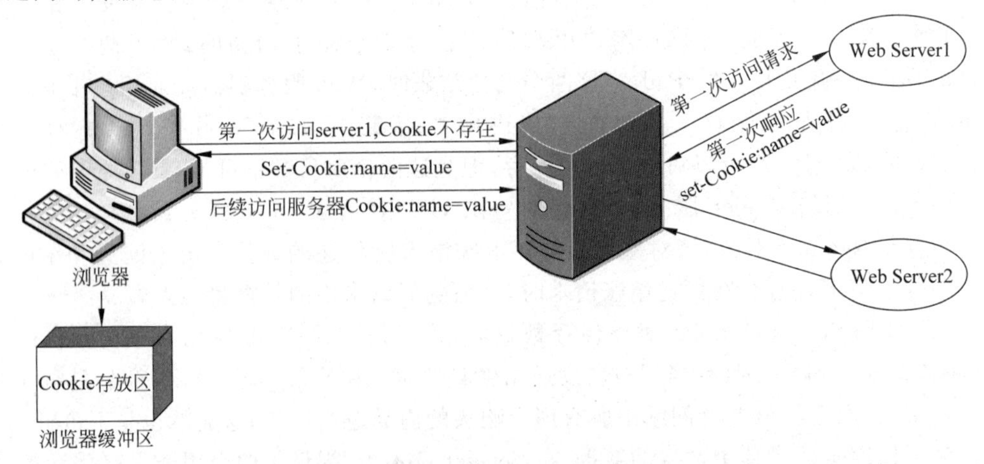

图 6-1 Cookie 在浏览器和服务器之间传输的过程

在图 6-1 中，描述了 Cookie 在浏览器和服务器之间的传输过程。当用户第一次访问服务器时，服务器会在响应消息中增加 Set-Cookie 头字段，将用户信息以 Cookie 的形式发送给浏览器。一旦用户浏览器接受了服务器发送的 Cookie 信息，就会将它保存在浏览器的缓冲区中，这样，当浏览器后续访问该服务器时，都会在请求消息中将用户信息以 Cookie 的形式发送给 Web 服务器，从而使服务器端分辨出当前请求是由哪个用户发出的。

6.2.2 Cookie API

为了封装 Cookie 信息，在 Servlet API 中提供了一个 javax. servlet. http. Cookie 类，该类包含生成 Cookie 信息和提取 Cookie 信息各个属性的方法。Cookie 的构造方法和常用方法具体如下。

1. 构造方法

Cookie 类有且仅有一个构造方法，具体语法格式如下：

```
public Cookie(java.lang.String name,java.lang.String value)
```

在 Cookie 的构造方法中，参数 name 用于指定 Cookie 的名称，value 用于指定 Cookie 的值。需要注意的是，Cookie 一旦创建，它的名称就不能更改，Cookie 的值可以为任何值，创建后允许被修改。

2. Cookie 类的常用方法

通过 Cookie 的构造方法创建 Cookie 对象后，便可调用该类的所有方法，表 6-1 列举了 Cookie 的常用方法。

表 6-1 Cookie 类的常用方法

方法声明	功能描述
String getName()	用于返回 Cookie 的名称
void setValue(String newValue)	用于设置 Cookie 的值
String getValue()	用于获取 Cookie 的值
void setMaxAge(int expiry)	用于设置 Cookie 在浏览器客户机上保持有效的秒数
int getMaxAge()	用于获取 Cookie 在浏览器客户机上保持有效的秒数
void setPath(String uri)	用于设置该 Cookie 项的有效目录路径
String getPath()	用于返回该 Cookie 项的有效目录路径
void setDomain(String pattern)	用于设置该 Cookie 项的有效域
String getDomain()	用于返回该 Cookie 项的有效域
void setVersion(int v)	用于设置该 Cookie 项采用的协议版本
int getVersion()	用于返回该 Cookie 项采用的协议版本

续表

方法声明	功能描述
void setComment(String purpose)	用于设置该Cookie项的注解部分
String getComment()	用于返回该Cookie项的注解部分
void setSecure(boolean flag)	用于设置该Cookie项是否只能使用安全的协议传送
boolean getSecure()	用于返回该Cookie项是否只能使用安全的协议传送

表6-1中列举了Cookie类的常用方法，由于大多数方法都比较简单，接下来，只针对表中比较难以理解的方法进行讲解，具体如下。

1) setMaxAge(int expiry)和getMaxAge()方法

上面的这两个方法用于设置和返回Cookie在浏览器上保持有效的秒数。如果设置的值为一个正整数时，浏览器会将Cookie信息保存在本地硬盘中。从当前时间开始，在没有超过指定的秒数之前，这个Cookie都保持有效，并且同一台计算机上运行的该浏览器都可以使用这个Cookie信息；如果设置值为负整数时，浏览器会将Cookie信息保存在缓存中，当浏览器关闭时，Cookie信息会被删除。如果设置值为0时，则表示通知浏览器立即删除这个Cookie信息。默认情况下，Max-Age属性的值是−1。

2) setPath(String uri)和getPath()方法

上面的这两个方法是针对Cookie的Path属性的。如果创建的某个Cookie对象没有设置Path属性，那么该Cookie只对当前访问路径所属的目录及其子目录有效。如果想让某个Cookie项对站点的所有目录下的访问路径都有效，应调用Cookie对象的setPath()方法将其Path属性设置为“/”。

3) setDomain(String pattern)和getDomain()方法

上面的这两个方法是针对Cookie的Domain属性的。Domain属性是用来指定浏览器访问的域。例如，传智播客的域为“itcast. cn”。那么，当设置Domain属性时，其值必须以“.”开头，如Domain=.itcast.cn。默认情况下，Domain属性的值为当前主机名，浏览器在访问当前主机下的资源时，都会将Cookie信息回送给服务器。需要注意的是，Domain属性的值是不区分大小写的。

6.3 Cookie案例——显示用户上次访问时间

当用户访问某些Web应用时，经常会显示出上次的访问时间。例如，QQ登录成功后，会显示用户上次的登录时间。接下来，本节将通过一个具体的案例来实现显示用户上次的访问时间，具体步骤如下。

(1) 在Eclipse中新建Web工程chapter06，并在工程下新建cn.itcast.chapter06.cookie.example包。

(2) 编写LastAccessServlet类。

当用户请求LastAccessServlet时，服务器会调用HttpServletResponse接口的addCookie(Cookie cookie)方法，该方法会在发送给浏览器的HTTP响应消息中增加一个 Set-Cookie 头字段，将创建的 Cookie 对象作为 Set-Cookie 头字段的值传递给浏览器。LastAccessServlet 类的具体实现代码如例 6-1 所示。

例 6-1 LastAccessServlet. java

```
1  package cn.itcast.chapter06.cookie.example;
2  import java.io.IOException;
3  import java.util.Date;
4  import javax.servlet.ServletException;
5  import javax.servlet.http. * ;
6  public class LastAccessServlet extends HttpServlet {
7  private static final long serialVersionUID=1L;
8  public void doGet(HttpServletRequest request, HttpServletResponse response)
9              throws ServletException, IOException {
10         //指定服务器输出内容的编码方式 UTF-8,防止发生乱码
11         response.setContentType("text/html;charset=utf-8");
12         / *
13          * 设定一个 cookie 的 name : lastAccessTime
14          * 读取客户端发送 cookie 获得用户上次的访问时间显示
15          * /
16         String lastAccessTime=null;
17         //获取所有的 cookie,并将这些 cookie 存放在数组中
18         Cookie[] cookies=request.getCookies();
19         for(int i=0; cookies !=null && i<cookies.length; i++){
20             if("lastAccess".equals(cookies[i].getName())){
21                 //如果 cookie 的名称为 lastAccess,则获取该 cookie 的值
22                 lastAccessTime=cookies[i].getValue();
23                 break;
24             }
25         }
26         //判断是否存在名称为 lastAccess 的 cookie
27         if(lastAccessTime==null){
28             response.getWriter().print("您是首次访问本站!!!");
29         } else {
30              response.getWriter().print("您上次的访问时间是: "
31                         +lastAccessTime);
32         }
33         //创建 cookie,将当前时间作为 cookie 的值发送给客户端
34         String currenttime=new SimpleDateFormat("yyyy-MM-dd hh:mm:ss")
35                 .format(new Date());
36         Cookie cookie=new Cookie("lastAccess", currenttime);
37         //发送 cookie
38         response.addCookie(cookie);
39    }
40    protected void doPost(HttpServletRequest req, HttpServletResponse resp)
```

```
41              throws ServletException, IOException {
42          //TODO Auto-generated method stub
43          this.doPost(req, resp);
44      }
45 }
```

(3) 启动 Tomcat 服务器，在浏览器的地址栏中输入 http://localhost:8080/chapter06/LastAccessServlet 访问 LastAccessServlet，由于是第一次访问 LastAccessServlet，会在浏览器中看到"您是首次访问本站!!!"，如图 6-2 所示。

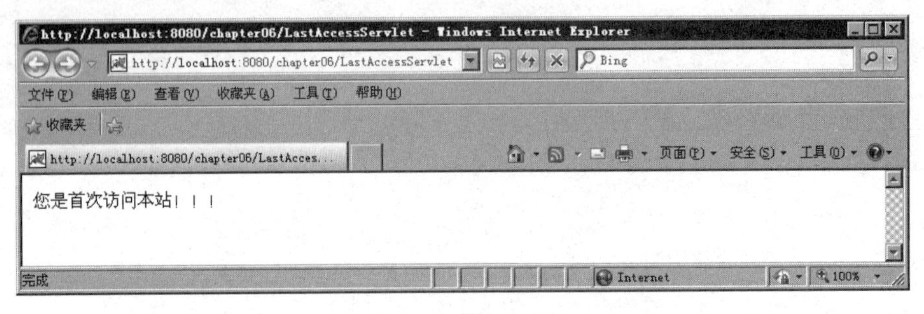

图 6-2　运行结果

(4) 重新访问地址 http://localhost:8080/chapter06/LastAccessServlet，会发现服务器在浏览器回送的 Cookie 中就能获得用户上次访问的时间，如图 6-3 所示。

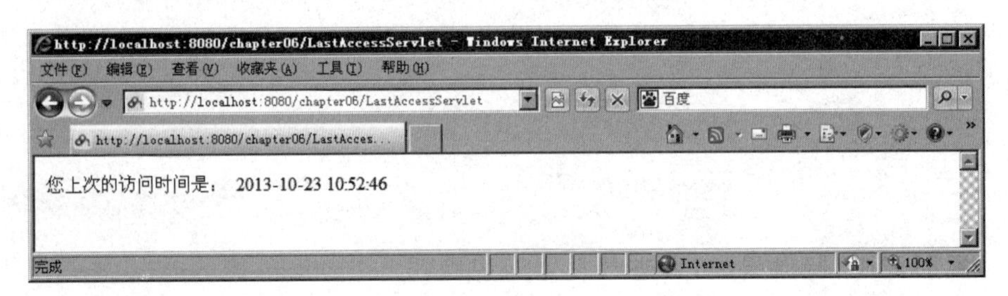

图 6-3　运行结果

图 6-3 之所以显示了用户的上次访问时间，是因为第一次访问时，LastAccessServlet 向浏览器发送了保存用户访问时间的 Cookie 信息。但是，当将如图 6-3 所示的浏览器关闭后，再次打开浏览器，访问地址 http://localhost:8080/chapter06/LastAccessServlet，则浏览器的显示界面如图 6-4 所示。

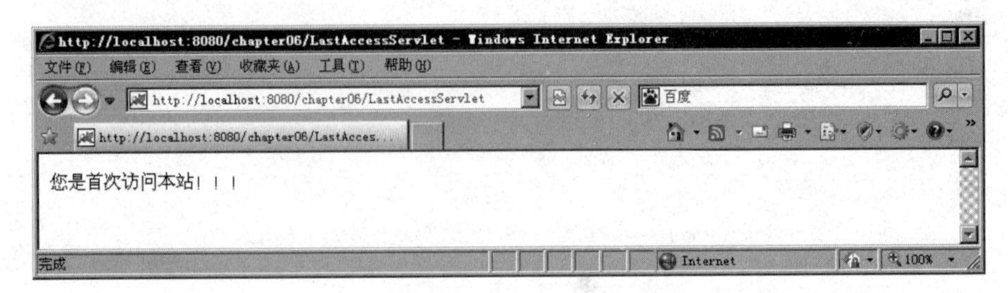

图 6-4　运行结果

由图 6-4 可以看出，浏览器没有显示访问时间，这说明之前浏览器端存放的 Cookie 信息被删除了。之所以出现这样的情况，是因为在默认情况下，Cookie 对象的 Max-Age 属性的值是−1，即浏览器关闭时，删除这个 Cookie 对象。因此，为了让 Cookie 对象在客户端有较长的存活时间，可以通过 setMaxAge()方法进行设置。例如，在 35 行和 36 行代码之间增加一行，将 Cookie 的有效时间设置为 1 小时，具体如下所示：

```
cookie.setMaxAge(60 * 60);
```

这时，通过浏览器访问 LastAccessServlet 时，只要 Cookie 设置的有效时间没有结束，用户一直可以看到上次的访问时间。

需要注意的是，由于浏览器的每个站点最多只能存放 20 个 Cookie，因此，在创建 Cookie 对象时，一般都会设置它的路径，例如，如果在例 6-1 的第 35 行和第 36 行代码之间增加一行代码 cookie. setPath("/chapter06")，那么，用户浏览器在访问整个 chapter06 工程下的资源时都会回送 Cookie 信息。

6.4 Session 对象

Cookie 技术可以将用户的信息保存在各自的浏览器中，并且可以在多次请求下实现数据的共享。但是，如果传递的信息比较多，使用 Cookie 技术显然会增大服务器端程序处理的难度。这时，可以使用 Session 实现，Session 是一种将会话数据保存到服务器端的技术。接下来，本节将针对 Session 进行详细的讲解。

6.4.1 什么是 Session

当我们去医院就诊时，医院都会给就诊病人发放就医卡，卡上只有卡号，而没有其他信息。但病人每次去该医院就诊时，只要出示就医卡，医务人员便可根据卡号查询到病人的就诊信息。Session 技术就好比医院发放给病人的就医卡和医院为每个病人保留病例档案的过程。当浏览器访问 Web 服务器时，Servlet 容器就会创建一个 Session 对象和 ID 属性，其中，Session 对象就相当于病历档案，ID 就相当于就医卡号。当客户端后续访问服务器时，只要将标识号传递给服务器，服务器就能判断出该请求是哪个客户端发送的，从而选择与之对应的 Session 对象为其服务。

需要注意的是，由于客户端需要接收、记录和回送 Session 对象的 ID，因此，通常情况下，Session 是借助 Cookie 技术来传递 ID 属性的。

为了让读者更好地理解 Session，接下来，以网站购物为例，通过一张图来描述 Session 保存用户信息的原理，具体如图 6-5 所示。

在图 6-5 中，用户甲和用户乙都调用 buyServlet 将商品添加到购物车，调用 payServlet 进行商品结算。由于甲和乙购买商品的过程类似，在此，以用户甲为例进行详细说明。当用户甲访问购物网站时，服务器为甲创建了一个 Session 对象(相当于购物车)。当甲将 Nokia 手机添加到购物车时，Nokia 手机的信息便存放到了 Session 对象

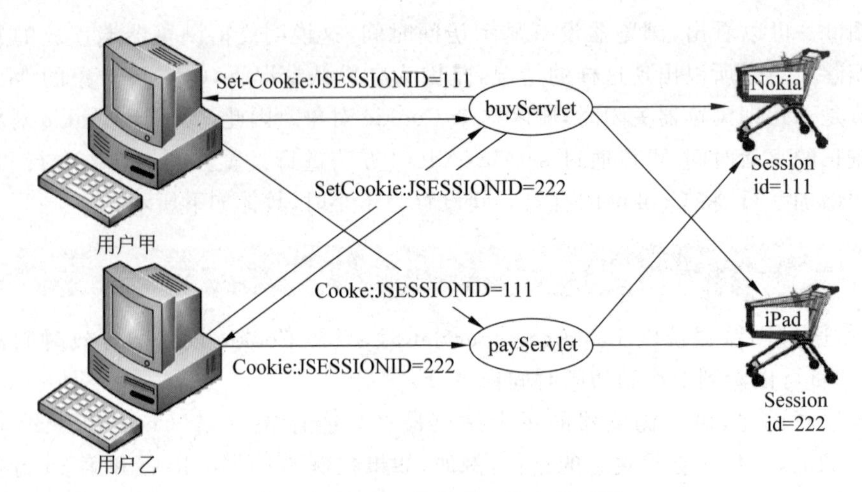

图 6-5 Session 保存用户信息的过程

中。同时,服务器将 Session 对象的 ID 属性以 Cookie (Set-Cookie: JSESSIONID=111)的形式返回给甲的浏览器。当甲完成购物进行结账时,需要向服务器发送结账请求,这时,浏览器自动在请求消息头中将 Cookie (Cookie: JSESSIONID=111)信息回送给服务器,服务器根据 ID 属性找到为用户甲所创建的 Session 对象,并将 Session 对象中所存放的 Nokia 手机信息取出进行结算。

6.4.2 HttpSession API

Session 是与每个请求消息紧密相关的,为此,HttpServletRequest 定义了用于获取 Session 对象的 getSession()方法,该方法有两种重载形式,具体如下:

```
public HttpSession getSession(boolean create)
public HttpSession getSession()
```

上面重载的两个方法都用于返回与当前请求相关的 HttpSession 对象。不同的是,第一个 getSession()方法根据传递的参数来判断是否创建新的 HttpSession 对象,如果参数为 true,则在相关的 HttpSession 对象不存在时创建并返回新的 HttpSession 对象,否则不创建新的 HttpSession 对象,而是返回 null。第二个 getSession()方法则相当于第一个方法参数为 true 时的情况,在相关的 HttpSession 对象不存在时总是创建新的 HttpSession 对象。需要注意的是,由于 getSession()方法可能会产生发送会话标识号的 Cookie 头字段,因此必须在发送任何响应内容之前调用 getSession()方法。

要想使用 HttpSession 对象管理会话数据,不仅需要获取到 HttpSession 对象,还需要了解 HttpSession 对象的相关方法。HttpSession 接口中定义的操作会话数据的常用方法具体如表 6-2 所示。

表 6-2 列举了 HttpSession 类的常用方法,这些方法都是用来操作 HttpSession 对象的。关于这些方法的使用,将在后面的章节进行详细讲解,在此有个大致印象即可。

表 6-2　HttpSession 类的常用方法

方法声明	功能描述
String getId()	用于返回与当前 HttpSession 对象关联的会话标识号
long getCreationTime()	返回 Session 创建的时间，这个时间是创建 Session 的时间与 1970 年 1 月 1 日 00:00:00 之间时间差的毫秒表示形式
long getLastAccessedTime()	返回客户端最后一次发送与 Session 相关请求的时间，这个时间是发送请求的时间与 1970 年 1 月 1 日 00:00:00 之间时间差的毫秒表示形式
void setMaxInactiveInterval(int interval)	用于设置当前 HttpSession 对象可空闲的以秒为单位的最长时间，也就是修改当前会话的默认超时间隔
boolean isNew()	判断当前 HttpSession 对象是否是新创建的
void invalidate()	用于强制使 Session 对象无效
ServletContext getServletContext()	用于返回当前 HttpSession 对象所属于的 Web 应用程序对象，即代表当前 Web 应用程序的 ServletContext 对象
void setAttribute(String name,Object value)	用于将一个对象与一个名称关联后存储到当前的 HttpSession 对象中
Object getAttribute(String name)	用于从当前 HttpSession 对象中返回指定名称的属性对象
void removeAttribute(String name)	用于从当前 HttpSession 对象中删除指定名称的属性

6.4.3　Session 超时管理

当客户端第一次访问某个能开启会话功能的资源时，Web 服务器就会创建一个与该客户端对应的 HttpSession 对象。在 HTTP 中，Web 服务器无法判断当前的客户端浏览器是否还会继续访问，也无法检测客户端浏览器是否关闭，所以，即使客户端已经离开或关闭了浏览器，Web 服务器还要保留与之对应的 HttpSession 对象。随着时间的推移，这些不再使用的 HttpSession 对象会在 Web 服务器中积累得越来越多，从而使 Web 服务器内存耗尽。

为了解决上面的问题，Web 服务器采用了"超时限制"的办法来判断客户端是否还在继续访问。在一定时间内，如果某个客户端一直没有请求访问，那么，Web 服务器就会认为该客户端已经结束请求，并且将与该客户端会话所对应的 HttpSession 对象变成垃圾对象，等待垃圾收集器将其从内存中彻底清除。反之，如果浏览器超时后，再次向服务器发出请求访问，那么，Web 服务器则会创建一个新的 HttpSession 对象，并为其分配一个新的 ID 属性。

在会话过程中，会话的有效时间可以在 web. xml 文件中设置，其默认值由 Servlet 容器定义。在＜tomcat 安装目录＞\conf\web. xml 文件中，可以找到如下一段配置信息：

```
<session-config>
    <session-timeout>30</session-timeout>
</session-config>
```

在上面的配置信息中，设置的时间值是以分钟为单位的，即 Tomcat 服务器的默认会话超时间隔为 30 分钟。如果将<session-timeout>元素中的时间值设置成 0 或一个负数，则表示会话永不超时。由于<tomcat 安装目录>\conf\web.xml 文件对站点内的所有 Web 应用程序都起作用，因此，如果想单独设置某个 Web 应用程序的会话超时间隔，则需要在自己应用的 web.xml 文件中进行设置。需要注意的是，要想使 Session 失效，除了可以等待会话时间超时外，还可以通过 invalidate()方法强制使会话失效。

6.5 Session 案例——实现购物车

6.5.1 需求分析

相信读者都有网上购物的经历，当用户选定某件商品时，只要选择“购买”，便可将商品添加到购物车中，购物车中包含用户所有要购买的商品。接下来，以购买图书为例，使用 Session 模拟实现购物车功能。

在使用 Session 实现购物车功能时，整个程序定义了 5 个类，具体如下。

(1) Book.java：该类用于封装图书的信息，其中定义了 id 和 name 属性，分别用来表示书的编号和名称。

(2) BookDB.java：该类用于模拟保存所有图书的数据库。该类在实现时，通过 Map 集合存储了 5 个不同的 Book 对象，提供了获取指定图书和所有图书的相关方法。

(3) ListBookServlet.java：该类用于显示所有可购买图书的列表，通过单击“购买”链接，便可将指定的图书添加到购物车中。

(4) PurchaseServlet.java：该类有两个功能，一个是将用户购买的图书信息保存到 Session 对象中，一个是在用户购买图书结束后，将页面重定向到用户已经购买的图书列表。该类在实现时，通过 ArrayList 集合模拟了一个购物车，然后将购买的所有图书添加到购物车中，最后通过 Session 对象传递给 CartServlet，由 CartServlet 展示用户已经购买的图书。

(5) CartServlet.java：该类用于展示用户已经购买的图书列表。该类在实现时，需要通过 getSession()获取到所有的 Session 对象，然后判断用户是否已经购买图书，如果已经购买过，则显示购买的图书列表，否则在页面显示友好的提示“对不起！您还没有购买任何商品”。

为了让读者可以更直观地了解购物车的访问流程，接下来通过一张图来描述，具体如图 6-6 所示。

图 6-6 描述的是购物车的实现流程，当用户使用浏览器访问某个网站的图书列表页面时，如果购买某一本书，那么首先会判断书籍是否存在；如果存在就加入购物车，跳转到购物车中所购买图书的列表页；否则，返回图书列表页面。

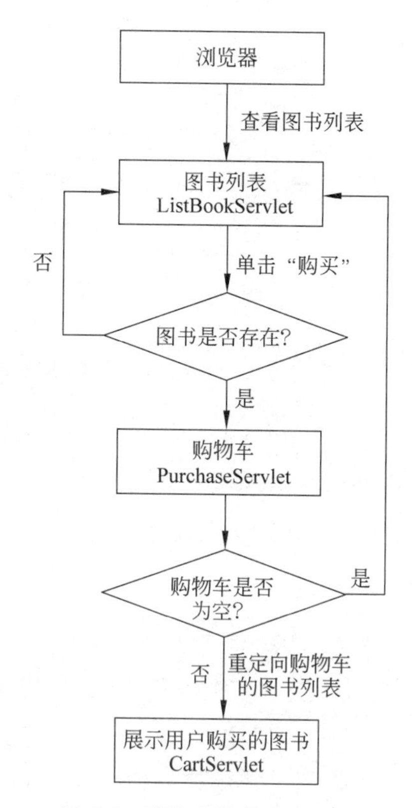

图 6-6 购物车的实现流程图

6.5.2 案例实现

购物车案例需求分析完毕后，接下来，分步骤实现购物车功能，具体如下。

(1) 在 Web 工程 chapter06 下新建 cn. itcast. chapter06. session. example01 包。

(2) 编写 Book 类。Book 类的实现代码如例 6-2 所示。

例 6-2 Book. java

```
1  package cn.itcast.chapter06.session.example01;
2  import java.io.Serializable;
3  public class Book implements Serializable {
4      private static final long serialVersionUID=1L;
5      private String id;
6      private String name;
7      public Book(){
8      }
9      public Book(String id, String name){
10         this.id=id;
11         this.name=name;
12     }
```

```
13      public String getId(){
14          return id;
15      }
16      public void setId(String id){
17          this.id=id;
18      }
19      public String getName(){
20          return name;
21      }
22      public void setName(String name){
23          this.name=name;
24      }
25 }
```

(3) 编写 BookDB,BookDB 类的实现代码如例 6-3 所示。

例 6-3 BookDB.java

```
1  package cn.itcast.chapter06.session.example01;
2  import java.util.Collection;
3  import java.util.LinkedHashMap;
4  import java.util.Map;
5  public class BookDB {
6      private static Map<String, Book>books=new LinkedHashMap<String, Book>();
7      static {
8          books.put("1", new Book("1", "javaweb开发"));
9          books.put("2", new Book("2", "jdbc开发"));
10         books.put("3", new Book("3", "java基础"));
11         books.put("4", new Book("4", "struts开发"));
12         books.put("5", new Book("5", "spring开发"));
13     }
14     //获得所有的图书
15     public static Collection<Book>getAll(){
16         return books.values();
17     }
18     //根据指定的id获得图书
19     public static Book getBook(String id){
20         return books.get(id);
21     }
22 }
```

(4) 编写 ListBookServlet 类。ListBookServlet 的实现代码如例 6-4 所示。

例 6-4 ListBookServlet.java

```
1  package cn.itcast.chapter06.session.example01;
```

```
2  import java.io.*;
3  import java.util.Collection;
4  import javax.servlet.ServletException;
5  import javax.servlet.http.*;
6  public class ListBookServlet extends HttpServlet {
7      private static final long serialVersionUID=1L;
8      public void doGet(HttpServletRequest req, HttpServletResponse resp)
9              throws ServletException, IOException {
10         resp.setContentType("text/html;charset=utf-8");
11         PrintWriter out=resp.getWriter();
12         Collection<Book>books=BookDB.getAll();
13         out.write("本站提供的图书有:<br>");
14         for(Book book : books){
15             String url="/chapter06/PurchaseServlet?id="+book.getId();
16             out.write(book.getName()+"<a href='"+url
17                     +"'>点击购买</a><br>");
18         }
19     }
20 }
```

(5) 编写 PurchaseServlet 类,PurchaseServlet 类的实现代码如例 6-5 所示。

例 6-5 PurchaseServlet.java

```
1  package cn.itcast.chapter06.session.example01;
2  import java.io.IOException;
3  import java.util.*;
4  import javax.servlet.ServletException;
5  import javax.servlet.http.*;
6  public class PurchaseServlet extends HttpServlet {
7      private static final long serialVersionUID=1L;
8      public void doGet(HttpServletRequest req, HttpServletResponse resp)
9              throws ServletException, IOException {
10         //获得用户购买的商品
11         String id=req.getParameter("id");
12         if(id==null){
13             //如果 id 为 null,重定向到 ListBookServlet 页面
14             String url="/chapter06/ListBookServlet";
15             resp.sendRedirect(url);
16             return;
17         }
18         Book book=BookDB.getBook(id);
19         //创建或者获得用户的 Session 对象
20         HttpSession session=req.getSession();
```

```
21          //从 Session 对象中获得用户的购物车
22          List<Book> cart= (List) session.getAttribute("cart");
23          if(cart==null){
24              //首次购买,为用户创建一个购物车(List 集合模拟购物车)
25              cart=new ArrayList<Book>();
26              //将购物车存入 Session 对象
27              session.setAttribute("cart", cart);
28          }
29          //将商品放入购物车
30          cart.add(book);
31          //创建 Cookie 存放 Session 的标识号
32          Cookie cookie=new Cookie("JSESSIONID", session.getId());
33          cookie.setMaxAge(60 * 30);
34          cookie.setPath("/chapter06");
35          resp.addCookie(cookie);
36          //重定向到购物车页面
37          String url="/chapter06/CartServlet";
38          resp.sendRedirect(url);
39      }
40 }
```

(6) 编写 CartServlet 类。CartServlet 类的实现代码如例 6-6 所示。

例 6-6 CartServlet. java

```
1  package cn.itcast.chapter06.session.example01;
2  import java.io.*;
3  import java.util.List;
4  import javax.servlet.ServletException;
5  import javax.servlet.http.*;
6  public class CartServlet extends HttpServlet {
7      public void doGet(HttpServletRequest req, HttpServletResponse resp)
8              throws ServletException, IOException {
9          resp.setContentType("text/html;charset=utf-8");
10         PrintWriter out=resp.getWriter();
11         //变量 cart 引用用户的购物车
12         List<Book> cart=null;
13         //变量 purFlag 标记用户是否买过商品
14         boolean purFlag=true;
15         //获得用户的 session
16         HttpSession session=req.getSession(false);
17         //如果 session 为 null,purFlag 置为 false
18         if(session==null){
19             purFlag=false;
```

```
20          } else {
21              //获得用户购物车
22              cart= (List)session.getAttribute("cart");
23              //如果用的购物车为 null,purFlag 置为 false
24              if(cart==null){
25                  purFlag=false;
26              }
27          }
28          /*
29           * 如果 purFlag 为 false,表明用户没有购买图书 重定向到 ListServlet 页面
30           */
31          if(!purFlag){
32              out.write("对不起!您还没有购买任何商品!<br>");
33          } else {
34              //否则显示用户购买图书的信息
35              out.write("您购买的图书有:<br>");
36              double price=0;
37              for(Book book : cart){
38                  out.write(book.getName()+"<br>");
39              }
40          }
41      }
42 }
```

(7) 启动 Tomcat 服务器,在浏览器中输入 URL 地址 http://localhost:8080/chapter06/ListBookServlet 访问 ListBookServlet,浏览器显示的结果如图 6-7 所示。

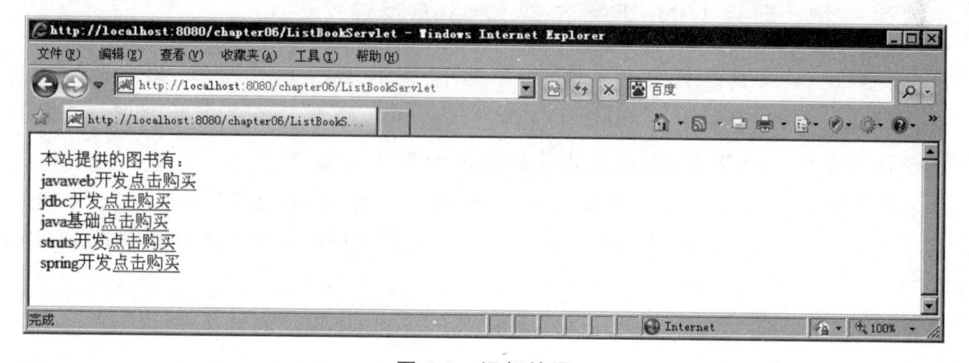

图 6-7　运行结果

(8) 在图 6-7 中单击"javaweb 开发"后的"点击购买"链接,浏览器显示的结果如图 6-8 所示。

(9) 再次访问 ListBookServlet,单击"jdbc 开发"后的"点击购买"链接,浏览器显示的结果如图 6-9 所示。

至此,使用 Session 实现购物车的程序就完成了。需要注意的是,为了保存 Session

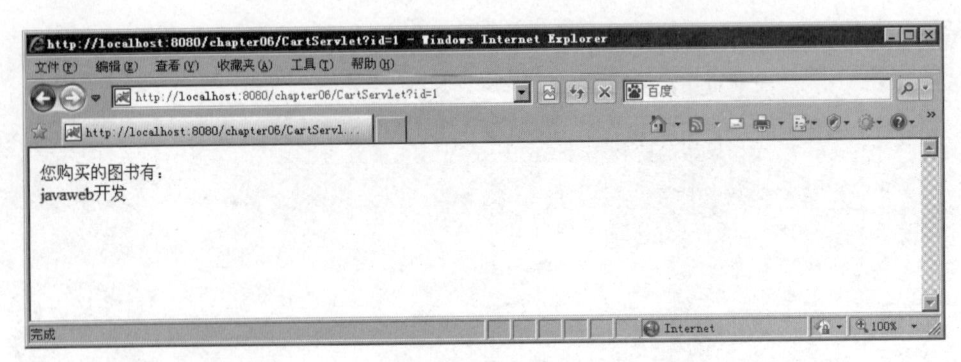

图 6-8　运行结果

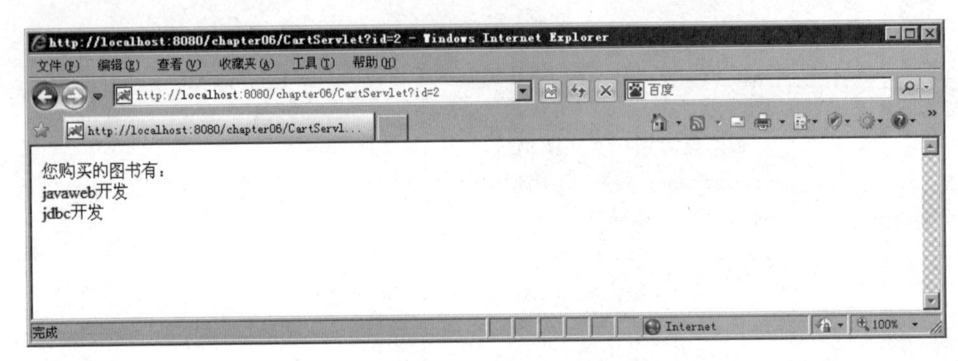

图 6-9　运行结果

的 ID 属性，需要创建一个 Cookie 对象，并设置 Cookie 的有效时间。这样做的好处是，在一定时间内，即使用户关闭了浏览器，重新打开浏览器访问这个页面时，服务器也能找到之前为用户创建的 Session 对象。

多学一招：利用 URL 重写实现 Session 跟踪

前面提到过，服务器在传递 Session 对象的 ID 属性时，是以 Cookie 的形式传递给浏览器的。但是，如果浏览器的 Cookie 功能被禁止，那么服务器端是无法通过 Session 保存用户会话信息的。接下来，以 6.5.2 节的程序为例进行验证。

(1) 禁用浏览器的 Cookie。在浏览器的空白页面右击，选择"属性"选项，在打开的对话框中选择"隐私"选项卡，将"设置"选项中的 Cookie 权限改为"阻止所有 Cookie"，如图 6-10 所示。

单击图 6-10 中的"确定"按钮，此时，浏览器所有的 Cookie 都被禁用了。

(2) 刷新或者重新访问地址 http://localhost:8080/chapter06/CartServlet，这时，发现浏览器显示的结果如图 6-11 所示。

从图 6-11 中可以看出，之前所购买的图书都消失了。之所以出现这种情况，是因为浏览器禁用 Cookie 功能后，服务器无法获取到 Session 对象的 ID 属性，即无法获取到保存用户信息的 Session 对象。此时，Web 服务器会将这次会话当成新的会话，从而显示"对不起！您还没有购买任何商品！"。

考虑到浏览器可能不支持 Cookie 的情况，Servlet 规范中还引入了 URL 重写机制来

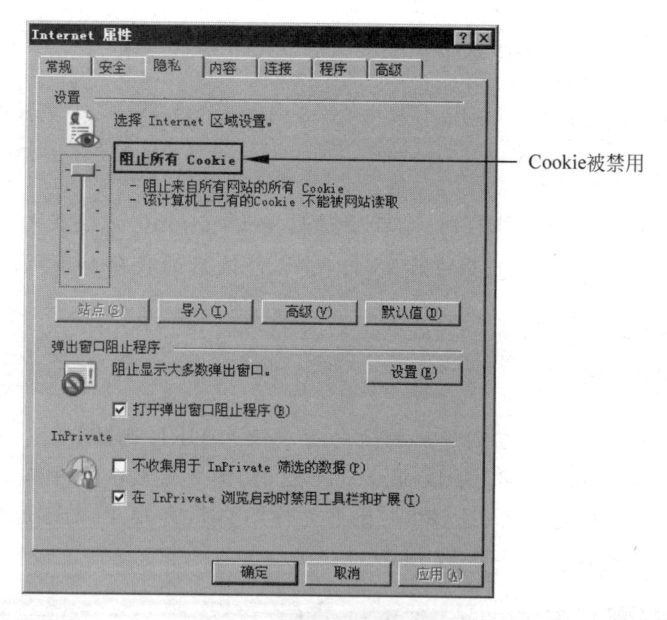

图 6-10　禁用浏览器的 Cookie

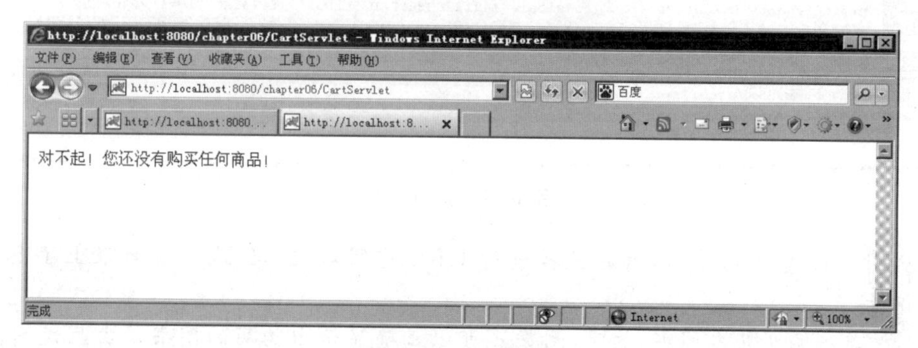

图 6-11　运行结果

保存用户的会话信息。所谓 URL 重写，指的是将 Session 的会话标识号以参数的形式附加在超链接的 URL 地址后面。对于 Tomcat 服务器来说，就是将 JSessionID 关键字作为参数名、会话标识号的值作为参数值附加到 URL 地址后面。当浏览器不支持 Cookie 或者关闭了 Cookie 功能，这时，在会话过程中，如果想让 Web 服务器可以保存用户的信息，必须对所有可能被客户端访问的请求路径进行 URL 重写。在 HttpServletResponse 接口中，定义了两个用于完成 URL 重写的方法，具体如下。

① encodeURL(String url)：用于对超链接和 form 表单的 action 属性中设置的 URL 进行重写。

② encodeRedirectURL(String url)：用于对要传递给 HttpServletResponse.sendRedirect 方法的 URL 进行重写。

接下来，以 6.5.2 节的程序为例，分步骤讲解如何重写 URL。

(1) 对 ListBookServlet 类的第 15～17 行代码进行修改，将请求访问的路径改为 URL 重写，修改后的代码如下所示：

```
String url="/chapter06/CartServlet?id="+book.getId();
HttpSession s=req.getSession();
String newUrl=resp.encodeRedirectURL(url);
out.write(book.getName()+"<a href='"+newUrl+"'>点击购买</a><br>");
```

需要注意的是，在重写 URL 时，前面要通过 getSession()方法获取到 Session 对象。

(2) 修改 PurchaseServlet 类的第 38 行代码，修改后的代码如下所示：

```
String newurl=resp.encodeRedirectURL(url);
resp.sendRedirect(newurl);
```

(3) 重启 Tomcat 服务，在浏览器的地址栏中输入 URL 地址 http://localhost:8080/chapter06/ListBookServlet 访问 ListBookServlet，这时，浏览器显示的内容如图 6-7 所示。在图 6-7 显示的浏览器界面右击，选择“查看源文件”选项，发现 ListBookServlet 页面的源文件中包含的超链接内容如图 6-12 所示。

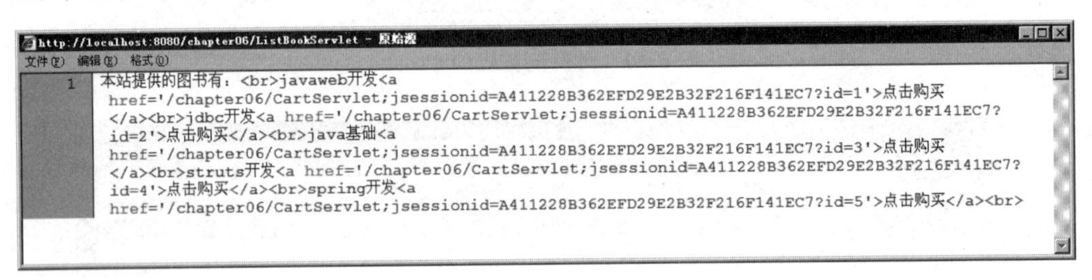

图 6-12 运行结果

从图 6-12 中可以看出，对超链接进行 URL 重写后，URL 地址后面跟上了 Session 的标识号。

(4) 单击购买几本图书，这时，浏览器可以正确显示出购买的图书。由此说明，重写 URL 同样可以实现用 Session 对用户信息的保存。

需要注意的是，无论浏览器是否支持 Cookie，当用户第一次访问程序时，由于服务器不知道用户的浏览器是否支持 Cookie，在第一次响应的页面中都会对 URL 地址进行重写，如果用户浏览器支持 Cookie，那么在后续访问中都会使用 Cookie 的请求头字段将 Session 标识号传递给服务器。由此，服务器判断出该浏览器支持 Cookie，以后不再对 URL 进行重写。如果浏览器的头信息中不包含 Cookie 请求头字段，那么在后续的每个响应中都需对 URL 进行重写。另外，为了避免其他网站的某些功能无法正常使用，通常情况下，需要启用 Cookie 的功能。

6.6 Session 案例——实现用户登录

6.6.1 需求分析

在 Web 应用开发中，经常需要实现用户登录的功能。接下来通过一个案例来实现用户登录的功能。首先进行需求分析。

假设有一个用户名为"itcast"的用户，当该用户进入网站首页时，如果还未登录，则可以通过单击"登录"按钮，进入登录界面。在用户登录时，如果用户名和密码都正确，则登录成功，否则提示登录失败。登录成功后，还可以单击"退出"按钮，回到首页，显示用户未登录时的界面。

为了实现上述需求，整个程序定义了一个 HTML 文件和三个 Servlet，具体如下。

(1) Login.html：用于显示用户登录的界面。在该文件的 form 表单中，有两个文本输入框，分别用于填写用户名和密码，还有一个"提交"按钮。

(2) IndexServlet.java：该文件用于显示网站的首界面。如果用户没有登录，那么首界面需要提示用户登录，否则，显示用户已经登录的信息。为了判断用户是否登录，该类在实现时，需要获取保存用户信息的 Session 对象。

(3) LoginServlet.java：该文件用于显示用户登录成功后的界面。如果用户登录成功，则跳转到网站首界面；否则，在页面进行友好提示"用户名或密码错误，登录失败"。

(4) LogoutServlet.java：用于完成用户注销功能。当用户单击"退出"按钮时，该类需要将 Session 对象中的用户信息移除，并跳转到网站的首界面。

为了让读者可以更直观地了解用户登录的流程，接下来通过一张图来描述，具体如图 6-13 所示。

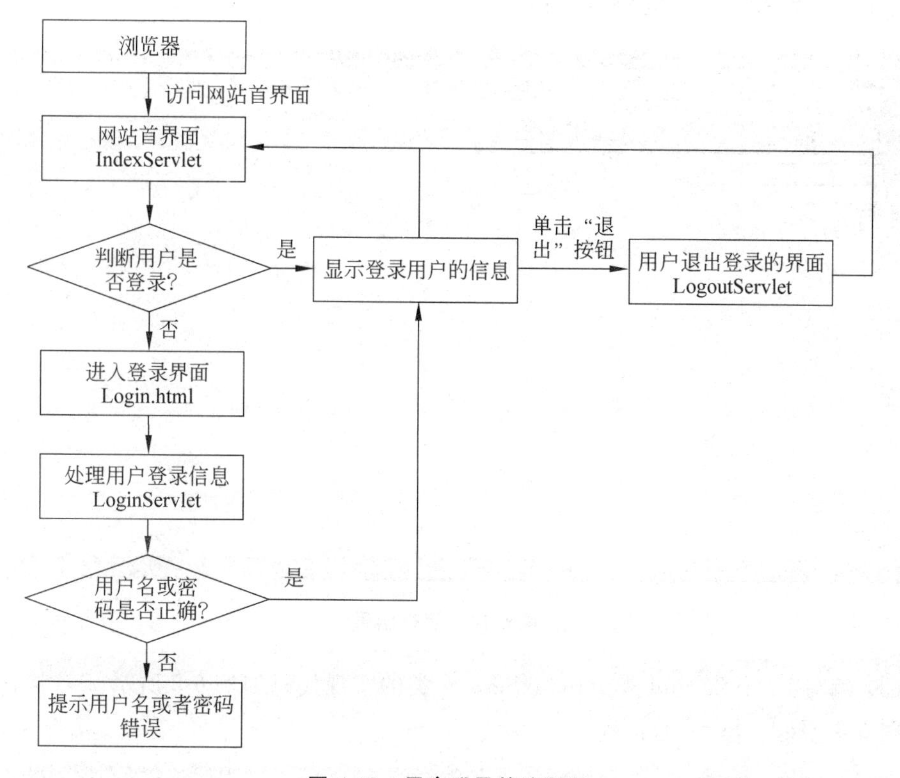

图 6-13 用户登录的流程图

图 6-13 描述了用户登录的整个流程，当用户访问某个网站的首界面时，首先会判断用户是否登录，如果已经登录，则在首界面中显示用户登录信息，否则进入登录页面，完成用户登录功能，然后显示用户登录信息。在用户登录的情况下，如果单击用户登录界面中的“退出”按钮时，就会注销当前用户的信息，返回首界面。

6.6.2 案例实现

用户登录案例需求分析完毕后，接下来，针对上述需求，分步骤实现用户登录的功能，具体如下。

(1) 在 Web 工程 chapter06 下新建 cn. itcast. chapter06. session. example02 包。

(2) 编写用户登录的 HTML 表单文件 Login. html，如例 6-7 所示。

例 6-7 Login. html

```
<form name="reg" action="/chapter06/LoginServlet" method="post">
    用户名:<input name="username" type="text" /><br/>
    密码: <input name="password" type="password" /><br/>
          <input type="submit" value="提交" id="bt" />
</form>
```

在浏览器的地址栏中输入地址 http://localhost:8080/chapter06/Login. html 访问 Login. html，浏览器显示的结果如图 6-14 所示。

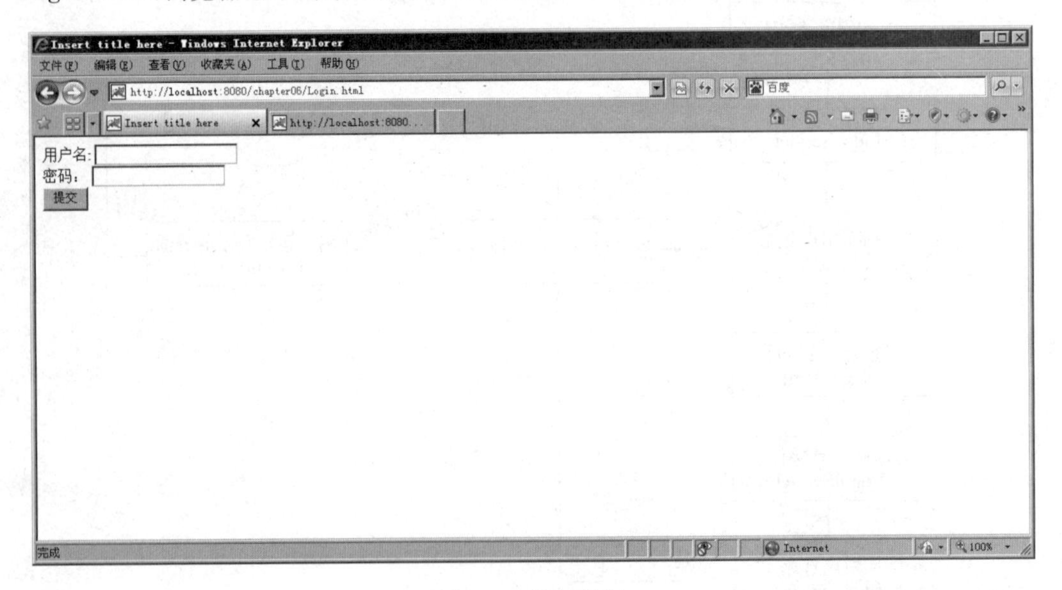

图 6-14 运行结果

(3) 编写 IndexServlet 类。IndexServlet 类的实现代码如例 6-8 所示。

例 6-8 IndexServlet. java

```
1  package cn.itcast.chapter06.session.example02;
```

```
2  import java.io.IOException;
3  import javax.servlet.ServletException;
4  import javax.servlet.http.*;
5  public class IndexServlet extends HttpServlet {
6      public void doGet(HttpServletRequest request, HttpServletResponse response)
7              throws ServletException, IOException {
8            //解决乱码问题
9          response.setContentType("text/html;charset=utf-8");
10         //创建或者获取保存用户信息的Session对象
11         HttpSession session=request.getSession();
12         User user=(User)session.getAttribute("user");
13         if(user==null){
14             response.getWriter().print(
15                     "您还没有登录,请<a href='/chapter06/Login.html'>登录</a>");
16         } else {
17             response.getWriter().print
18                     ("您已登录,欢迎你,"+user.getUsername()+"!");
19             response.getWriter().print(
20                     "<a href='/chapter06/LogoutServlet'>退出</a>");
21             //创建Cookie存放Session的标识号
22             Cookie cookie=new Cookie("JSESSIONID", session.getId());
23             cookie.setMaxAge(60 * 30);
24             cookie.setPath("/chapter06");
25             response.addCookie(cookie);
26         }
27     }
28     public void doPost(HttpServletRequest request, HttpServletResponse response)
29             throws ServletException, IOException {
30         doGet(request, response);
31     }
32 }
```

(4) 编写User.java,User类的实现代码如例6-9所示。

例6-9 User.java

```
1  package cn.itcast.chapter06.session.example02;
2  public class User {
3      private String username;
4      private String password;
5      public String getUsername(){
6          return username;
7      }
8      public void setUsername(String username){
```

```
9           this.username=username;
10      }
11      public String getPassword(){
12          return password;
13      }
14      public void setPassword(String password){
15          this.password=password;
16      }
17  }
```

(5) 编写 LoginServlet，LoginServlet 类的实现代码如例 6-10 所示。

例 6-10　LoginServlet. java

```
1  package cn.itcast.chapter06.session.example02;
2  import java.io.*;
3  import javax.servlet.ServletException;
4  import javax.servlet.http.*;
5  public class LoginServlet extends HttpServlet {
6      public void doGet(HttpServletRequest request, HttpServletResponse response)
7              throws ServletException, IOException {
8          response.setContentType("text/html;charset=utf-8");
9          String username=request.getParameter("username");
10         String password=request.getParameter("password");
11         PrintWriter pw=response.getWriter();
12         //假设正确的用户名是 itcast 密码是 123
13         if(("itcast").equals(username)&&("123").equals(password)){
14             User user=new User();
15             user.setUsername(username);
16             user.setPassword(password);
17             request.getSession().setAttribute("user", user);
18             response.sendRedirect("/chapter06/IndexServlet");
19         } else {
20             pw.write("用户名或密码错误,登录失败");
21         }
22     }
23     public void doPost(HttpServletRequest request, HttpServletResponse response)
24             throws ServletException, IOException {
25         doGet(request, response);
26     }
27 }
```

(6) 编写 LogoutServlet 类，LogoutServlet 类的实现代码如例 6-11 所示。

例 6-11　LogoutServlet. java

```
1  package cn.itcast.chapter06.session.example02;
2  import java.io.IOException;
```

```
3  import javax.servlet.ServletException;
4  import javax.servlet.http.*;
5  public class LogoutServlet extends HttpServlet {
6      public void doGet(HttpServletRequest request, HttpServletResponse response)
7              throws ServletException, IOException {
8          //将 Session 对象中的 User 对象移除
9          request.getSession().removeAttribute("user");
10         response.sendRedirect("/chapter06/IndexServlet");
11     }
12     public void doPost(HttpServletRequest request, HttpServletResponse response)
13             throws ServletException, IOException {
14         doGet(request, response);
15     }
16 }
```

(7) 重启 Tomcat 服务器，在浏览器的地址栏中输入 URL 地址 http://localhost:8080/chapter06/IndexServlet 访问 IndexServlet，浏览器显示的结果如图 6-15 所示。

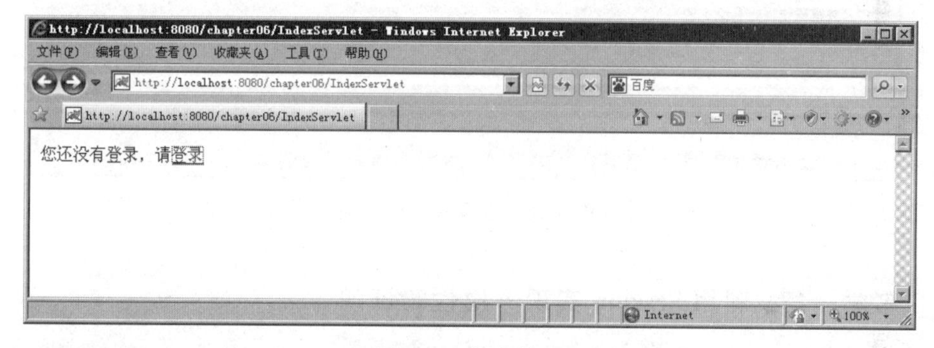

图 6-15 运行结果

(8) 单击“登录”，进入登录页面，输入用户名“itcast”、密码“123”，如图 6-16 所示。

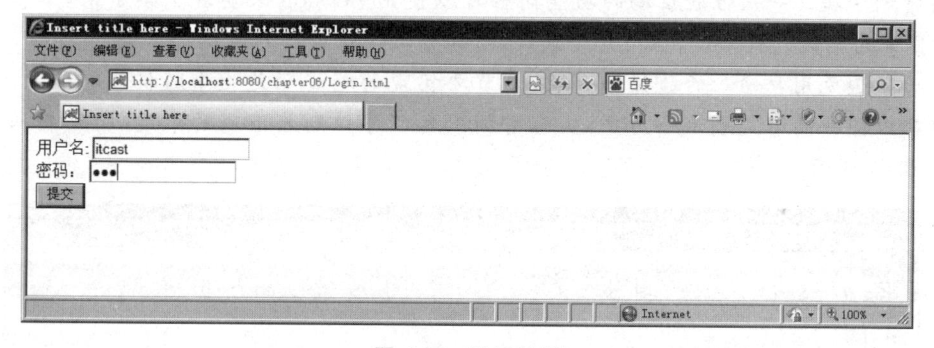

图 6-16 登录界面

单击图 6-16 中的“提交”按钮，浏览器显示的结果如图 6-17 所示。

从图 6-17 中可以看出，用户登录成功，提示信息为“您已登录，欢迎你，itcast!”。如果用户想退出登录，可以单击“退出”，此时，浏览器显示的结果如图 6-15 所示。但是，如

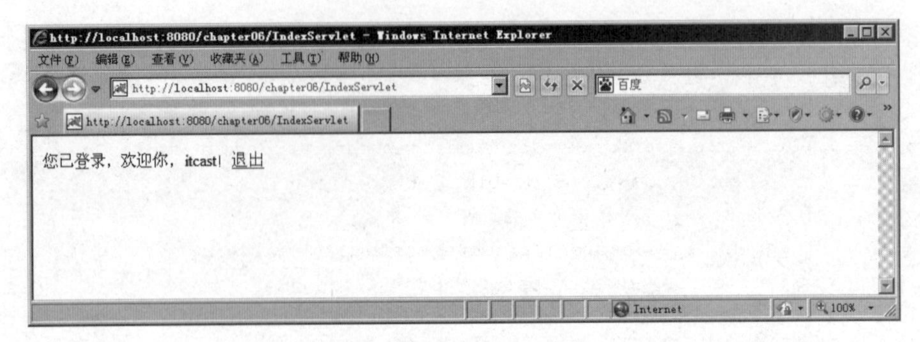

图 6-17　登录成功的界面

果用户输入的用户名或者密码错误，那么，当单击“提交”按钮时，登录会失败，浏览器显示的效果如图 6-18 所示。

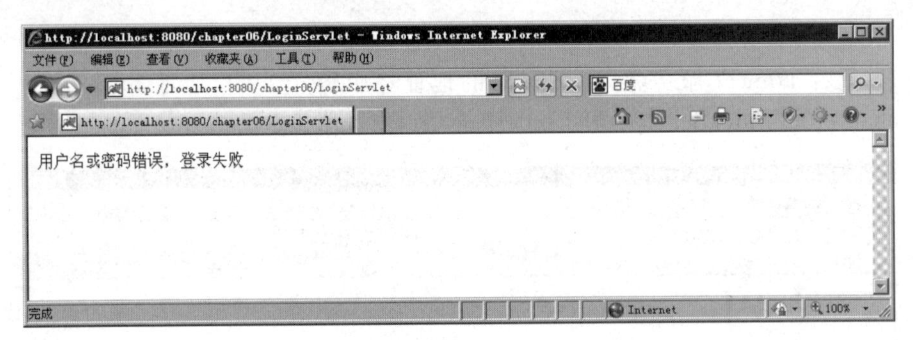

图 6-18　登录失败的界面

 多学一招：利用 Session 实现一次性验证码

在 6.6.2 节中，使用 Session 实现了用户登录的功能。但在实际开发中，为了保证用户信息的安全，都会在网站登录的界面中添加一次性验证码，从而限制人们使用软件来暴力猜测密码。一次性验证码的功能同样可以使用 Session 来实现。接下来，本节将对 6.6.2 节的案例进行修改，在用户登录时，增加一次性验证码的实现。

为了避免用户输入的验证码太长，本节要实现的验证码是 4 个随机字符。同时，将验证码以图片的形式展示给用户，从而增加工具程序识别验证码的难度，验证码的效果如图 6-19 所示。

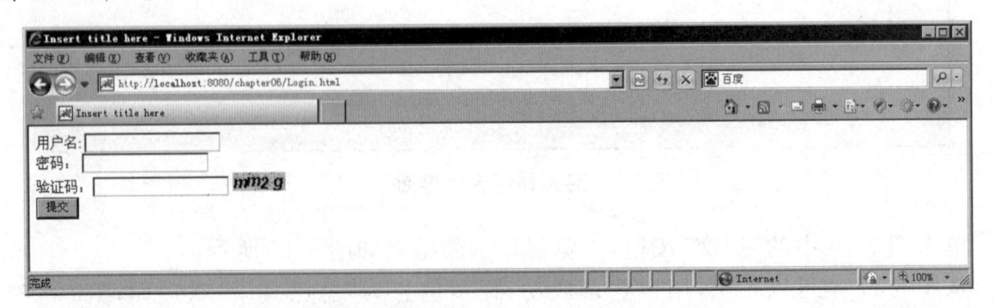

图 6-19　带有验证码的登录页面

接下来，按照上述需求对6.6.2节的案例进行改写，分步骤实现一次性验证码，具体如下。

(1) 修改表单页面Login.html，增加验证码的输入框和验证码图片，其中验证码的图片来自CheckServlet类，修改后的代码如例6-12所示。

例6-12 Login.html

```
<form name="reg" action="/chapter06/LoginServlet" method="post">
    用户名:<input name="username" type="text" /><br />
    密码:<input name="password" type="password" /><br />
    验证码:<input type="text" name="check_code">
            <img src="/chapter06/CheckServlet"><br>
    <input type="submit" value="提交" id="bt" />
</form>
```

(2) 编写CheckServlet类，该类用于产生验证码图片，CheckServlet类的实现代码如例6-13所示。

例6-13 CheckServlet.java

```
1  package cn.itcast.chapter06.session.example02;
2  import java.io.*;
3  import javax.servlet.*;
4  import javax.servlet.http.*;
5  import java.awt.*;
6  import java.awt.image.*;
7  import javax.imageio.ImageIO;
8  public class CheckServlet extends HttpServlet
9  {
10     private static int WIDTH=60;                    //验证码图片宽度
11     private static int HEIGHT=20;                   //验证码图片高度
12     public void doGet(HttpServletRequest request,HttpServletResponse response)
13             throws ServletException,IOException
14     {
15         HttpSession session=request.getSession();
16         response.setContentType("image/jpeg");
17         ServletOutputStream sos=response.getOutputStream();
18         //设置浏览器不要缓存此图片
19         response.setHeader("Pragma","No-cache");
20         response.setHeader("Cache-Control","no-cache");
21         response.setDateHeader("Expires", 0);
22         //创建内存图像并获得其图形上下文
23         BufferedImage image=
24             new BufferedImage(WIDTH, HEIGHT, BufferedImage.TYPE_INT_RGB);
25         Graphics g=image.getGraphics();
```

```
26         //产生随机的认证码
27         char [] rands=generateCheckCode();
28         //产生图像
29         drawBackground(g);
30         drawRands(g,rands);
31         //结束图像的绘制过程,完成图像
32         g.dispose();
33         //将图像输出到客户端
34         ByteArrayOutputStream bos=new ByteArrayOutputStream();
35         ImageIO.write(image, "JPEG", bos);
36         byte [] buf=bos.toByteArray();
37         response.setContentLength(buf.length);
38         //下面的语句也可写成:bos.writeTo(sos);
39         sos.write(buf);
40         bos.close();
41         sos.close();
42         //将当前验证码存入到 Session 中
43         session.setAttribute("check_code",new String(rands));
44         //直接使用下面的代码将有问题,Session 对象必须在提交响应前获得
45         //request.getSession().setAttribute("check_code",new String(rands));
46     }
47       //生成一个 4 字符的验证码
48     private char [] generateCheckCode()
49     {
50         //定义验证码的字符表
51         String chars="0123456789abcdefghijklmnopqrstuvwxyz";
52         char [] rands=new char[4];
53         for(int i=0; i<4; i++)
54         {
55             int rand=(int)(Math.random() * 36);
56             rands[i]=chars.charAt(rand);
57         }
58         return rands;
59     }
60     private void drawRands(Graphics g , char [] rands)
61     {
62         g.setColor(Color.BLACK);
63         g.setFont(new Font(null,Font.ITALIC|Font.BOLD,18));
64         //在不同的高度上输出验证码的每个字符
65         g.drawString(""+rands[0],1,17);
66         g.drawString(""+rands[1],16,15);
67         g.drawString(""+rands[2],31,18);
68         g.drawString(""+rands[3],46,16);
69         System.out.println(rands);
70     }
```

```
71      private void drawBackground(Graphics g)
72      {
73          //画背景
74          g.setColor(new Color(0xDCDCDC));
75          g.fillRect(0, 0, WIDTH, HEIGHT);
76          //随机产生 120 个干扰点
77          for(int i=0; i<120; i++)
78          {
79              int x=(int)(Math.random() * WIDTH);
80              int y=(int)(Math.random() * HEIGHT);
81              int red=(int)(Math.random() * 255);
82              int green=(int)(Math.random() * 255);
83              int blue=(int)(Math.random() * 255);
84              g.setColor(new Color(red,green,blue));
85              g.drawOval(x,y,1,0);
86          }
87      }
88  }
```

(3) 对 LoginServlet 类进行修改，增加对验证码的判断，修改后的代码如例 6-14 所示。

例 6-14 LoginServlet.java

```
1  package cn.itcast.chapter06.session.example02;
2  import java.io.IOException;
3  import java.io.PrintWriter;
4  import javax.servlet.*;
5  import javax.servlet.http.*;
6  public class LoginServlet extends HttpServlet {
7      public void doGet(HttpServletRequest request, HttpServletResponse response)
8              throws ServletException, IOException {
9          response.setContentType("text/html;charset=utf-8");
10         String username=request.getParameter("username");
11         String password=request.getParameter("password");
12         String checkCode=request.getParameter("check_code");
13         String savedCode=(String)request.getSession().getAttribute(
14                 "check_code");
15         PrintWriter pw=response.getWriter();
16         if(("itcast").equals(username)&&("123").equals(password)
17                 &&checkCode.equals(savedCode)){
18             User user=new User();
19             user.setUsername(username);
20             user.setPassword(password);
21             request.getSession().setAttribute("user", user);
22             response.sendRedirect("/chapter06/IndexServlet");
```

```
23          } else if(checkCode.equals(savedCode)){
24              pw.write("用户名或密码错误,登录失败");
25          } else {
26              pw.write("验证码错误");
27          }
28      }
29      public void doPost(HttpServletRequest request, HttpServletResponse response)
30              throws ServletException, IOException {
31          doGet(request, response);
32      }
33 }
```

(4) 重启 Tomcat 服务器,在浏览器中通过地址 http://localhost:8080/chapter06/Login.html 访问 Login.html,浏览器显示出如图 6-20 所示的界面,然后,就可以对验证码的功能进行测试了。

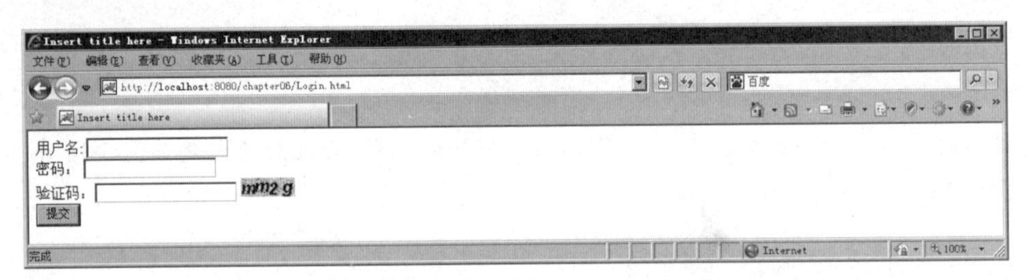

图 6-20 Login.html

小　　结

本章主要讲解了 Cookie 对象和 Session 对象,其中 Cookie 是早期的会话跟踪技术,它将信息保存到客户端的浏览器中。浏览器访问网站时会携带这些 Cookie 信息,达到鉴别身份的目的。Session 是通过 Cookie 技术实现的,依赖于名为 JSessionID 的 Cookie,它将信息保存在服务器端。Session 中能够存储复杂的 Java 对象,因此使用更加方便。如果客户端不支持 Cookie,或者禁用了 Cookie,仍然可以通过使用 URL 重写来使用 Session。

测　一　测

1. 请使用 Cookie 技术实现显示用户上次访问时间的功能。
2. 请设计一个类,使用 Session 技术实现购物车功能。

第7章 chapter 7

JSP 技 术

学习目标

- 掌握JSP的基本语法。
- 掌握JSP中的page和include指令。
- 熟悉JSP隐式对象的使用。
- 掌握JSP标签的使用。

思政案例

在动态网页开发中,经常需要动态生成HTML内容,例如,一篇新闻报道的浏览次数需要动态生成。这时,如果使用Servlet来实现HTML页面数据的改变,需要调用大量的输出语句,从而使静态内容和动态内容混合在一起,导致程序非常臃肿。为了克服Servlet的这些缺点,Oracle(Sun)公司推出了JSP技术。接下来,本章将围绕JSP技术进行详细的讲解。

7.1 JSP概述

7.1.1 什么是JSP

JSP全名是Java Server Page,它是建立在Servlet规范之上的动态网页开发技术。在JSP文件中,HTML代码与Java代码共同存在,其中,HTML代码用来实现网页中静态内容的显示,Java代码用来实现网页中动态内容的显示。为了与普通HTML有所区别,JSP文件的扩展名为.jsp。接下来,在Eclipse中新建一个Web工程chapter07,然后在该工程的WebRoot目录下创建一个JSP文件simple.jsp,如例7-1所示。

例7-1 simple.jsp

```
1  <%@page language="java" contentType="text/html; charset=UTF-8"%>
2  <html>
3  <title>Insert title here</title>
4  <body>
5      当前访问时间是:
6      <%
```

```
7        out.print(new java.util.Date().toLocaleString());
8  %>
9  </body>
10 </html>
```

从例 7-1 中可以看出,JSP 文件包括 HTML 代码和 Java 代码,其中,Java 代码必须包含在"<%"和"%>"之间。

启动 Tomcat 服务器,在浏览器中输入 URL 地址 http://localhost:8080/chapter07/simple.jsp 访问 simple.jsp 页面,浏览器显示的结果如图 7-1 所示。

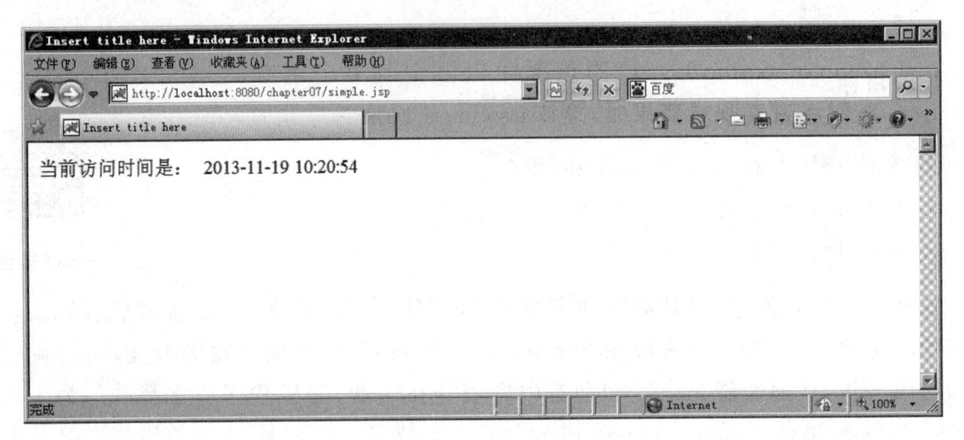

图 7-1 运行结果

从图 7-1 可以看出,simple.jsp 页面显示出了当前的访问时间。再次刷新浏览器,浏览器显示的内容如图 7-2 所示。

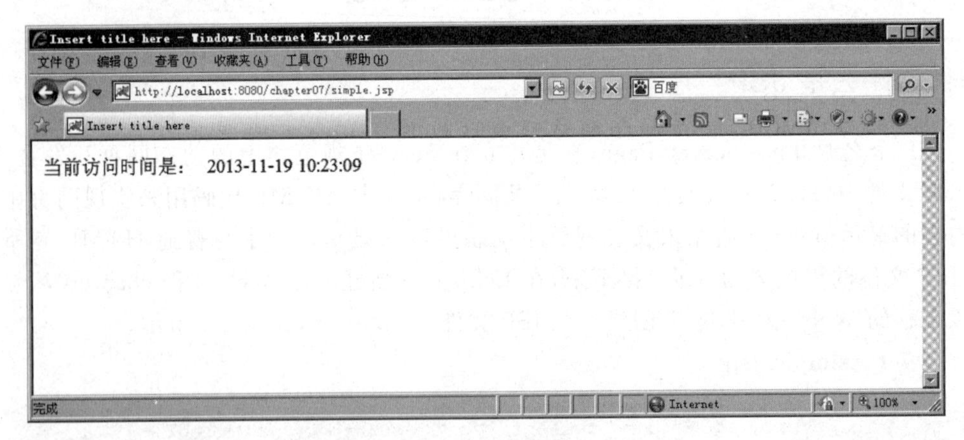

图 7-2 运行结果

从图 7-2 中可以看出,simple.jsp 页面显示的访问时间发生了变化。由此可见,JSP 技术可以实现网页中动态内容的显示。

每次在浏览器中查看 simple.jsp 的源文件时,发现其内容却都不一样,这是因为 simple.jsp 是一个动态网页,它的动态效果实际上是由服务器程序实现的。如果是一个静态网页，那么每次查看源代码时，看到的内容都是相同的，这就是动态网页和静态网页的区别。

7.1.2 JSP运行原理

当用户通过URL访问Servlet时，Web服务器会根据请求的URL地址在web.xml配置文件中查找匹配的<servlet-mapping>，然后将请求交给<servlet-mapping>指定的Servlet程序去处理。但是，在例7-1所在的Web工程中，虽然没有在web.xml文件中找到与JSP相关的配置，但Web服务器仍然可以根据URL找到对应的JSP文件。这是因为在Tomcat服务器的web.xml(D:\apache-tomcat-7.0.27\conf\web.xml)文件中实现了JSP的相关配置，具体如下：

```
<servlet>
        <servlet-name>jsp</servlet-name>
        <servlet-class>org.apache.jasper.servlet.JspServlet</servlet-class>
</servlet>
<servlet-mapping>
        <servlet-name>jsp</servlet-name>
        <url-pattern> * .jsp</url-pattern>
        <url-pattern> * .jspx</url-pattern>
</servlet-mapping>
```

从上面的配置信息可以看出，以.jsp为扩展名的URL访问请求都是由org.apache.jasper.servlet.JspServlet处理，所以，Tomcat中的JSP引擎就是这个Servlet程序，该Servlet程序实现了对所有JSP页面的解析。

需要注意的是，JSP文件也可以像Servlet程序一样，在web.xml文件中进行注册和映射虚拟路径。注册JSP页面的方式与Servlet类似，只需将<servlet-class>元素修改为<jsp-file>元素即可。例如，要映射simple.jsp的虚拟访问路径，需要在web.xml配置文件中配置如下信息：

```
<servlet>
    <servlet-name>SimpleJspServlet</servlet-name>
    <jsp-file>/simple.jsp</jsp-file>
</servlet>
<servlet-mapping>
    <servlet-name>SimpleJspServlet</servlet-name>
    <url-pattern>/itcast</url-pattern>
</servlet-mapping>
```

其中，<jsp-file>元素表示JSP文件，它表示的路径必须以"/"开头，这个"/"表示JSP文件所在的Web应用程序的根目录。重新启动Tomcat，在浏览器地址栏中输入http://localhost:8080/chapter07/itcast同样能访问到simple.jsp文件，如图7-3所示。

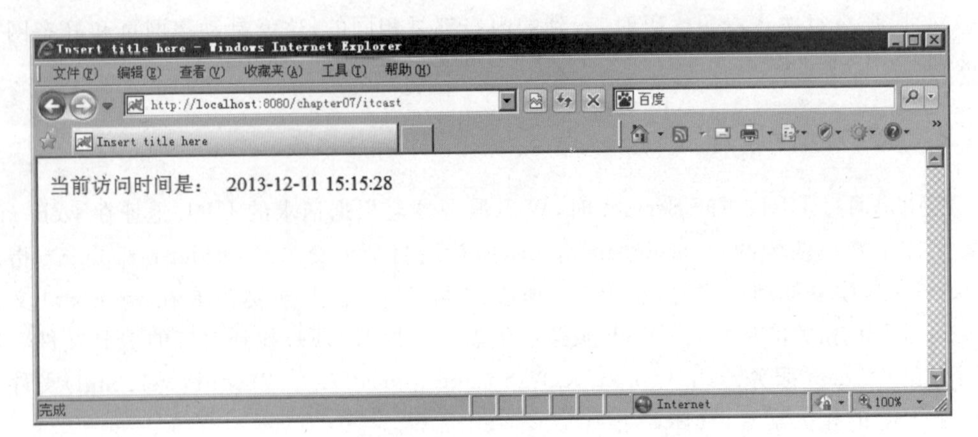

图 7-3 运行结果

7.1.3 分析 JSP 所生成的 Servlet 代码

当用户第一次访问 JSP 页面时，该页面都会被 JspServlet 翻译成一个 Servlet 源文件，然后将源文件编译为. class 文件。Servlet 源文件和. class 文件都放在"Tomcat 安装目录/work/Catalina/localhost/应用名/"目录下。由 JSP 文件翻译成的 Servlet 类带有包名，包名为 org. apache. jsp，因此 simple. jsp 生成的 Servlet 源文件和. class 文件的目录结构如图 7-4 所示。

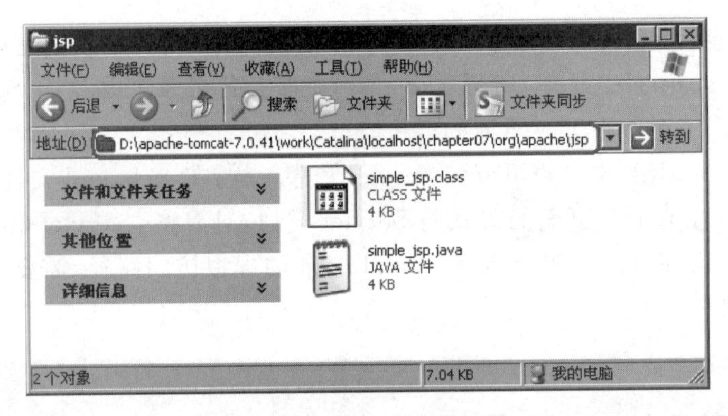

图 7-4 JSP 文件翻译页面

从图 7-4 可以看出，simple. jsp 文件被翻译成的 class 文件和 Servlet 源文件分别是 simple_jsp. class 和 simple_jsp. java。打开 simple_jsp. java 文件，查看翻译后的 Servlet 源代码，如下所示。

```
1  package org.apache.jsp;
2  import javax.servlet.*;
3  import javax.servlet.http.*;
4  import javax.servlet.jsp.*;
```

```
5  public final class simple_jsp extends org.apache.jasper.runtime.HttpJspBase
6          implements org.apache.jasper.runtime.JspSourceDependent {
7      private static final javax.servlet.jsp.JspFactory _jspxFactory=
8              javax.servlet.jsp.JspFactory.getDefaultFactory();
9      private static java.util.Map
10             <java.lang.String, java.lang.Long>_jspx_dependants;
11     private javax.el.ExpressionFactory _el_expressionfactory;
12     private org.apache.tomcat.InstanceManager _jsp_instancemanager;
13     public java.util.Map<java.lang.String, java.lang.Long>getDependants(){
14         return _jspx_dependants;
15     }
16     public void _jspInit(){
17         _el_expressionfactory=_jspxFactory.getJspApplicationContext(
18                 getServletConfig().getServletContext()).getExpressionFactory();
19         _jsp_instancemanager=
20                 org.apache.jasper.runtime.InstanceManagerFactory
21                 .getInstanceManager(getServletConfig());
22     }
23     public void _jspDestroy(){
24     }
25     public void _jspService(
26             final javax.servlet.http.HttpServletRequest request,
27             final javax.servlet.http.HttpServletResponse response)
28             throws java.io.IOException, javax.servlet.ServletException {
29         final javax.servlet.jsp.PageContext pageContext;
30         javax.servlet.http.HttpSession session=null;
31         final javax.servlet.ServletContext application;
32         final javax.servlet.ServletConfig config;
33         javax.servlet.jsp.JspWriter out=null;
34         final java.lang.Object page=this;
35         javax.servlet.jsp.JspWriter _jspx_out=null;
36         javax.servlet.jsp.PageContext _jspx_page_context=null;
37         try {
38             response.setContentType("text/html");
39         pageContext=_jspxFactory.getPageContext(this, request, response,
40                     null, true, 8192, true);
41             _jspx_page_context=pageContext;
42             application=pageContext.getServletContext();
43             config=pageContext.getServletConfig();
44             session=pageContext.getSession();
45             out=pageContext.getOut();
46             _jspx_out=out;
47             out.write("<html>\r\n");
48             out.write("<head>\r\n");
```

```
49            out.write("<title>A simple jsp</title>\r\n");
50            out.write("</head>\r\n");
51            out.write("<body>\r\n");
52            out.write("    当前访问时间是 :\r\n");
53            out.write("    ");
54            out.print(new java.util.Date().toLocaleString());
55            out.write("\r\n");
56            out.write("</body>\r\n");
57            out.write("</html>");
58        } catch(java.lang.Throwable t){
59            if(!(t instanceof javax.servlet.jsp.SkipPageException)){
60                out=_jspx_out;
61                if(out !=null && out.getBufferSize()!=0)
62                    try {
63                        out.clearBuffer();
64                    } catch(java.io.IOException e){
65                    }
66                if(_jspx_page_context !=null)
67                    _jspx_page_context.handlePageException(t);
68                else
69                    throw new ServletException(t);
70            }
71        } finally {
72            _jspxFactory.releasePageContext(_jspx_page_context);
73        }
74    }
75 }
```

从上面的代码可以看出，simple. jsp 文件翻译后的 Servlet 类名为 simple_jsp，它没有实现 Servlet 接口，但继承了 org. apache. jasper. runtime. HttpJspBase 类。在 Tomcat 源文件中查看 HttpJspBase 类的源代码，具体如下所示：

```
1  import java.io.IOException;
2  import javax.servlet.ServletConfig;
3  import javax.servlet.ServletException;
4  import javax.servlet.http.HttpServlet;
5  import javax.servlet.http.HttpServletRequest;
6  import javax.servlet.http.HttpServletResponse;
7  import javax.servlet.jsp.HttpJspPage;
8  import org.apache.jasper.compiler.Localizer;
9  public abstract class HttpJspBase extends HttpServlet implements HttpJspPage {
10     private static final long serialVersionUID=1L;
11     protected HttpJspBase(){
```

```
12     }
13     public final void init(ServletConfig config)
14         throws ServletException
15     {
16         super.init(config);
17         jspInit();
18         _jspInit();
19     }
20     public String getServletInfo(){
21         return Localizer.getMessage("jsp.engine.info");
22     }
23     public final void destroy(){
24         jspDestroy();
25         _jspDestroy();
26     }
27     public final void service(
28         HttpServletRequest request, HttpServletResponse response)
29         throws ServletException, IOException
30     {
31         _jspService(request, response);
32     }
33     public void jspInit(){
34     }
35     public void _jspInit(){
36     }
37     public void jspDestroy(){
38     }
39     protected void _jspDestroy(){
40     }
41     public abstract void _jspService(HttpServletRequest request,
42                                      HttpServletResponse response)
43         throws ServletException, IOException;
44 }
```

从 HttpJspBase 源代码中可以看出，HttpJspBase 类是 HttpServlet 的一个子类。由此可见，simple_jsp 类就是一个 Servlet。接下来，针对 HttpJspBase 源代码中的一部分内容进行详细讲解，具体如下。

(1) 第 13～19 行代码定义了 init()方法，该方法使用 final 进行修饰，并且其内部调用了 jspInit()和_jspInit()方法。由此说明，在 JSP 页面所生成的 Servlet 不能覆盖这两个方法。但是，如果要在 JSP 页面完成 Servlet 的 init()方法的功能，只能覆盖 jspInit()和_jspInit()这两个方法中的任何一个。同样，如果要在 JSP 页面中完成 Servlet 的 destroy()方法，则只能覆盖 jspDestroy()和_jspDestroy()两个方法中的任何一个。

(2) 第27～31行代码定义了service()方法，在service()方法中调用了_jspService()方法，也就是说在用户访问JSP文件时，会调用HttpJspBase类中的service()方法来响应用户的请求。根据Java的多态性的特征，在service()方法中会调用simple_jsp类中实现的_jspService()方法用来响应用户的请求。simple.jsp的内容都被翻译到了simple_jsp类的_jspService()方法中，对于HTML标签以及文本直接调用out.write()方法将其作为字符串输出，而对于＜% %＞中的Java代码所输出生成的字符串则插入到它在JSP模板元素中所对应的位置，因此能在浏览器中看到simple.jsp文件的结果。

7.2 JSP基本语法

在JSP文件中可以嵌套很多内容，例如，前面提到的JSP模板元素，这些内容的编写都需要遵循一定的语法规范。接下来，本节将针对这些语法进行详细的讲解。

7.2.1 JSP模板元素

JSP页面可以按照编写HTML页面的方式来编写，其中可以包含HTML文件的所有静态内容，在静态的HTML内容之中可以嵌套JSP的其他各种元素来产生动态内容和执行业务逻辑。JSP页面中的静态HTML内容称为JSP模板元素。JSP模板元素定义了网页的基本骨架，即定义了页面的结构和外观。

7.2.2 JSP表达式

JSP表达式用于将程序数据输出到客户端，它将要输出的变量或者表达式直接封装在以“＜%＝”开头和以“%＞”结尾的标记中，其基本的语法格式如下所示：

```
<%=expression %>
```

在上述语法格式中，JSP表达式中的变量或表达式的计算结果将被转换成一个字符串，然后插入JSP页面输出结果的相应位置处。例如，对simple.jsp文件进行修改，将脚本片段修改为表达式，具体如下。

```
<%=new java.util.Date().toLocaleString()  %>
```

启动Tomcat服务器，在浏览器中再次输入URL地址http://localhost:8080/chapter07/simple.jsp，访问simple.jsp页面，同样可以正确输出当前的访问时间。需要注意的是，JSP表达式中的变量或表达式后面不能有分号(;)。

7.2.3 JSP脚本片段

JSP脚本片段是指嵌套在＜% 和 %＞之中的一条或多条Java程序代码，这些Java代码必须严格遵守Java语法规范，否则编译会报错。接下来，看一段简单的JSP内容，具体如下：

```
<h2>标题党<h2>
<%
    int x=3;
   out.println(x);
%>
```

在上面的 JSP 内容中，<% 和 %>之间的代码就是一个 JSP 脚本片段，该脚本片段中的 Java 代码必须严格遵守 Java 语法规范，在每个执行语句后都使用分号(;)结束。

需要注意的是，在一个 JSP 页面中，可以出现多个脚本片段，在两个或者多个脚本片段之间可以嵌套文本、HTML 标记或其他 JSP 元素，并且这些脚本片段中的代码可以互相访问，例如，上面的 JSP 内容定义的变量可以在下面的 JSP 内容中输出。

```
<%
   int x=3;
%>
<h2>标题党<h2>
<%
   out.println(x);
%>
```

单个脚本片段中的 Java 语句可以是不完整的，但是，多个脚本片段组合后的结果必须是完整的 Java 语句。这是因为脚本片段中的 Java 代码将被原封不动地移到由 JSP 页面所翻译成的 Servlet 的_jspService()方法中，脚本片段之外的任何文本、HTML 标记以及其他 JSP 元素也都会被转换成相应的 Java 程序代码插入到_jspService()方法的相应位置，因此翻译成的 Serlvet 程序也不会有语法错误。例如，在工程 chapter07 下新建一个 demo.jsp 文件，其内容如下所示：

```
<%for(int i=1;i<3;i++){%>
   <h<%=i %>>itcast</h<%=i %>>
 <%} %>
```

在翻译后的 demo_jsp.java 文件中，对应的 Java 代码如下所示：

```
for(int i=1;i<3;i++){
     out.write("\r\n");
     out.write("    <h");
     out.print(i);
     out.write(">itcast</h");
     out.print(i);
     out.write(">\r\n");
     out.write(" ");
}
```

启动 Tomcat 服务器，在浏览器中输入 URL 地址 http://localhost:8080/chapter07/demo.jsp 访问 demo.jsp 页面，页面内容如图 7-5 所示。

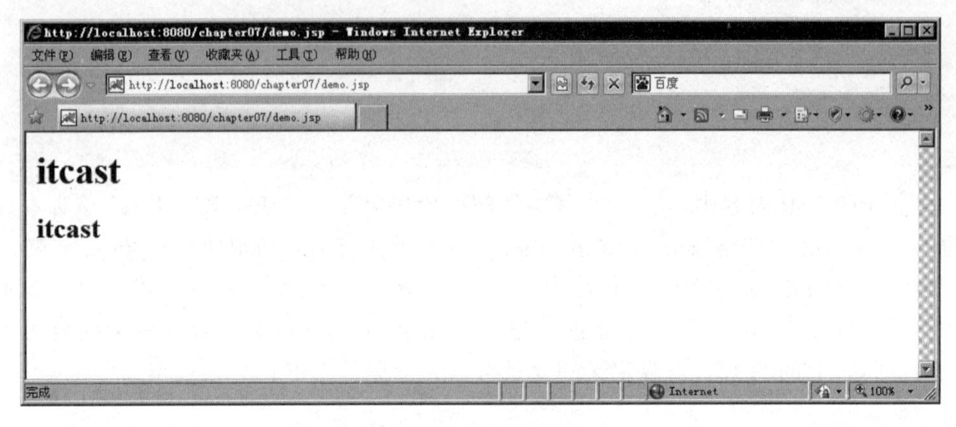

图 7-5 运行结果

从图 7-5 中可以看出，demo.jsp 页面打印了两次"itcast"，而且由<h>标签控制的文字大小不同。由此说明，只要多个脚本片段及其他元素组合的结果是一个完整的 Java 语句，翻译后的 Servlet 程序就可以正常运行，并将结果显示出来。

7.2.4 JSP 声明

当 JSP 页面被翻译成 Servlet 程序时，JSP 中包含的脚本片段、表达式、模板元素都将转换为 Servlet 中_jspService()方法的程序代码。这时，JSP 脚本片段中定义的变量都将成为 _jspService() 方法中的局部变量，而 JSP 脚本片段中定义的方法都将插入 _jspService()方法，从而会出现程序的方法中再定义方法，这样的语法是错误的。为了解决这样的问题，在 JSP 技术中提供了声明，它以"<%!"开始，以"%>"结束，其语法格式如下所示：

```
<%!
    java 代码
%>
```

在上述语法格式中，被声明的 Java 代码将被翻译到 Servlet 的_jspService()方法之外，即在 JSP 声明中定义的都是成员方法、成员变量、静态方法、静态变量、静态代码块等。

同脚本片段一样，在一个 JSP 页面中可以有多个 JSP 声明，单个声明中的 Java 语句可以是不完整的，但是多个声明组合后的结果必须是完整的 Java 语句。接下来对 demo.jsp 进行修改，修改后的代码如下所示：

```
<%!
    static {
        System.out.println("static code block");
```

```
    }%>
<%!
    private int i=9;
    public static java.lang.String str="www.itcast.cn";

    public void jspInit(){
        System.out.println("init method");
        System.out.println("i="+i);
        System.out.println("str="+str);
    }
%>
```

在翻译的 demo_jsp.java 文件中可以看到 JSP 声明被翻译成了如下所示的代码：

```
package org.apache.jsp;
import javax.servlet.*;
import javax.servlet.http.*;
import javax.servlet.jsp.*;
class simple_jsp extends org.apache.jasper.runtime.HttpJspBase implements
        org.apache.jasper.runtime.JspSourceDependent {
    static {
        System.out.println("static code block");
    }
    private int i=9;
    public static java.lang.String str="www.itcast.cn";
    public void jspInit(){
        System.out.println("init method");
        System.out.println("i="+i);
        System.out.println("str="+str);
    }
    ...
}
```

从上面翻译的代码可以看出，JSP 声明中的变量 i、str、静态代码块和方法 jspInit()都翻译成了 demo_jsp 的成员。在浏览器中输入 URL 地址 http://localhost:8080/chapter07/demo.jsp 访问 demo.jsp 页面，程序在控制台的打印结果如图 7-6 所示。

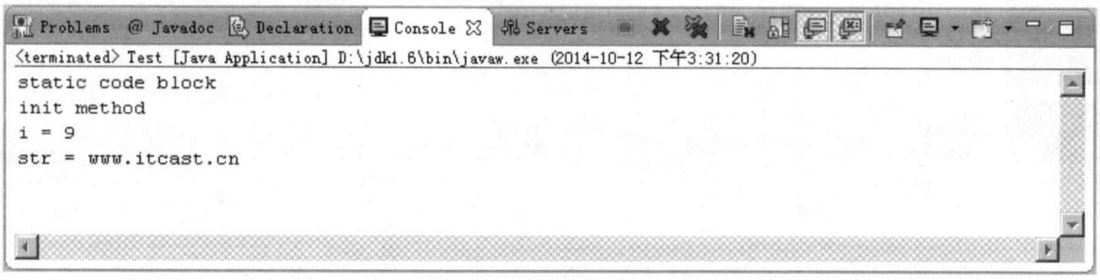

```
Problems  @ Javadoc  Declaration  Console  Servers
<terminated> Test [Java Application] D:\jdk1.6\bin\javaw.exe (2014-10-12 下午3:31:20)
static code block
init method
i = 9
str = www.itcast.cn
```

图 7-6　运行结果

从图 7-6 中可以看出，程序不仅将静态代码块的执行结果打印了出来，而且将 jspInit()方法的执行结果也打印了出来。有些读者肯定会有疑惑，成员方法 jspInit()为什么会被自动调用呢？这是因为 Tomcat 在创建某个 Servlet 实例对象后，将调用 init()方法进行初始化，而 JSP 页面所生成的 Servlet 的 init()方法内部调用了 jspInit()方法，所以当第一次访问 demo.jsp 页面时，都调用 jspInit()方法进行 JSP 页面的初始化。所以在今后的开发中如果需要在 JSP 页面执行某个业务操作，可以将业务操作的逻辑写在 jspInit()方法中，这样调用 JSP 后，会执行 jspInit()方法。

7.2.5 JSP 注释

同其他各种编程语言一样，JSP 也有自己的注释方式，其基本语法格式如下：

```
<%--注释信息--%>
```

需要注意的是，Tomcat 在将 JSP 页面翻译成 Servlet 程序时，会忽略 JSP 页面中被注释的内容，不会将注释信息发送到客户端。接下来，看一个例子，如例 7-2 所示。

例 7-2 comment.jsp

```
1 <%@page language="java" contentType="text/html; charset=UTF-8"%>
2 <html>
3 <head>
4 <title>Insert title here</title>
5 </head>
6 <body>
7 <%--这个是注释内容--%>
8 </body>
9 </html>
```

启动 Tomcat 服务器，在浏览器的地址栏中输入 URL 地址 http://localhost:8080/chapter07/comment.jsp 访问 comment.jsp 页面，此时，可以看到 comment.jsp 页面什么都不显示，接下来在打开的页面中单击鼠标右键，在弹出的菜单中选择“查看源文件”选项，结果如图 7-7 所示。

```
http://localhost:8080/chapter07/comment.jsp - 原始源
文件(F) 编辑(E) 格式(O)
1
2  <html>
3  <head>
4  <title>Insert title here</title>
5  </head>
6  <body>
7
8
9  </body>
10 </html>
```

图 7-7 comment.jsp 的源代码

从图 7-7 中可以看出，注释信息没有显示出来，因此，可以说明 JSP 页面中格式为“<%-- 注释信息 --%>”的内容不会发送到客户端。

 多学一招：JSP 注释和 HTML 注释的区别

由于 JSP 页面中存在 HTML 代码，因此，在 JSP 页面中同样可以使用 HTML 注释。不同的是，HTML 注释的内容会被当作普通文本发送到客户端，例如，在 comment. jsp 文件中添加一行 HTML 注释，如下所示。

```
<!--当前的时间为 :<%=(new java.util.Date()).toLocaleString()%>-->
```

程序运行后，这行注释在 comment. jsp 文件中会被翻译成如下所示的代码：

```
out.write("<!——当前的时间为 :");
out.print((new java.util.Date()).toLocaleString());
out.write("-->\r\n")
```

从上面翻译的代码可以看出，当 Tomcat 翻译 JSP 页面时，会将 HTML 注释当成普通文本，通过使用 out. write 语句输出到客户端。这时，在浏览器中输入 URL 地址 http://localhost:8080/chapter07/comment. jsp 访问 comment. jsp 页面，在打开的页面中右击，选择“查看源文件”命令，显示的结果如图 7-8 所示。

图 7-8　comment. jsp 源代码

从图 7-8 中可以看出，使用 HTML 注释的内容发送到了客户端，并且注释中用于打印当前时间的语句"new java. util. Date(). toLocaleString()"也被解释执行。由此可见，Tomcat 在翻译 JSP 页面时，会将 HTML 注释当作一段普通文本，并且会对嵌入的 JSP 元素进行解释处理。

7.3 JSP 指令

为了设置 JSP 页面中的一些信息，Sun 公司提供了 JSP 指令。JSP 2.0 中共定义了 page、include 和 taglib 三种指令，每种指令都定义了各自的属性。接下来，本节将针对 page 和 include 指令进行详细的讲解。

7.3.1 page 指令

在 JSP 页面中，经常需要对页面的某些特性进行描述，例如，页面的编码方式，JSP 页面采用的语言等，这时，可以通过 page 指令来实现，page 指令的具体语法格式如下所示：

```
<%@page 属性名="属性值"%>
```

在上面的语法格式中，page 用于声明指令名称，属性用来指定 JSP 页面的某些特性。page 指令提供了一系列与 JSP 页面相关的属性，具体如表 7-1 所示。

表 7-1 page 指令的常用属性

属性名称	取值范围	描述
language	java	指明解释该 JSP 文件时采用的语言，默认为 Java
extends	任何类的全名	指明编译该 JSP 文件时继承哪个类。JSP 为 Servlet，因此当指明继承普通类时需要实现 Servlet 的 init()、destroy()等方法
import	任何包名、类名	指定在 JSP 页面翻译成的 Servlet 源文件中导入的包或类。import 是唯一可以声明多次的 page 指令属性。一个 import 属性可以引用多个类，中间用英文逗号隔开。例如： <%@ page import = " java. util. Date, java. io. * "%> 在 JSP 中，以下 4 个包中的类可以直接使用，不需要引用： java. lang. * javax. servlet. * javax. servlet. jsp. * javax. servlet. http. *
session	true、false	指明该 JSP 内是否内置 Session 对象，如果为 true，则说明内置 Session 对象，可以直接使用；否则没有内置 Session 对象。默认情况下，session 属性的值为 true。需要注意的是，JSP 引擎自动导入以下 4 个包： java. lang. * javax. servlet. * javax. servlet. jsp. * javax. servlet. http. *

续表

属性名称	取值范围	描述
autoFlush	true、false	指明是否运行缓存。如果为 true,使用 out. println()等方法输出的字符串并不立刻缓存到客户端服务器,而是暂时存在缓冲区里,缓存满或者程序执行完毕,或执行 out. flush()操作才会到客户端,默认情况下,autoFlush 的值为 true
buffer	none 或者数字+kb	指定缓存的大小,当 autoFlush 设为 true 时有效。例如,<%@ page buffer="10kb" %>
isThreadSafe	true、false	指定线程是否安全。如果为 true,则多个线程同时运行该 JSP 程序,否则只运行一个线程,其他线程等待。默认情况下,isThreadSafe 的值为 true
isErrorPage	true、false	指定该页面是否为错误处理页面,如果为 true,则该 JSP 内置有一个 Exception 对象的 exception,可直接使用。默认情况下,isErrorPage 的值为 false
errorPage	某个 JSP 页面的相对路径	指定一个错误页面,如果该 JSP 程序抛出一个未捕捉的异常,则转到 errorPage 指定的页面。errorPage 指定页面的 isErrorPage 属性为 true,且内置的 exception 对象为未捕捉的异常
contentType	有效的文档类型	客户端浏览器根据该属性判断文档类型,例如: HTML 格式为 text/html 纯文本格式为 text/plain JPG 图像为 image/jpeg GIF 图像为 image/gif Word 文档为 application/msword
info	任意字符串	指明 JSP 的信息,该信息可以通过 Servlet. getServletInfo()方法获取到
trimDirectiveWhitespace	true、false	是否去掉指令前后的空白字符,默认情况下,trimDi-rectiveWhitespace 的值为 false

表 7-1 中列举了 page 指令的常见属性,其中,除了 import 属性外,其他的属性都只能出现一次,否则会编译失败。需要注意的是,page 指令的属性名称都是区分大小写的。

动手体验:使用 errorPage 属性指定错误页面

为了处理 JSP 页面中的错误,在 page 指令中,提供了一个 errorPage 属性,该属性用于处理当前 JSP 页面所发生的异常。接下来,通过一个具体的案例,分步骤讲解 errorPage 属性的用法,具体如下。

(1) 在 JSP 页面书写 Java 代码时,难免会发生异常,例如,整数除零就会出现算数运算异常,如例 7-3 所示。

例 7-3 page.jsp

```
1  <%@page language="java" contentType="text/html; charset=UTF-8"%>
2  <html>
3  <head>
4  <title>Insert title here</title>
5  </head>
6  <body>
7  <%
8   int a=1/0;
9  %>
10 </body>
11 </html>
```

（2）启动 Tomcat 服务器，在浏览器中输入 URL 地址 http://localhost:8080/chapter07/page.jsp 访问 page.jsp 页面，页面内容如图 7-9 所示。

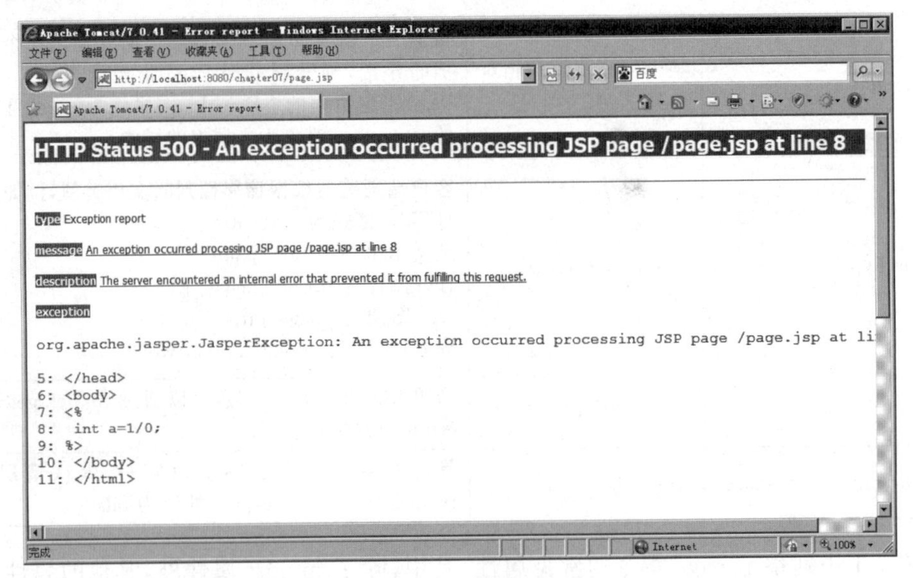

图 7-9 运行结果

从图 7-9 中可以看出，访问 page.jsp 页面时发生了异常信息。很明显，这样的界面对于用户来说不是很友好，这时，可以在 page.jsp 文件中添加 error 属性，指定一个用于处理错误的页面，修改后的 page.jsp 文件如例 7-4 所示。

例 7-4 page.jsp

```
1  <%@page language="java" contentType="text/html; charset=UTF-8"
2  errorPage="error.jsp"%>
3  <html>
4  <head>
```

```
5  <title>Insert title here</title>
6  </head>
7  <body>
8  <%
9    int a=1/0;
10 %>
11 </body>
12 </html>
```

从例 7-4 中可以看出，errorPage 属性指定处理错误的页面为 error.jsp，error.jsp 的代码如例 7-5 所示。

例 7-5　error.jsp

```
1  <%@page language="java" contentType="text/html; charset=UTF-8"%>
2  <html>
3  <head>
4  <title>Insert title here</title>
5  </head>
6  <body>
7  <h2>抱歉，服务器出现故障，正在解决，请稍候。。。。。。。</h2>
8  </body>
9  </html>
```

(3) 启动 Tomcat 服务器，在浏览器中再次输入 URL 地址 http://localhost:8080/chapter07/page.jsp 访问 page.jsp，显示的内容如图 7-10 所示。

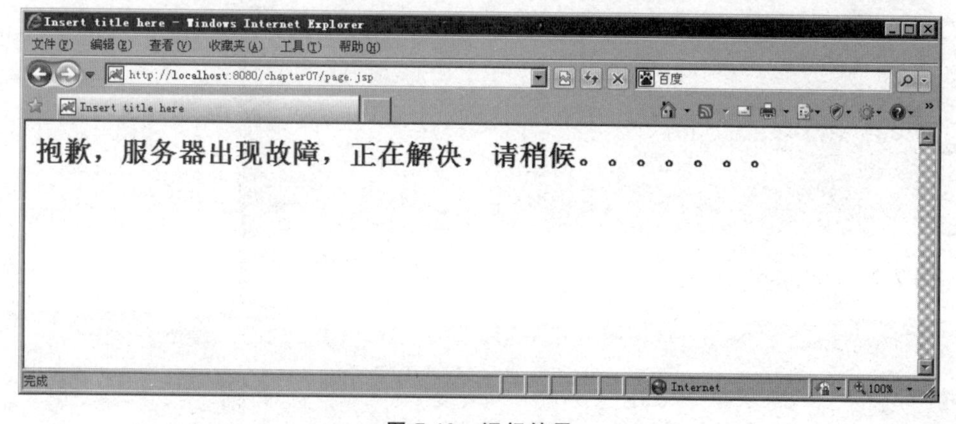

图 7-10　运行结果

通过图 7-9 和图 7-10 的比较，发现如图 7-10 所示的错误提示明显更加友好。因此，在实际开发中，通常都会使用 errorPage 属性为每个 JSP 页面指定错误处理的页面。

多学一招：web.xml文件配置通用的错误页面

在JSP程序中，如果为每个页面都指定一个错误页面，这样的做法显然很烦琐。这时，可以在web.xml文件中使用<error-page>元素为整个Web应用程序设置错误处理页面，具体示例如下所示：

```
<error-page>
    <error-code>404</error-code>
    <location>/404.jsp</location>
</error-page>
<error-page>
    <error-code>500</error-code>
    <location>/500.jsp</location>
</error-page>
```

上面的示例代码用于设置处理所有404和500状态码的页面，其中<error-page>元素用于指定当前JSP页面的错误处理页面，<error-code>元素用于指定服务器返回的状态码，<location>元素用于指定错误处理页面的路径。

接下来，取消page.jsp页面的errorPage属性设置，在工程chapter07下创建两个JSP文件，分别指定404和500状态码的处理页面，如例7-6和例7-7所示。

例7-6 404.jsp

```
1  <%@page language="java" contentType="text/html; charset=UTF-8"%>
2  <html>
3  <head>
4  <title>Insert title here</title>
5  </head>
6  <body>
7  <h2>通用404错误处理页面</h2>
8  </body>
9  </html>
```

例7-7 500.jsp

```
1  <%@page language="java" contentType="text/html; charset=UTF-8"%>
2  <html>
3  <head>
4  <title>Insert title here</title>
5  </head>
6  <body>
7  <h2>通用500错误处理页面</h2>
8  </body>
9  </html>
```

启动 Tomcat 服务器，在浏览器中输入 URL 地址 http://localhost:8080/chapter07/page.jsp 访问 page.jsp 页面，显示的内容如图 7-11 所示。

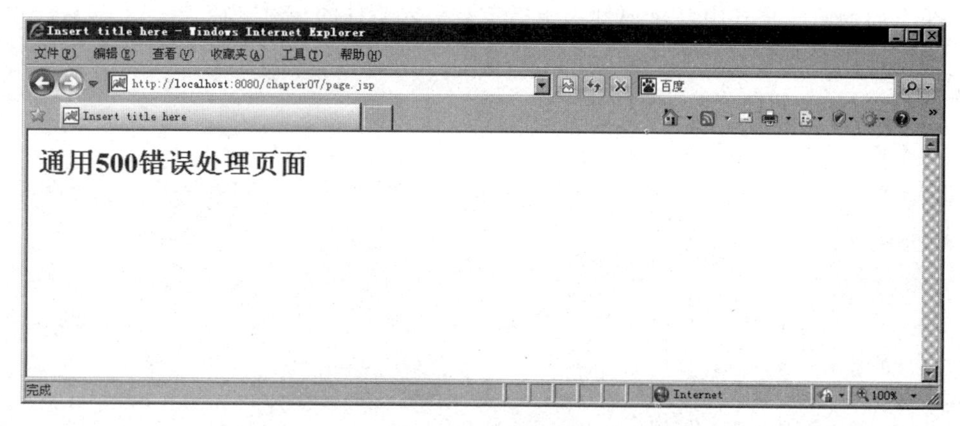

图 7-11 运行结果

从图 7-11 中可以看出，page.jsp 的错误处理页面自动设置为 500.jsp 页面，显示出“通用 500 错误处理页面”的内容。如果访问 page.jsp 页面时发生 404 错误，则会自动将错误页面设置为 404.jsp 页面。例如，将 page.jsp 不小心书写为 Page.jsp，如输入 URL 地址 http://localhost:8080/chapter07/Page.jsp，则浏览器显示的内容如图 7-12 所示。

图 7-12 运行结果

需要注意的是，如果设置了某个 JSP 页面的 errorPage 属性，那么在 web.xml 文件中设置的异常错误处理将对该页面不起作用。

注意：使用 IE 浏览器测试时，页面可能会无法显示出错误信息，这时，单击“IE 工具”→“Internet 选项”→“高级”命令，取消勾选选项“显示友好 http 错误提示”复选框。

7.3.2 include 指令

有时候，需要在 JSP 页面静态包含一个文件，例如 HTML 文件、文本文件等，这时，可以通过 include 指令来实现，include 指令的具体语法格式如下所示：

```
<%@include file="relativeURL"%>
```

在上面的语法格式中,file 属性用于指定被引入文件的相对路径。

为了让读者更好地理解 include 指令的使用,接下来,通过一个案例来学习 include 指令的具体用法,如例 7-8 所示。

例 7-8 include. jsp

```
1  <%@page language="java" contentType="text/html; charset=UTF-8"%>
2  <html>
3  <head>
4  <title>欢迎你</title>
5  </head>
6  <body>
7      欢迎你,现在的时间是:
8      <%@include file="date.jsp"%>
9  </body>
10 </html>
```

在例 7-8 中,include 指令指向了文件 date. jsp,并且该文件与 include. jsp 位于相同的目录下,date. jsp 的具体实现代码如例 7-9 所示。

例 7-9 date. jsp

```
1 <%@page language="java" contentType="text/html; charset=UTF-8"%>
2 <html>
3 <head><title>Insert title here</title>
4 </head>
5 <body>
6     <%out.println(new java.util.Date().toLocaleString());%>
7 </body>
8 </html>
```

启动 Tomcat 服务器,在浏览器中访问 http://localhost:8080/chapter07/include. jsp,浏览器的显示界面如图 7-13 所示。

从图 7-13 中可以看出,date. jsp 文件中用于输出当前日期的语句显示了出来,说明 include 指令成功地将 date. jsp 文件中的代码合并到了 include. jsp 文件中。

关于 include 指令的具体应用,有很多问题需要注意,接下来,将这些问题进行列举,具体如下。

(1) 被引入的文件必须遵循 JSP 语法,其中的内容可以包含静态 HTML、JSP 脚本元素和 JSP 指令等普通 JSP 页面所具有的一切内容。

(2) 除了指令元素之外,被引入的文件中的其他元素都被转换成相应的 Java 源代码,然后插入进当前 JSP 页面所翻译成的 Servlet 源文件中,插入位置与 include 指令在当前 JSP 页面中的位置保持一致。

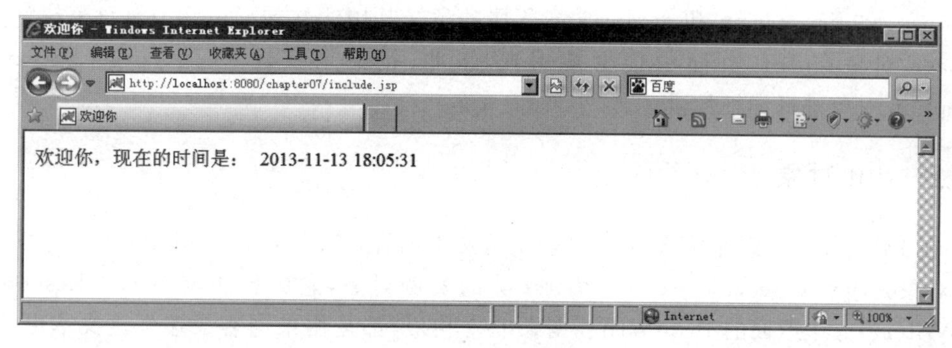

图 7-13 运行结果

(3) file 属性的设置值必须使用相对路径，如果以“/”开头，表示相对于当前 Web 应用程序的根目录(注意不是站点根目录)；否则，表示相对于当前文件。需要注意的是，这里的 file 属性指定的相对路径是相对于文件(file)，而不是相对于页面(page)。

7.4 JSP 隐式对象

7.4.1 隐式对象

在 JSP 页面中，有一些对象需要频繁使用，如果每次创建这些对象则会非常麻烦。为此，JSP 提供了 9 个隐式对象，它们是 JSP 默认创建的，可以直接在 JSP 页面使用。例如，在例 7-1 中使用到的 out 对象。接下来，通过一张表来列举 JSP 的 9 个隐式对象，如表 7-2 所示。

表 7-2 JSP 隐式对象

隐式对象名称	类 型	描 述
out	javax.servlet.jsp.JspWriter	用于页面输出
request	javax.servlet.http.HttpServletRequest	得到用户请求信息
response	javax.servlet.http.HttpServletResponse	服务器向客户端的回应信息
config	javax.servlet.ServletConfig	服务器配置，可以取得初始化参数
session	javax.servlet.http.HttpSession	用来保存用户的信息
application	javax.servlet.ServletContext	所有用户的共享信息
page	java.lang.Object	指当前页面转换后的 Servlet 类的实例
pageContext	javax.servlet.jsp.PageContext	JSP 的页面容器
exception	java.lang.Throwable	表示 JSP 页面所发生的异常，在错误页中才起作用

表 7-2 列举了 JSP 的 9 个隐式对象及它们各自对应的类型。其中，由于 request、

response、config、session 和 application 所属的类及其用法在前面的章节都已经讲解过，而 page 对象在 JSP 页面中很少被用到，因此，接下来只针对 out、pageContext 和 exception 对象进行详细的讲解。

7.4.2 out 对象

在 JSP 页面中，经常需要向客户端发送文本内容，这时，可以使用 out 对象来实现。out 对象是 javax. servlet. jsp. JspWriter 类的实例对象，它的作用与 ServletResponse. getWriter()方法返回的 PrintWriter 对象非常相似，都是用来向客户端发送文本形式的实体内容。不同的是，out 对象的类型为 JspWriter，它相当于一种带缓存功能的 PrintWriter。接下来，通过一张图来描述 JSP 页面的 out 对象与 Servlet 引擎提供的缓冲区之间的工作关系，具体如图 7-14 所示。

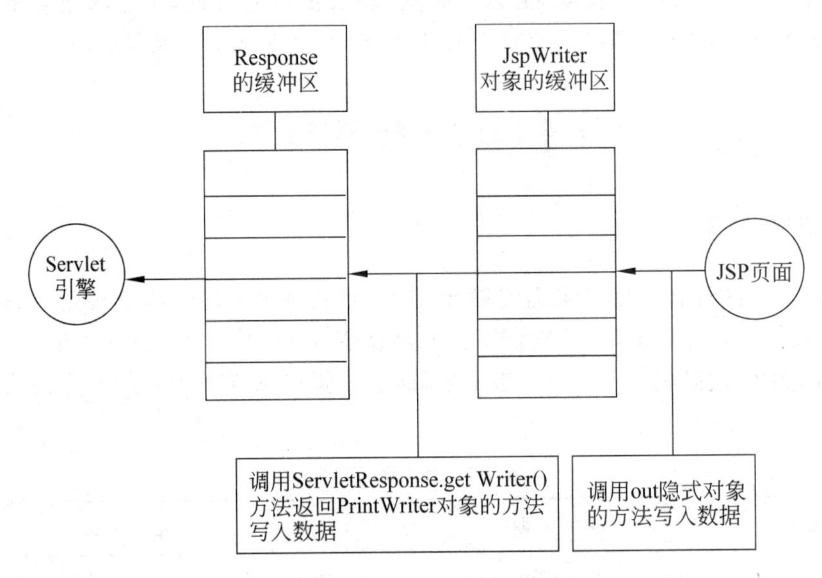

图 7-14 out 对象与 Servlet 引擎的关系

从图 7-14 可以看出，在 JSP 页面中，通过 out 隐式对象写入数据相当于将数据插入到 JspWriter 对象的缓冲区中，只有调用了 ServletResponse. getWriter()方法，缓冲区中的数据才能真正写入到 Servlet 引擎所提供的缓冲区中。

为了验证上述说法是否正确，接下来，通过一个具体的案例来演示，如例 7-10 所示。

例 7-10 out. jsp

```
1  <%@page language="java" contentType="text/html; charset=UTF-8"%>
2  <html>
3  <head>
4  <title>Insert title here</title>
5  </head>
6  <body>
```

```
7 <%
8    out.println("first line<br>");
9    response.getWriter().println("second line<br>");
10 %>
11 </body>
12 </html>
```

启动 Tomcat 服务器，在浏览器中访问 http://localhost:8080/chapter07/out.jsp，浏览器的显示界面如图 7-15 所示。

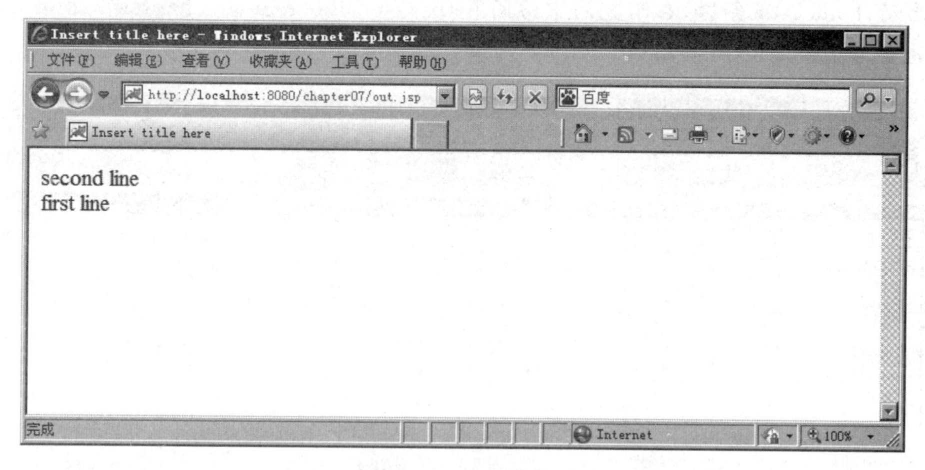

图 7-15 运行结果

从图 7-15 中可以看出，尽管 out.println 语句位于 response.getWriter().println 语句之前，但它的输出内容却在后面。由此可以说明，out 对象通过 print 语句写入数据后，直到整个 JSP 页面结束，out 对象中输入缓冲区的数据(即：first line)才真正写入到 Serlvet 引擎提供的缓冲区中，而 response.getWriter().println 语句则是直接把内容(即：second line)写入 Servlet 引擎提供的缓冲区中，Servlet 引擎按照缓冲区中的数据存放顺序输出内容。

 多学一招：使用 page 指令设置 out 对象的缓冲区大小

有时候，我们希望 out 对象可以直接将数据写入 Servlet 引擎提供的缓冲区中，这时，可以通过 page 指令中操作缓冲区的 buffer 属性来实现。接下来对例 7-10 进行修改，修改后的代码如例 7-11 所示。

例 7-11 out.jsp

```
1 <%@page language="java" contentType="text/html; charset=UTF-8" buffer="0kb"%>
2 <html>
3 <head>
4 <title>Insert title here</title>
```

```
5  </head>
6  <body>
7  <%
8      out.println("first line<br>");
9      response.getWriter().println("second line<br>");
10 %>
11 </body>
12 </html>
```

启动 Tomcat 服务器，在浏览器中访问 http://localhost:8080/chapter07/out.jsp，浏览器的显示界面如图 7-16 所示。

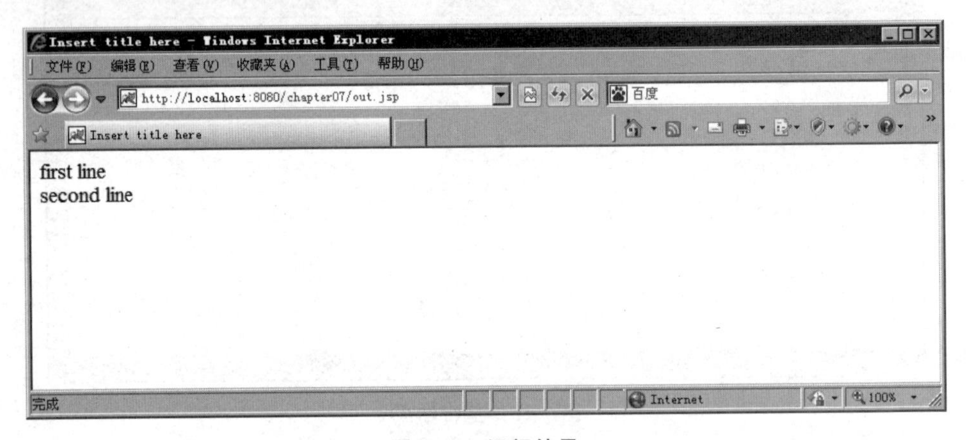

图 7-16 运行结果

从图 7-16 中可以看出，out 对象输出的内容在 response.getWriter().println 语句输出的内容之前，由此可见，out 对象中的数据直接写入了 Servlet 引擎提供的缓冲区中。此外，当写入到 out 对象中的内容充满了 out 对象的缓冲区时，out 对象中输入缓冲区的数据也会真正写入到 Serlvet 引擎提供的缓冲区中。

7.4.3 pageContext 对象

在 JSP 页面中，要想获取 JSP 的隐式对象，可以使用 pageContext 对象。pageContext 对象是 javax.servlet.jsp.PageContext 类的实例对象，它代表当前 JSP 页面的运行环境，并提供了一系列用于获取其他隐式对象的方法。pageContext 对象获取隐式对象的方法如表 7-3 所示。

表 7-3 pageContext 获取隐式对象的方法

方 法 名	功 能 描 述
JspWriter getOut()	用于获取 out 隐式对象
Object getPage()	用于获取 page 隐式对象
ServletRequest getRequest()	用于获取 request 隐式对象

续表

方　法　名	功能描述
ServletResponse getResponse()	用于获取 response 隐式对象
HttpSession getSession()	用于获取 session 隐式对象
Exception getException()	用于获取 exception 隐式对象
ServletConfig getServletConfig()	用于获取 config 隐式对象
ServletContext getServletContext()	用于获取 application 隐式对象

表 7-3 中列举了 pageContext 获取其他隐式对象的方法，这样，当传递一个 pageContext 对象后，就可以通过这些方法轻松地获取到其他 8 个隐式对象了。

接下来，通过一个案例来演示如何使用 pageContext 获取 request 对象，如例 7-12 所示。

例 7-12　pageContext. jsp

```
1  <%@page language="java" contentType="text/html; charset=UTF-8"%>
2  <html>
3  <head>
4  <title>Insert title here</title>
5  </head>
6  <body>
7  <%
8      HttpServletRequest req= (HttpServletRequest)pageContext.getRequest();
9     String ip=request.getRemoteAddr();
10     out.println("本机的 IP 地址为:"+ip);
11 %>
12 </body>
13 </html>
```

启动 Tomcat 服务器，在浏览器的地址栏中输入 URL 地址 http://localhost:8080/chapter07/pageContext. jsp 访问 pageContext. jsp 页面，浏览器显示的结果如图 7-17 所示。

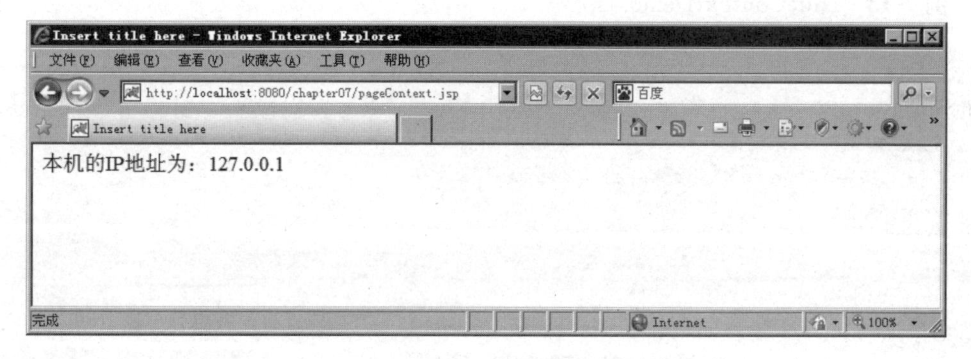

图 7-17　运行结果

从图 7-17 中可以看出，浏览器显示出了当前请求的 IP 地址。说明通过 pageContext 对象可以获取到 request 对象。需要注意的是，虽然在 JSP 页面中可以直接使用隐式对象，但是通过 pageContext 对象获取其他隐式对象的功能也是必不可少的。例如，在后面标签的学习中，需要将 Java 代码从 JSP 页面移除，这时，JSP 隐式对象也需要传递给 Java 类中定义的方法。通常情况下，为了方便，只传递一个 pageContext 对象，然后通过调用如表 7-3 所示的方法来获取其他隐式对象。

pageContext 对象不仅提供了获取隐式对象的方法，还提供了存储数据的功能。pageContext 对象存储数据是通过操作属性来实现的，表 7-4 列举了 pageContext 操作属性的一系列方法，具体如下。

表 7-4 pageContext 操作属性的相关方法

方法名称	功能描述
void setAttribute(String name,Object value,int scope)	用于设置 pageContext 对象的属性
Object getAttribute(String name,int scope)	用于获取 pageContext 对象的属性
void removeAttribute(String name,int scope)	删除指定范围内名称为 name 的属性
void removeAttribute(String name)	删除所有范围内名称为 name 的属性
Object findAttribute(String name)	从 4 个域对象中查找名称为 name 的属性

表 7-4 列举了 pageContext 对象操作属性的相关方法，其中，参数 name 指定的是属性名称，参数 scope 指定的是属性的作用范围。pageContext 对象的作用范围有 4 个值，具体如下。

(1) pageContext. PAGE_SCOPE：表示页面范围。

(2) pageContext. REQUEST_SCOPE：表示请求范围。

(3) pageContext. SESSION_SCOPE：表示会话范围。

(4) pageContext. APPLICATION_SCOPE：表示 Web 应用程序范围。

需要注意的是，当使用 findAttribute()方法查找名称为 name 的属性时，会按照 page、request、session 和 application 的顺序依次进行查找，如果找到，则返回属性的名称，否则返回 null。

接下来，通过一个案例来学习如何使用 pageContext 存储数据，如例 7-13 所示。

例 7-13 pageContextDemo. jsp

```
1  <%@page language="java" contentType="text/html; charset=UTF-8"%>
2  <html>
3  <head>
4  <title>Insert title here</title>
5  </head>
6  <body>
7      <%
8          pageContext.setAttribute("company", "北京传智播客教育有限公司",
9                  pageContext.PAGE_SCOPE);
10         Object name=pageContext.getAttribute("company",pageContext.PAGE_SCOPE);
```

```
11         out.println("公司名称为:"+name);
12      %>
13 </body>
14 </html>
```

启动 Tomcat 服务器，在浏览器中输入 URL 地址 http://localhost:8080/chapter07/pageContextDemo.jsp 访问 pageContextDemo.jsp，浏览器显示的结果如图 7-18 所示。

图 7-18　运行结果

从图 7-18 中可以看出，浏览器显示出了公司的名称。由此说明，pageContext 对象具有存储数据的功能。

7.4.4　exception 对象

在 JSP 页面中，经常需要处理一些异常信息，这时，可以通过 exception 对象来实现。exception 对象是 java.lang.Exception 类的实例对象，它用于封装 JSP 中抛出的异常信息。需要注意的是，exception 对象只有在错误处理页面才可以使用，即 page 指令中指定了属性<%@ page isErrorPage="true"%>的页面。接下来，通过一个案例来学习 exception 对象的使用，如例 7-14 和例 7-15 所示。

例 7-14　price.jsp

```
1  <%@page language="java" contentType="text/html; charset=UTF-8"%>
2  <%@page errorPage="execp.jsp"%>
3  <%
4  String strprice=request.getParameter("price");
5  double price=Double.parseDouble(strprice);
6  out.println("Total price="+price * 3);
7  %>
```

在例 7-14 中，price.jsp 页面通过 page 指令的 errorPage 属性将 excep.jsp 指定为错误处理页面。

例 7-15 execp. jsp

```
1  <%@page language="java" contentType="text/html; charset=UTF-8"%>
2  <%@page isErrorPage="true"%>
3  <%
4  out.println("exception.toString:");
5  out.println("<br>");
6  out.println(exception.toString());
7  out.println("<p>");
8  out.println("exception.getMessage():");
9  out.println("<br>");
10 out.println(exception.getMessage());%>
```

启动 Tomcat 服务器，在浏览器输入地址 http://localhost:8080/chapter07/price.jsp? price=3.5，浏览器显示的界面如图 7-19 所示。

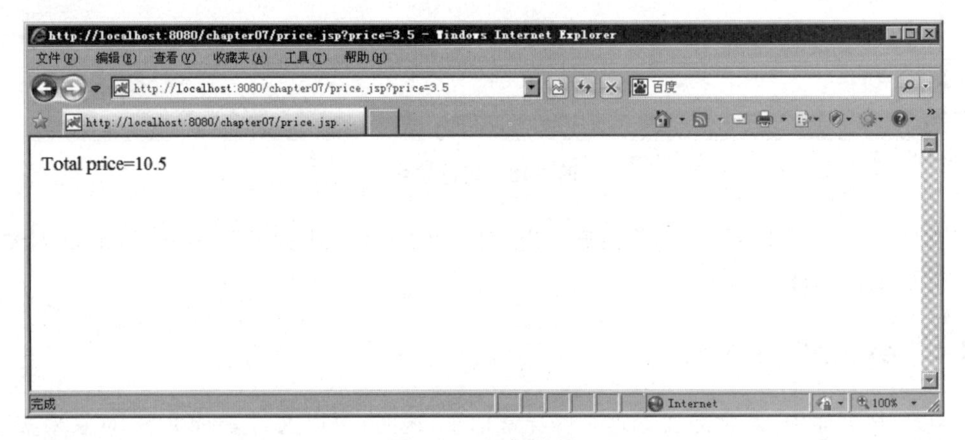

图 7-19　运行结果

从图 7-19 中可以看出，浏览器正确地显示出了总价，没有出现任何异常信息。但是，如果在浏览器地址栏中输入地址 http://localhost:8080/chapter07/price.jsp? price=abc，浏览器显示的界面如图 7-20 所示。

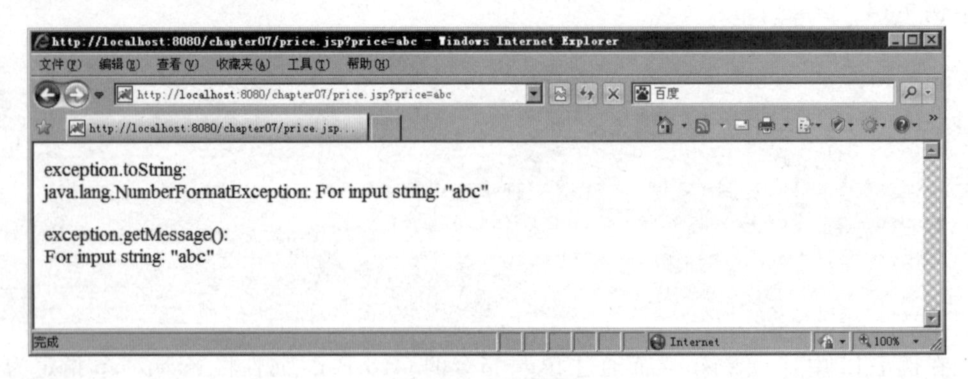

图 7-20　运行结果

从图 7-20 中可以看出，当参数 price 的值不是数字时，这时例 7-14 的第 5 行会抛出异常，浏览器将错误的信息显示了出来，说明当 price.jsp 页面发生错误时，会自动调用 execp.jsp 页面进行错误处理。

7.5 JSP 标签

JSP 页面中可以嵌套一些 Java 代码来完成某种功能，但是这种 Java 代码会使 JSP 页面很乱，不利于美工调试和维护，为了减少 JSP 页面中的 Java 代码，Sun 公司允许在 JSP 页面中嵌套一些标签，这些标签可以完成各种通用的 JSP 页面功能，被称为 JSP 标签。本节将针对<jsp:include>和<jsp:forward>这两个 JSP 标签进行详细的讲解。

7.5.1 < jsp:include> 标签

在 JSP 页面中，为了把其他资源的输出内容插入到当前 JSP 页面的输出内容中，JSP 技术提供了<jsp:include>标签，<jsp:include>标签的具体语法格式如下所示：

```
<jsp:include page="relativeURL" flush="true|false" />
```

在上述语法格式中，page 属性用于指定被引入资源的相对路径，flush 属性用于指定是否将当前页面的输出内容刷新到客户端，默认情况下，flush 属性的值为 false。

为了让读者更好地理解<jsp:include>标签的特性，接下来，分步骤对<jsp:include>标签进行分析，具体如下。

(1) 在工程 chapter07 的根目录下编写两个 JSP 文件，分别是 included.jsp 和 dynamicInclude.jsp，其中 dynamicInclude.jsp 页面用于引入 included.jsp 页面。included.jsp 是被引入的文件，让它暂停 5 秒钟后才输出内容，这样，可以方便测试<jsp:include>标签的 flush 属性。included.jsp 具体代码如例 7-16 所示，dynamicInclude.jsp 具体代码如例 7-17 所示。

例 7-16 included.jsp

```
1  <%@page contentType="text/html;charset=GB2312"%>
2  <%Thread.sleep(5000);%>
3  included.jsp 内的中文<br>
```

例 7-17 dynamicInclude.jsp

```
1  <%@page contentType="text/html;charset=UTF-8"%>
2  dynamicInclude.jsp 内的中文<br>
3  <jsp:include page="included.jsp" flush="true" />
```

(2) 启动 Tomcat 服务器，通过浏览器访问地址 http://localhost:8080/chapter07/dynamicInclude.jsp，发现浏览器首先会显示 dynamicInclude.jsp 页面中的输出内容，等

待5秒后，才会显示 included. jsp 页面的输出内容。说明被引用的资源 included. jsp 在当前 JSP 页面输出内容后才被调用。

(3) 修改 dynamicInclude. jsp 文件，将<jsp:include>标签中的 flush 属性设置为 false，修改后的文件如例 7-18 所示。

例 7-18 dynamicInclude. jsp

```
1  <%@page contentType="text/html;charset=UTF-8"%>
2  dynamicInclude.jsp内的中文<br>
3  <jsp:include page="included.jsp" flush="false" />
```

(4) 重启 Tomcat 服务器，再次通过浏览器访问地址 http://localhost:8080/chapter07/dynamicInclude. jsp，这时，发现浏览器等待5秒后，将 dynamicInclude. jsp 和 included. jsp 页面的输出内容同时显示了出来。由此可见，Tomcat 调用被引入的资源 included. jsp 时，并没有将当前 JSP 页面中已输出的内容刷新到客户端。

(5) 将<jsp:include>标签中的 flush 属性设置为 true，在工程 chapter07 的 web. xml 文件中，增加如下两段代码，具体如下所示：

```
<servlet>
    <servlet-name>DynamicIncludeJspServlet</servlet-name>
    <jsp-file>/dynamicInclude.jsp</jsp-file>
</servlet>
<servlet-mapping>
    <servlet-name>DynamicIncludeJspServlet</servlet-name>
    <url-pattern>/xxx/dynamicInclude.html</url-pattern>
</servlet-mapping>
```

(6) 重启 Tomcat 服务器，通过浏览器访问地址 http://localhost:8080/chapter07/xxx/dynamicInclude. html，浏览器的显示界面如图 7-21 所示。

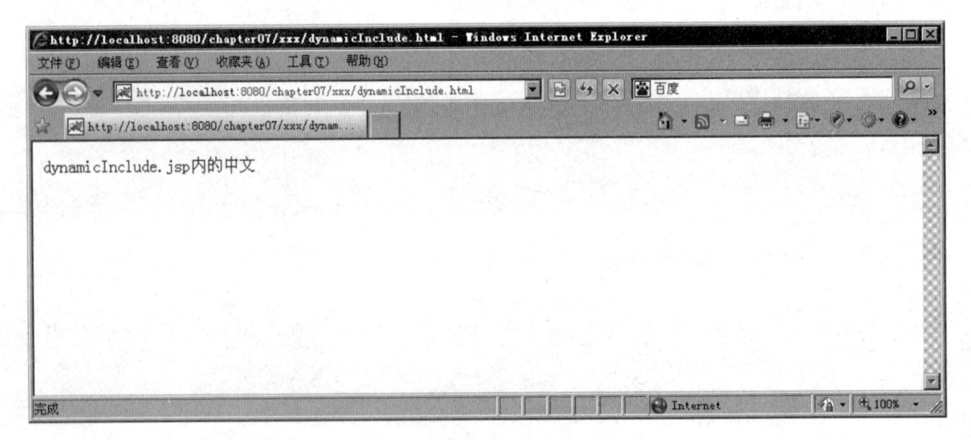

图 7-21 运行结果

从图 7-21 中可以看出，浏览器只显示出了 dynamicInclude.jsp 文件中的内容，而 included.jsp 页面中的内容没有显示。这是因为在访问 dynamicInclude.jsp 文件时，需要引入 included.jsp 文件的完整路径为 http://localhost:8080/chapter07/xxx/included.jsp，而 Tomcat 没有找到该路径所对应的资源，因此，included.jsp 文件中的输出内容不会显示出来。

需要注意的是，虽然 include 指令和<jsp:include>标签都能够包含一个文件，但它们之间有很大的区别。接下来，将 include 指令和<jsp:include>标签进行比较，具体如下。

(1) <jsp:include>标签中要引入的资源和当前 JSP 页面是两个彼此独立的执行实体，即被动态引入的资源必须能够被 Web 容器独立执行。而 include 指令只能引入遵循 JSP 格式的文件，被引入文件与当前 JSP 文件需要共同合并才能翻译成一个 Servlet 源文件。

(2) <jsp:include>标签中引入的资源是在运行时才包含的，而且只包含运行结果。而 include 指令引入的资源是在编译时期包含的，包含的是源代码。

(3) <jsp:include>标签运行原理与 RequestDispatcher.include 方法类似，即被包含的页面不能改变响应状态码或者设置响应头，而 include 指令没有这方面的限制。

7.5.2 < jsp:forward> 标签

在 JSP 页面中，经常需要将请求转发给另外一个资源，这时，除了 RequestDispatcher 接口的 forward()方法可以实现外，还可以通过<jsp:forward>标签来实现。<jsp:forward>标签的具体语法格式如下所示：

```
<jsp:forward page="relativeURL" />
```

在上述语法格式中，page 属性用于指定请求转发到的资源的相对路径，该路径是相对于当前 JSP 页面的 URL。

为了让读者更好地理解<jsp:forward>标签，接下来，通过一个案例来学习<jsp:forward>标签的具体用法。首先编写一个用于实现转发功能的 jspforward.jsp 页面和一个用于显示当前时间的 welcome.jsp 页面，具体如例 7-19 和例 7-20 所示。

例 7-19 jspforward.jsp

```
1 <%@page language="java" contentType="text/html; charset=UTF-8"%>
2 <jsp:forward page="welcome.jsp" />
```

例 7-20 welcome.jsp

```
1 <%@page language="java" contentType="text/html; charset=UTF-8"%>
2 <html>
3 <title>Insert title here</title>
4 <body>
```

```
5      你好,欢迎进入首页,当前访问时间是:
6      <%
7          out.print(new java.util.Date());
8      %>
9  </body>
10 </html>
```

启动 Tomcat 服务器,通过浏览器访问地址 http://localhost:8080/chapter07/jspforward.jsp,浏览器的显示界面如图 7-22 所示。

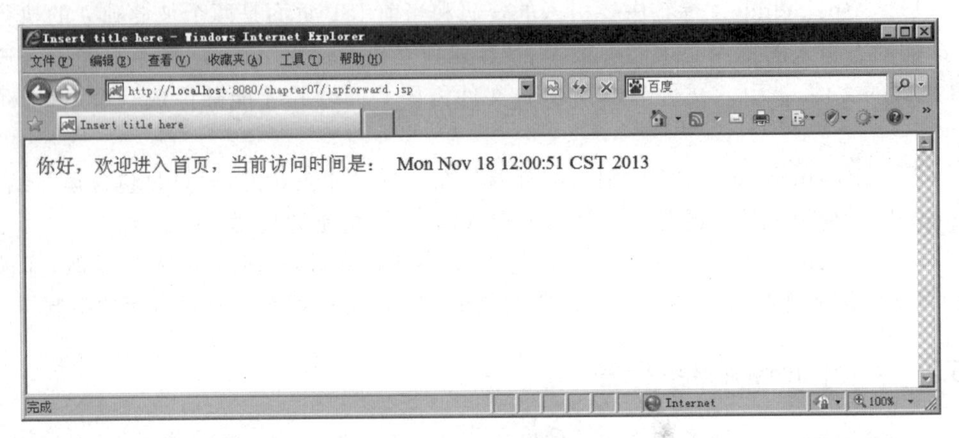

图 7-22 运行结果

从图 7-22 中可以看出,浏览器显示出了 welcome.jsp 页面的输出内容。通过查看 jspforward.jsp 页面翻译的 Servlet 源文件,会发现<jsp:forward>标签被翻译成了如下所示的一段代码:

```
out.write("\r\n");
out.write("\r\n");
if(true){
  _jspx_page_context.forward("welcome.jsp");
  return;
}
out.write('\r');
out.write('\n');
```

从上面的代码可以看出,<jsp:forward>标签被翻译成了调用 pageContext.forward 方法的语句,并在调用 pageContext.forward 方法后使用 return 语句结束了 service()方法的执行流程,从而不再执行<jsp:forward>标签后的语句。

注意:如果在 JSP 页面中直接调用 pageContext.forward()方法,当 forward()方法后还有语句需要执行时,程序会发生 IllegalStateException 异常。但是,如果在 JSP 页面中使用<jsp:forward>标签,由于<jsp:forward>标签翻译的 Servlet 程序会使用 return 语句终止执行后面的语句,因此,程序会避免报错。

小　　结

本章主要讲解了JSP的语法、JSP指令、JSP隐式对象和JSP标签。JSP是一种简化了的Servlet，最终也会编译成Servlet类。但JSP文件在形式上与HTML文件相似，可以直观表现页面的内容和布局，因此，在动态网页开发中，学会JSP开发相当重要，读者应该熟练掌握本章内容。

测　一　测

1. 请使用include标签编写两个JSP页面，要求：输出b.jsp页面的内容，等待5秒，再输出a.jsp页面。

2. 已知一个datetime.jsp页面用于显示当前时间。请编写jsp文件用于显示“欢迎来到传智播客，现在的时间是：”＋当前时间。

第8章 JavaBean组件

chapter 8

学习目标

- 了解什么是 JavaBean
- 掌握如何通过反射创建对象、访问属性以及调用方法
- 掌握如何通过内省访问 JavaBean 的属性
- 掌握如何通过 JSP 标签访问 JavaBean
- 掌握 BeanUtils 工具的使用

思政案例

在软件开发时，一些数据和功能需要在很多地方使用，为了方便将它们进行“移植”，Sun 公司提出了一种 JavaBean 技术，使用 JavaBean 可以对这些数据和功能进行封装，做到“一次编写，到处运行”。本章将针对 JavaBean、反射、内省、JSP 标签访问 JavaBean 及 BeanUtils 工具进行详细的讲解。

8.1 初识 JavaBean

8.1.1 什么是 JavaBean

JavaBean 是 Java 开发语言中一个可以重复使用的软件组件，它本质上就是一个 Java 类，为了规范 JavaBean 的开发，Sun 公司发布了 JavaBean 的规范，它要求一个标准的 JavaBean 组件需要遵循一定的编码规范，具体如下。

(1) 它必须具有一个公共的、无参的构造方法，这个方法可以是编译器自动产生的默认构造方法。

(2) 它提供公共的 setter 方法和 getter 方法让外部程序设置和获取 JavaBean 的属性。

为了让读者对 JavaBean 有一个直观上的认识，接下来编写一个简单的 JavaBean，在 chapter08 工程下创建 cn.itcast.chapter08.javabean 包，在包下定义一个 Book 类，具体代码如例 8-1 所示。

例 8-1 Book.java

```
1  package cn.itcast.chapter08.javabean;
```

```
2 public class Book {
3     private double price;
4     public double getPrice(){
5         return price;
6     }
7     public void setPrice(double price){
8         this.price=price;
9     }
10 }
```

在例 8-1 中，定义了一个 Book 类，该类就是一个 JavaBean，它没有定义构造方法，Java 编译器在编译时，会自动为这个类提供一个默认的构造方法。Book 类中定义了一个 price 属性，并提供了公共的 setPrice()和 getPrice()方法供外界访问这个属性。

8.1.2 访问 JavaBean 的属性

在讲解面向对象时，经常会使用类的属性，类的属性指的是类的成员变量。在 JavaBean 中同样也有属性，但是它和成员变量不是一个概念，它是以方法定义的形式出现的，这些方法必须遵循一定的命名规范，例如，在 JavaBean 中包含一个 String 类型的属性 name，那么在 JavaBean 中必须至少包含 getName()和 setName()方法中的一个，这两个方法的声明如下所示：

```
public String getName();
public void setName(String name);
```

关于上述两个方法的相关讲解具体如下。

(1) getName()方法：称为 getter 方法或者属性访问器，该方法以小写的 get 前缀开始，后跟属性名，属性名的第一个字母要大写，例如，nickName 属性的 getter 方法为 getNickName()。

(2) setName()方法：称为 settter 方法或者属性修改器，该方法必须以小写的 set 前缀开始，后跟属性名，属性名的第一个字母要大写，例如，nickName 属性的 setter 方法为 setNickName()。

如果一个属性只有 getter 方法，则该属性为只读属性，如果一个属性只有 setter 方法，则该属性为只写属性，如果一个属性既有 getter 方法，又有 setter 方法，则该属性为读写属性。通常来说，在开发 JavaBean 时，其属性都定义为读写属性。

需要注意的是，对于 JavaBean 属性的命名方式有一个例外情况，如果属性的类型为 boolean，它的命名方式应该使用 is/get 而不是 set/get。例如，有一个 boolean 类型的属性 married，该属性所对应的方法如下所示：

```
public boolean isMarried();
public void setMarried(boolean married);
```

从上面的代码可以看出，married属性的setter方法命名方式没有变化，而getter方法变成了isMarried。当然，如果一定要写成getMarried()也是可以的，只不过isMarried更符合命名规范。

通过上面的学习，读者对JavaBean组件有了一个初步的了解，为了更加深刻地理解JavaBean属性的定义，接下来通过具体的案例来实现一个JavaBean程序。在chapter08工程的cn.itcast.chapter08.javabean包下定义一个类Student，如例8-2所示。

例8-2 Student.java

```
1  package cn.itcast.chapter08.javabean;
2  public class Student {
3      private String sid;
4      private String name;
5      private int age;
6      private boolean married;
7      //age属性的getter和setter方法
8      public int getAge(){
9          return age;
10     }
11     public void setAge(int age){
12         this.age=age;
13     }
14     //married属性的getter和setter方法
15     public boolean isMarried(){
16         return married;
17     }
18     public void setMarried(boolean married){
19         this.married=married;
20     }
21     //sid属性的getter方法
22     public String getSid(){
23         return sid;
24     }
25     //name属性的setter方法
26     public void setName(String name){
27         this.name=name;
28     }
29     public void getInfo(){
30         System.out.print("我是一个学生");
31     }
32 }
```

在例8-2中定义了一个Student类，该类拥有5个属性，分别为age、married、name、sid和info，其中age和married属性是可读写属性，name是只写属性，sid是只读属性，它们在类中都有命名相同的成员变量，而 info 属性是只读属性，但它没有命名相同的成员变量。

8.2 反　射

在 Java 中反射是极其重要的知识，在后期接触的大量框架的底层都运用了反射技术，因此掌握反射技术将帮助我们更好地理解这些框架的底层原理，以便灵活地掌握框架的使用。接下来，本节将针对反射的相关知识进行详细讲解。

8.2.1 认识 Class 类

Java 反射的源头是 Class 类，若想完成反射操作，首先必须认识 Class 类。一般情况下，需要先有一个类的完整路径引入之后，才可以按照固定的格式产生实例化对象，但是在 Java 中允许通过一个实例化对象找到一个类的完整信息，这就是 Class 类的功能。

为了帮助读者快速了解什么是反射以及 Class 类的作用，接下来，通过一个案例来演示如何通过对象得到完整的"包.类"名称，如例 8-3 所示。

例 8-3 GetClassNameDemo.java

```
1  package cn.itcast.chapter08.javabean;
2  class X{}
3  public class GetClassNameDemo {
4      public static void main(String[] args){
5          X x=new X();
6          System.out.println(x.getClass().getName());
7      }
8  }
```

运行结果如图 8-1 所示。

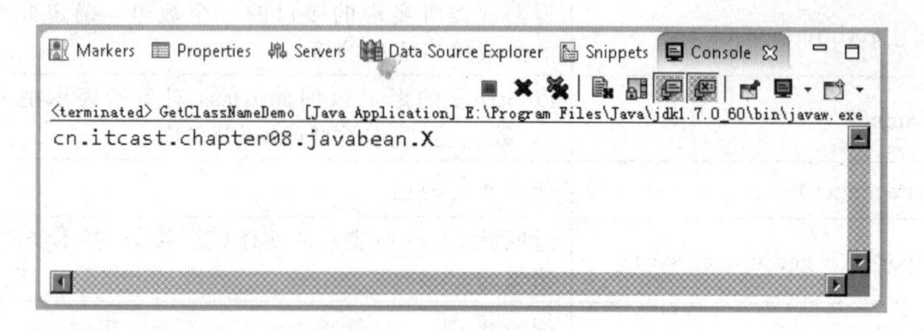

图 8-1　运行结果

从图 8-1 中可以看出，程序输出了对象所在的完整的"包.类"名称。在例 8-3 中通过对象的引用 x 调用了 getClass()方法，该方法是从 Object 类中继承而来的，此方法的定义如下：

```
public final Class<?>getClass()
```

从上述定义可以看出，该方法返回值的类型是 Class 类。这是因为 Java 中 Object 类是所有类的父类，所以，任何类的对象都可以通过调用 getClass()方法转变成 Class 类型来表示。需要注意的是，在定义 Class 类时使用了泛型声明，若想避免程序出现警告信息，可以在泛型中指定操作的具体类型。

Class 类表示一个类的本身，通过 Class 可以完整地得到一个类中的结构，包括此类中的方法定义、属性定义等。接下来列举一下 Class 类的一些常用方法，具体如表 8-1 所示。

表 8-1　Class 类的常用方法

方法声明	功能描述
static Class <?> forName (String className)	返回与带有给定字符串名的类或接口相关联的 Class 对象
Constructor<?>[] getConstructors()	返回一个包含某些 Constructor 对象的数组，这些对象反映此 Class 对象所表示类的所有公共构造方法
Field[] getDeclaredField(String name)	返回包含某些 Field 对象的数组，这些对象反映此 Class 对象所表示的类或接口所声明的所有字段。包括公共、保护、默认(包)访问和私有字段，但不包括继承的字段
Field[] getFields()	返回一个包含某些 Field 对象的数组，这些对象反映此 Class 对象所表示的类或接口的所有可访问公共字段，包括继承的公共字段
Method[] getMethods()	返回一个包含某些 Method 对象的数组，这些对象反映此 Class 对象所表示的类或接口(包括那些由该类或接口声明的以及从超类和超接口继承的那些类或接口)的公共成员方法
Method getMethod(String name, Class <?>... parameterTypes)	返回一个 Method 对象，反映此 Class 对象所表示的类或接口的指定公共成员方法
Class<?>[] getInterfaces()	返回该类所实现的接口的一个数组。确定此对象所表示的类或接口实现的接口
String getName()	以 String 的形式返回此 Class 对象所表示的实体(类、接口、数组类、基本类型或 void)名称
Package getPackage()	获取此类的包
Class<? super T> getSuperclass()	返回此 Class 所表示的实体(类、接口、基本类型或 void)的超类的 Class
T newInstance()	创建此 Class 对象所表示类的一个新实例
boolean isArray()	判定此 Class 对象是否表示一个数组类

表 8-1 中，大部分方法都用于获取一个类的结构，这些常用方法是掌握反射技术的基础，因此灵活运用这些方法就显得尤为重要。

在 Class 类中本身没有定义非私有的构造方法，因此不能通过 new 直接创建 Class

类的实例。获得 Class 类的实例有三种方式,具体如下。

(1) 通过“对象. getClass()”方式获取该对象的 Class 实例。

(2) 通过 Class 类的静态方法 forName(),用类的全路径名获取一个 Class 实例。

(3) 通过“类名. class”的方式来获取 Class 实例,对于基本数据类型的封装类,还可以采用. TYPE 来获取相对应的基本数据类型的 Class 实例。

需要注意的是,通过 Class 类的 forName()方法相比其他两种方法更灵活,其他两种方法都需要明确一个类,如果一个类操作不确定时,使用起来可能会受一些限制。但是 forName()方法只需要以字符串的方式传入即可,这样就让程序具备更大的灵活性,所以它也是三种方式中最常用的。

8.2.2 通过反射创建对象

当使用构造方法创建对象时,构造方法可以是有参数的,也可以是无参数的。同样,通过反射创建对象的方式也有两种,就是调用有参和无参构造方法,下面针对这两种方式进行详细讲解,具体如下。

1. 通过无参构造方法实例化对象

如果想通过 Class 类本身实例化其他类的对象,那么就可以使用 newInstance()方法,但是必须要保证被实例化的类中存在一个无参构造方法。接下来通过一个案例来演示如何通过无参构造方法实例化对象,如例 8-4 所示。

例 8-4 ReflectDemo01. java

```
1  package cn.itcast.chapter08.reflection;
2  class Person {
3      private String name;                        //定义属性 name,表示姓名
4      private int age;                            //定义属性 age,表示年龄
5      public String getName() {
6          return name;
7      }
8      public void setName(String name) {          //设置 name 属性
9          this.name=name;
10     }
11     public int getAge() {
12         return age;
13     }
14     public void setAge(int age) {               //设置 age 属性
15         this.age=age;
16     }
17     public String toString() {                  //重写 toString()方法
18         return "姓名:"+this.name+",年龄:"+this.age;
19     }
20 }
```

```
21 public class ReflectDemo01 {
22     public static void main(String[] args)throws Exception{
23         //传入要实例化类的完整"包.类"名称
24         Class clazz=Class.forName("cn.itcast.chapter08.reflection.Person");
25         //实例化 Person 对象
26         Person p= (Person)clazz.newInstance();
27         p.setName("李芳");
28         p.setAge(18);
29         System.out.println(p);
30     }
31 }
```

运行结果如图 8-2 所示。

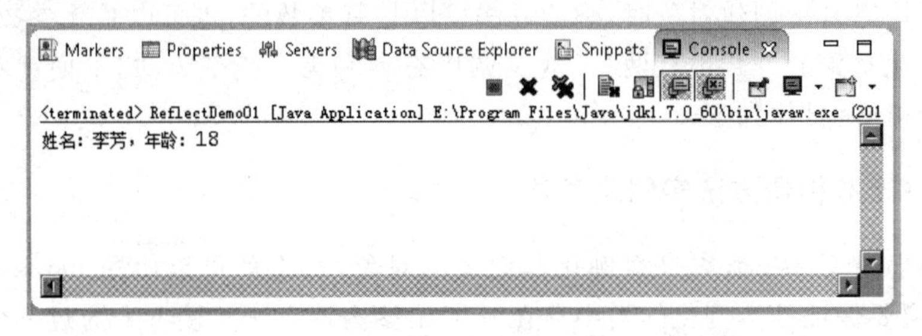

图 8-2 运行结果

在例 8-4 中，第 24 行代码通过 Class. forName()方法实例化 Class 对象，向方法中传入完整的"包.类"名称的参数，第 26 行代码直接调用 newInstance()方法实现对象的实例化操作。从图 8-2 中可以看出，程序输出了 p 对象的信息。

2. 通过有参构造方法实例化对象

当通过有参构造方法实例化对象时，需要分为三个步骤完成，具体如下。

(1) 通过 Class 类的 getConstructors()方法取得本类中的全部构造方法。

(2) 向构造方法中传递一个对象数组进去，里面包含构造方法中所需的各个参数。

(3) 通过 Constructor 类实例化对象。

需要注意的是，Constructor 类表示的是构造方法，该类有很多常用的方法，具体如表 8-2 所示。

表 8-2 Constructor 类的常用方法

方法声明	功能描述
int getModifiers()	获取构造方法的修饰符
String getName()	获得构造方法的名称
Class<? >[] getParameterTypes()	获取构造方法中参数的类型
T newInstance(Object... initargs)	向构造方法中传递参数，实例化对象

接下来，通过一个案例来演示如何通过有参构造方法实例化对象，如例 8-5 所示。

例 8-5 ReflectDemo02.java

```
1  package cn.itcast.chapter08.reflection;
2  import java.lang.reflect.Constructor;
3  class Person {
4      private String name;                          //定义属性 name,表示姓名
5      private int age;                              //定义属性 age,表示年龄
6      public Person(String name, int age){
7          this.name=name;
8          this.age=age;
9      }
10     public String getName(){
11         return name;
12     }
13     public void setName(String name){            //设置 name 属性
14         this.name=name;
15     }
16     public int getAge(){
17         return age;
18     }
19     public void setAge(int age){                 //设置 age 属性
20         this.age=age;
21     }
22     public String toString(){                    //重写 toString()方法
23         return "姓名:"+this.name+",年龄:"+this.age;
24     }
25 }
26 public class ReflectDemo02 {
27     public static void main(String[] args)throws Exception{
28         //传入要实例化类的完整"包.类"名称
29         Class clazz=Class.forName("cn.itcast.chapter08.reflection.Person");
30         //通过反射获取全部构造方法
31         Constructor cons[]=clazz.getConstructors();
32         //向构造方法中传递参数,并实例化 Person 对象
33         //因为只有一个构造方法,所以数组角标为 0
34         Person p= (Person)cons[0].newInstance("李芳",30);
35         System.out.println(p);
36     }
37 }
```

运行结果如图 8-3 所示。

在例 8-5 中,第 29 行代码用于获取 Person 类的 Class 实例,第 31 行代码通过 Class 实例取得了 Person 类中的全部构造方法,并以对象数组的形式返回,第 34 行代码用于向构造方法中传递参数,并实例化 Person 对象,由于在 Person 类中只有一个构造方法,所

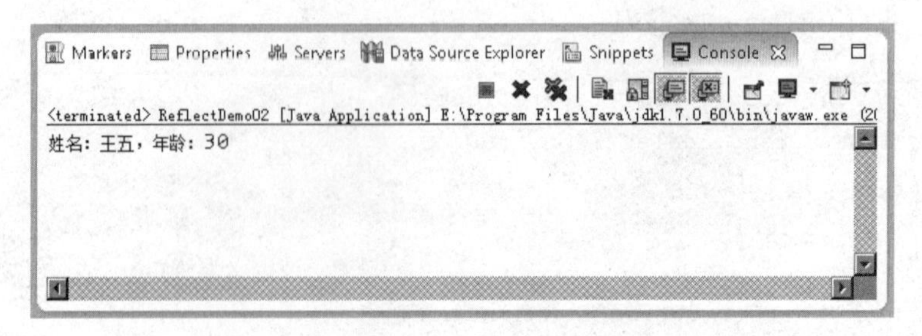

图 8-3 运行结果

以直接取出对象数组中的第一个元素即可。

需要注意的是，在实例化 Person 对象时，还必须考虑到构造方法中参数的类型顺序，第一个参数的类型为 String，第二参数的类型为 Integer。

8.2.3 通过反射访问属性

通过反射不仅可以创建对象，还可以访问属性。在反射机制中，属性的操作是通过 Filed 类实现的，它提供的 set()和 get()方法分别用于设置和获取属性。需要注意的是，如果访问的属性是私有的，则需要在使用 set()或 get()方法前，使用 Field 类中的 setAccessible()方法将需要操作的属性设置成可以被外界访问的。

为了帮助读者更好地理解如何通过反射访问属性，接下来，通过一个案例来演示，如例 8-6 所示。

例 8-6 ReflectDemo03. java

```
1  package cn.itcast.chapter08.reflection;
2  import java.lang.reflect.Field;
3  class Person {
4      private String name;                    //定义属性 name,表示姓名
5      private int age;                        //定义属性 age,表示年龄
6      public String toString(){               //重写 toString()方法
7          return "姓名:"+this.name+",年龄:"+this.age;
8      }
9  }
10 public class ReflectDemo03 {
11     public static void main(String[] args)throws Exception{
12         //获取 Person 类对应的 Class 对象
13         Class clazz=Class.forName("cn.itcast.chapter08.reflection.Person");
14         //创建一个 Person 对象
15         Object p=clazz.newInstance();
16         //获取 Person 类中指定名称的属性
17         Field nameField=clazz.getDeclaredField("name");
18         //设置通过反射访问该属性时取消权限检查
19         nameField.setAccessible(true);
```

```
20          //调用 set 方法为 p 对象的指定属性赋值
21          nameField.set(p, "李四");
22          //获取 Person 类中指定名称的属性
23          Field ageField=clazz.getDeclaredField("age");
24          //设置通过反射访问该属性时取消权限检查
25          ageField.setAccessible(true);
26          //调用 set 方法为 p 对象的指定属性赋值
27          ageField.set(p, 20);
28          System.out.println(p);
29      }
30 }
```

运行结果如图 8-4 所示。

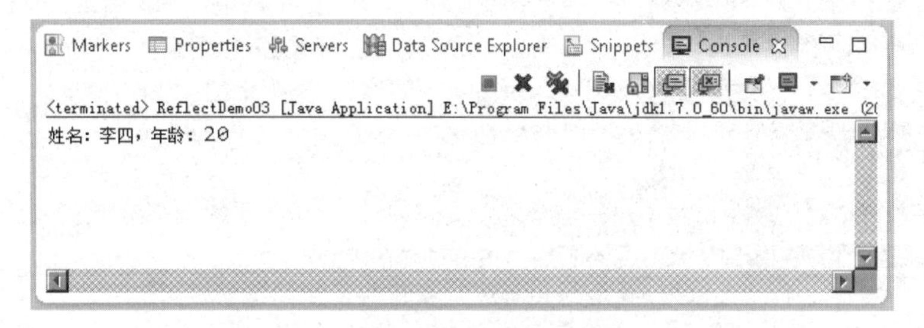

图 8-4 运行结果

在例 8-6 中，第 3～9 行代码定义了一个 Person 类，类中定义了两个私有属性 name 和 age。第 10～30 行代码定义了 ReflectDemo03 类，其中第 19 行代码用于取消访问属性时的权限检查，第 21 行代码用于调用 set 方法为对象的指定属性赋值。

8.2.4 通过反射调用方法

当获得某个类对应的 Class 对象后，就可以通过 Class 对象的 getMethods()方法或 getMethod()方法获取全部方法或者指定方法，getMethod()方法和 getMethods()这两个方法的返回值，分别是 Method 对象和 Method 对象数组。每个 Method 对象都对应一个方法，程序可以通过获取 Method 对象来调用对应的方法。在 Method 里包含一个 invoke()方法，该方法的定义具体如下：

```
public Object invoke(Object obj, Object... args)
```

在上述方法定义中，参数 obj 是该方法最主要的参数，它后面的参数 args 是一个相当于数组的可变参数，用来接收传入的实参。

为了帮助读者更好地学习如何通过反射调用方法，接下来通过一个案例来演示，如例 8-7 所示。

例 8-7 ReflectDemo04.java

```
1  package cn.itcast.chapter08.reflection;
2  import java.lang.reflect.Method;
3  class Person {
4      private String name;                    //定义属性 name,表示姓名
5      private int age;                        //定义属性 age,表示年龄
6      public String getName(){
7          return name;
8      }
9      public void setName(String name){       //设置 name 属性
10         this.name=name;
11     }
12     public int getAge(){
13         return age;
14     }
15     public void setAge(int age){            //设置 age 属性
16         this.age=age;
17     }
18     public String sayHello(String name,int age){      //定义 sayHello()方法
19         return "大家好,我是"+name+",今年"+age+"岁!";
20     }
21 }
22 public class ReflectDemo04 {
23     public static void main(String[] args)throws Exception{
24         //实例化 Class 对象
25         Class clazz=Class.forName("cn.itcast.chapter08.reflection.Person");
26         //获取 Person 类中名为 sayHello 的方法,该方法有两个形参
27         Method md=clazz.getMethod("sayHello", String.class, int.class);
28         //调用 sayHello()方法
29         String result=(String)md.invoke(clazz.newInstance(), "张三",35);
30         System.out.println(result);
31     }
32 }
```

运行结果如图 8-5 所示。

在例 8-7 中,第 25 行代码用于获取 Person 类的 Class 实例,第 27 行代码用于返回 sayHello()方法所对应的 Method 对象,由于 sayHello()方法本身要接收两个参数,因此在使用 Class 实例的 getMethod()方法时,除了要指定方法名称外,也需要指定方法的参数类型。在第 29 行代码中,通过 Method 对象的 invoke()方法实现 sayHello()方法的调用,并接收 sayHello()方法所传入的实参。

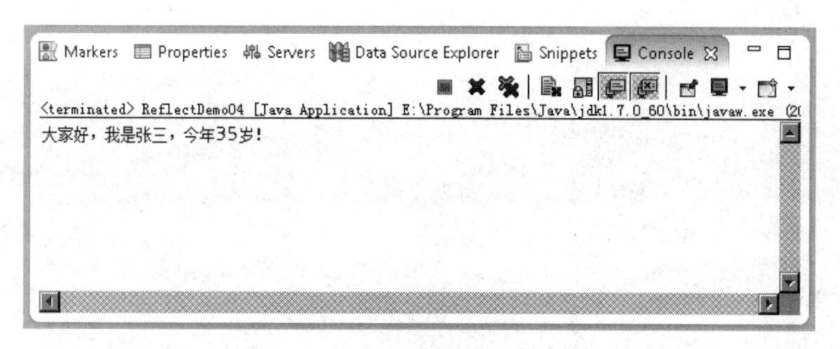

图 8-5 运行结果

8.3 内 省

JDK 中提供了一套 API 专门用于操作 Java 对象的属性，它比反射技术操作更加简便，这就是内省。本节将针对什么是内省、内省修改 JavaBean 的属性及内省读取 JavaBean 的属性进行详细的讲解。

8.3.1 什么是内省

在类 Person 中有属性 name，那么可以通过 getName()和 setName()来得到其值或者设置新的值，这是以前常用的方式。为了让程序员更好地操作 JavaBean 的属性，JDK 中提供了一套 API 用来访问某个属性的 getter 和 setter 方法，这就是内省。内省(Introspector) 是 Java 语言对 JavaBean 类属性、事件和方法的一种标准处理方式，它的出现有利于操作对象属性，并且可以有效地减少代码量。

内省访问 JavaBean 有两种方法，具体如下。

(1) 先通过 java.beans 包下的 Introspector 类获得 JavaBean 对象的 BeanInfo 信息，再通过 BeanInfo 来获取属性的描述器(PropertyDescriptor)，然后通过这个属性描述器就可以获取某个属性对应的 getter 和 setter 方法，最后通过反射机制来调用这些方法。

(2) 直接通过 java.beans 包下的 PropertyDescriptor 类来操作 Bean 对象。

为了让读者更好地了解什么是内省，接下来通过一个案例来演示如何使用内省获得 JavaBean 中的所有属性和方法。在演示内省操作前需要首先定义一个 JavaBean，在 chapter08 工程的 cn.itcast.chapter08.javabean 包下定义 Person 类，如例 8-8 所示。

例 8-8 Person.java

```
1  package cn.itcast.chapter08.javabean;
2  public class Person {
3      private String name;                        //定义属性 name,表示姓名
4      private int age;                            //定义属性 age,表示年龄
5      public String getName(){
```

```
6           return name;
7       }
8       public void setName(String name){             //设置 name 属性
9           this.name=name;
10      }
11      public int getAge(){
12          return age;
13      }
14      public void setAge(int age){                  //设置 age 属性
15          this.age=age;
16      }
17      //重写 toString()方法
18      public String toString(){
19          return "姓名:"+this.name+",年龄:"+this.age;
20      }
21 }
```

然后针对上面的JavaBean来演示具体的内省操作，如例8-9所示。

例 8-9 IntrospectorDemo01. java

```
1  package cn.itcast.chapter08.introspector;
2  import java.beans.BeanInfo;
3  import java.beans.Introspector;
4  import java.beans.PropertyDescriptor;
5  import cn.itcast.chapter08.javabean.Person;
6  public class IntrospectorDemo01 {
7      public static void main(String[] args)throws Exception {
8          //实例化一个 Person 对象
9          Person beanObj=new Person();
10         //依据 Person 产生一个相关的 BeanInfo 类
11         BeanInfo bInfoObject=Introspector.getBeanInfo(beanObj.getClass(),
12                 beanObj.getClass().getSuperclass());
13         String str="内省成员属性:\n";
14         //获取该 Bean 中的所有属性的信息，以 PropertyDescriptor 数组的形式返回
15         PropertyDescriptor[] mPropertyArray=bInfoObject
16                 .getPropertyDescriptors();
17         for(int i=0; i<mPropertyArray.length; i++){
18             //获取属性名
19             String propertyName=mPropertyArray[i].getName();
20             //获取属性类型
21             Class propertyType=mPropertyArray[i].getPropertyType();
22             //组合成"属性名(属性的数据类型)"的格式
23             str+=propertyName+"("+propertyType.getName()+")\n";
```

```
24          }
25          System.out.println(str);
26      }
27 }
```

运行结果如图 8-6 所示。

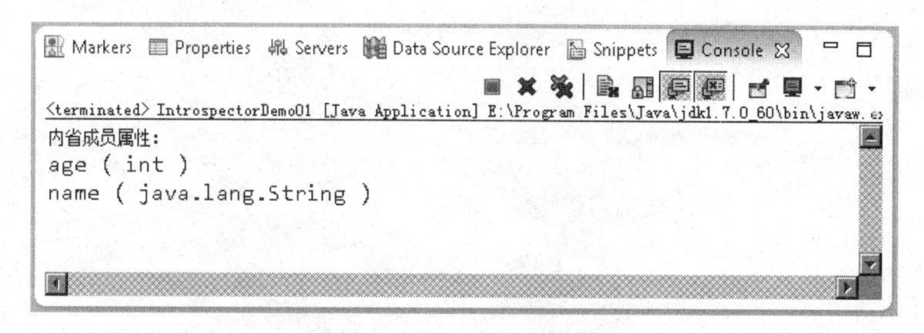

图 8-6　运行结果

在例 8-9 中,第 9 行代码用于创建 Person 类的对象,第 11、12 行代码通过内省调用 getBeanInfo()方法,获取 Person 类对象的 BeanInfo 信息,第 15、16 行代码通过 BeanInfo 获取属性的描述器,第 17～24 行代码遍历获取每个属性的属性信息。

8.3.2　修改 JavaBean 的属性

在 Java 中,还可以使用内省修改 JavaBean 的属性。为了让读者更好地掌握如何使用内省修改 JavaBean 的属性,接下来通过一个案例来演示,如例 8-10 所示。

例 8-10　IntrospectorDemo02.java

```
1  package cn.itcast.chapter08.introspector;
2  import java.beans.PropertyDescriptor;
3  import java.lang.reflect.Method;
4  import cn.itcast.chapter08.javabean.Person;
5  public class IntrospectorDemo02 {
6      public static void main(String[] args)throws Exception {
7          //创建 Person 类的对象
8          Person p=new Person();
9          //使用属性描述器获取 Person 类 name 属性的描述信息
10         PropertyDescriptor pd=new PropertyDescriptor("name",p.getClass());
11         //获取 name 属性对应的 setter 方法
12         Method methodName=pd.getWriteMethod();
13         //调用 setter 方法,并设置(修改)name 属性值
14         methodName.invoke(p, "小明");
15         //String 类型的数据,表示年龄
16         String val="20";
17         //使用属性描述器获取 Person 类 age 属性的描述信息
```

```
18          pd=new PropertyDescriptor("age",p.getClass());
19          //获取 age 属性对应的 setter 方法
20          Method methodAge=pd.getWriteMethod();
21          //获取属性的 Java 数据类型
22          Class clazz=pd.getPropertyType();
23          //根据类型来判断需要为 setter 方法传入什么类型的实参
24          if(clazz.equals(int.class)){
25              //调用 setter 方法,并设置(修改)age 属性值
26              methodAge.invoke(p, Integer.valueOf(val));
27          }else{
28              methodAge.invoke(p, val);
29          }
30          System.out.println(p);
31      }
32 }
```

运行结果如图 8-7 所示。

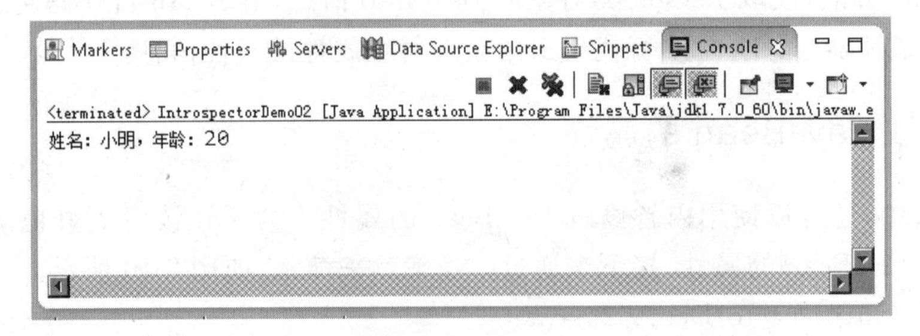

图 8-7 运行结果

在例 8-10 中,第 10 行代码通过 PropertyDescriptor 描述器获取 Person 类中 name 属性的描述信息,第 12 行代码用于获取 name 属性的 setter 方法,第 14 行代码调用 setter 方法并传入实参,第 22～29 行代码用于获取 age 属性的数据类型,然后根据类型来判断为 setter 传入什么类型的实参。需要注意的是,使用内省设置属性的值时,必须要设置对应数据类型的数据,否则程序会出错。

8.3.3 读取 JavaBean 的属性

通过前面章节的学习知道,Java 的内省可以修改 JavaBean 的属性,使用 PropertyDescriptor 类的 getWriteMethod()方法就可以获取属性对应的 setter 方法。在 JavaBean 中,属性的 getter 和 setter 方法是成对出现的,因此 Java 的内省也提供了读取 JavaBean 属性的方法,只要使用 PropertyDescriptor 类的 getReadMethod()方法即可。

为了让读者更好地掌握如何通过内省读取 JavaBean 的属性,接下来通过一个案例来演示,如例 8-11 所示。

例 8-11 IntrospectorDemo03.java

```
1  package cn.itcast.chapter08.introspector;
2  import java.beans.PropertyDescriptor;
3  import java.lang.reflect.Method;
4  import cn.itcast.chapter08.javabean.Person;
5  public class IntrospectorDemo03 {
6      public static void main(String[] args)throws Exception {
7          //创建 Person 类的对象
8          Person p=new Person();
9          //通过直接调用 setter 方法的方式为属性赋值
10         p.setName("李芳");
11         p.setAge(18);
12         //使用属性描述器获取 Person 类 name 属性的描述信息
13         PropertyDescriptor pd=new PropertyDescriptor("name",p.getClass());
14         //获取 name 属性对应的 getter 方法
15         Method methodName=pd.getReadMethod();
16         //调用 getter 方法,并获取 name 属性值
17         Object o=methodName.invoke(p);
18         System.out.println("姓名:"+o);
19         //使用属性描述器获取 Person 类 age 属性的描述信息
20         pd=new PropertyDescriptor("age",p.getClass());
21         //获取 name 属性对应的 setter 方法
22         Method methodAge=pd.getReadMethod();
23         //调用 getter 方法,并获取 age 属性值
24         o=methodAge.invoke(p);
25         System.out.println("年龄:"+o);
26     }
27 }
```

运行结果如图 8-8 所示。

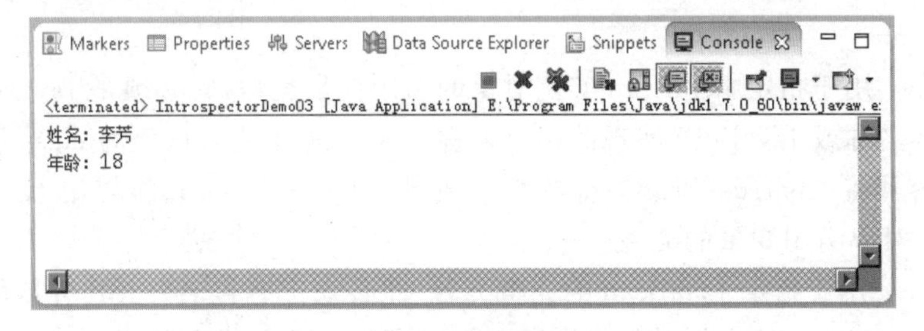

图 8-8 运行结果

在例 8-11 中，首先创建 Person 类的实例，再通过实例调用 setter 方法直接为属性赋值，然后通过内省读取设置后的属性值。第 17 行代码用于获取 Person 类中的 name 属性的描述信息，第 22 行代码通过调用 getReadMethod()方法获取 name 属性的 getter 方

法，第 24 行代码调用 getter 方法，并获取 name 属性值。

8.4 JSP 标签访问 JavaBean

为了在 JSP 页面中简单快捷地访问 JavaBean，并且充分地利用 JavaBean 的特性，JSP 规范专门定义了三个 JSP 标签<jsp:useBean>、<jsp:setProperty>和<jsp:getProperty>，本节将针对这三个标签分别进行详细的讲解。

8.4.1 <jsp:useBean> 标签

<jsp:useBean>标签用于在某个指定的域范围(pageContext、request、session、application 等)中查找一个指定名称的 JavaBean 对象，如果存在则直接返回该 JavaBean 对象的引用，如果不存在则实例化一个新的 JavaBean 对象并将它按指定的名称存储在指定的域范围中。<jsp:useBean>标签的语法格式如下所示：

```
<jsp:useBean id="beanInstanceName" [scope="{page | request | session |
application}"]
{
        class="package.class" |
        type="package.class" |
        class="package.class" type="package.class" |
        beanName="{package.class |<%=expression %>}" type="package.class"
} />
```

从上面的语法格式中可以看出，<jsp:useBean>标签中有 5 个属性，接下来就针对这 5 个属性进行讲解，具体如下。

(1) id：用于指定 JavaBean 实例对象的引用名称和其存储在域范围中的名称。

(2) scope：用于指定 JavaBean 实例对象所存储的域范围，其取值只能是 page、request、session 和 application 4 个值中的一个，其默认值是 page(关于域范围，请参看 7.4 节)。

(3) type：用于指定 JavaBean 实例对象的引用变量类型，它必须是 JavaBean 对象的类名称、父类名称或 JavaBean 实现的接口名称。type 属性的默认值为 class 属性的设置值，当 JSP 容器将<jsp:useBean>标签翻译成 Servlet 程序时，它将使用 type 属性值作为 JavaBean 对象引用变量的类型。

(4) class：用于指定 JavaBean 的完整类名(即必须带有包名)，JSP 容器将使用这个类名来创建 JavaBean 的实例对象或作为查找到的 JavaBean 对象的类型。

(5) beanName：用于指定 JavaBean 的名称，它的值也是 a. b. c 的形式，这既可以代表一个类的完整名称，也可以代表 a/b/c. ser 这样的资源文件。beanName 属性值将被作为参数传递给 java. beans. Beans 类的 instantiate()方法，创建出 JavaBean 的实例对象。需要注意的是，beanName 属性值也可以为一个脚本表达式。

在使用<jsp:useBean>标签时，id属性必须指定，scope属性可以不用指定，如果没有指定scope属性，则会使用它的默认值page。而对于class、type、beanName这三个属性，它们的使用方式有4种，可以参看<jsp:useBean>标签语法格式的第4～7行。为了更好地理解这三个属性的作用，接下来对它们的4种使用方式分别进行讲解，具体如下。

1. 单独使用class属性

由于<jsp:useBean>标签会用到JavaBean组件，因此在使用标签之前，首先在cn.itcast.chapter08.javabean包下创建两个JavaBean类Employee和Manager，Manager类继承自Employee类，这两个类具体如例8-12和例8-13所示。

例8-12 Employee.java

```
1  package cn.itcast.chapter08.javabean;
2  public class Employee {
3      private String company;
4      public String getCompany(){
5          return company;
6      }
7      public void setCompany(String company){
8          this.company=company;
9      }
10 }
```

例8-13 Manager.java

```
1  package cn.itcast.chapter08.javabean;
2  public class Manager extends Employee {
3      private double bonus;
4      public double getBonus(){
5          return bonus;
6      }
7      public void setBonus(double bonus){
8          this.bonus=bonus;
9      }
10 }
```

然后，创建一个useBean.jsp文件，在文件中使用<jsp:useBean>标签，如例8-14所示。

例8-14 useBean.jsp

```
1  <%@page language="java" pageEncoding="GBK"%>
2  <html>
3  <body>
4          <jsp:useBean id="manager" scope="page"
```

```
5              class="cn.itcast.chapter08.javabean.Manager" />
6  </body>
7  </html>
```

在例 8-14 中，使用了<jsp:useBean>标签，并设置了该标签的 id、scope 和 class 属性。为了了解这个标签中这三个属性的作用，在浏览器中访问 useBean.jsp 页面，然后在<Tomcat 安装目录>\work\Catalina\localhost\chapter08\org\apache\jsp 目录下查看 useBean.jsp 文件翻译成的 Servlet，可以看到<jsp:useBean>标签翻译成的 Java 代码如下所示：

```
...
cn.itcast.chapter08.javabean.Manager manager=null;
manager=(cn.itcast.chapter08.javabean.Manager)_jspx_page_context
            .getAttribute("manager",javax.servlet.jsp.PageContext.PAGE_SCOPE);
if(manager==null){
    manager=new cn.itcast.chapter08.javabean.Manager();
    _jspx_page_context.setAttribute("manager", manager,
                javax.servlet.jsp.PageContext.PAGE_SCOPE);
}
...
```

从上面的代码可以看到，JSP 容器首先定义一个引用变量 manager，manager 为 class 属性指定的类型，然后在 scope 属性指定的域范围中查找以 manager 为名称的 JavaBean 对象，如果该域范围中不存在指定 JavaBean 对象，JSP 容器会创建 class 属性指定类型的 JavaBean 实例对象，并用变量 manager 引用。

需要特别注意的是，翻译成的 Servlet 代码中，用于引用 JavaBean 实例对象的变量名和 JavaBean 存储在域中的名称均为 id 属性设置的值 manager。

2. 单独使用 type 属性

将上面<jsp:useBean>标签中的 class 属性改成 type 属性，示例代码具体如下：

```
<jsp:useBean id="manager" scope="page"
        type="cn.itcast.chapter08.javabean.Manager" />
```

刷新浏览器再次访问 useBean.jsp 页面，可以发现浏览器出现了 500 异常，如图 8-9 所示。

从图 8-9 中可以看出，发生异常的原因是 manager 这个 JavaBean 对象没有找到。为了找出发生异常的根源，仍然去<Tomcat 安装目录>\work\Catalina\localhost\chapter08\org\apache\jsp 目录下查看 useBean.jsp 文件翻译成的 Servlet，可以看到<jsp:useBean>标签翻译成的 Java 代码如下所示：

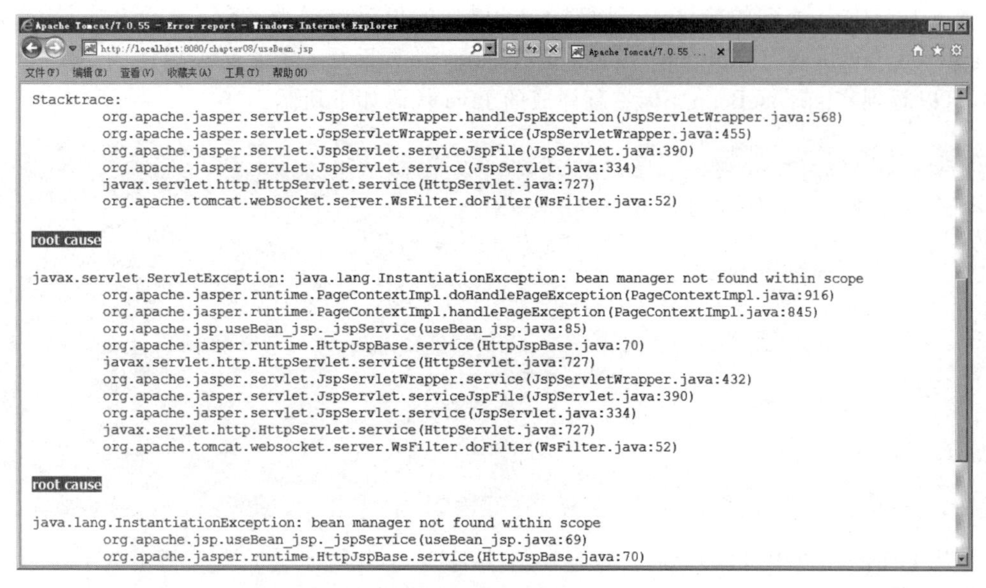

图 8-9　运行结果

```
...
cn.itcast.chapter08.javabean.Manager manager=null;
manager=(cn.itcast.chapter08.javabean.Manager)_jspx_page_context
        .getAttribute("manager",javax.servlet.jsp.PageContext.PAGE_SCOPE);
if(manager==null){
    throw new java.lang.InstantiationException("bean manager not found within
    scope");
}
...
```

从上面的代码中可以看出，当只设置了 type 属性值时，JSP 容器会在指定的域范围中查找以 id 属性值为名称的 JavaBean 对象，如果对象不存在，JSP 容器不会创建新的 JavaBean 对象，而会抛出 InstantiationException 异常。了解了源代码，就不难理解在访问 useBean.jsp 页面时为什么会出现异常了。

为了解决这个问题，在<jsp:useBean>标签上面写一段 JSP 脚本片段，为 pageContext 域增加一个属性，属性的名称为“manager”，值为 Manger 对象。JSP 脚本片段如下所示：

```
<%
    pageContext.setAttribute("manager",new cn.itcast.chapter08.javabean.
Manager());
%>
```

刷新浏览器再次访问 useBean.jsp 页面，发现浏览器页面中的异常消失了。

需要注意的是，<jsp:useBean>标签的 type 属性值还可以指定为 JavaBean 的父类或者由 JavaBean 实现的接口。下面对 type 属性的值进行修改，将其设置为“cn. itcast. chapter08. javabean. Employee”，访问 useBean. jsp 页面后，再次查看翻译的 Servlet 文件，可以看到<jsp:useBean>标签翻译成的 Java 代码如下所示：

```
...
cn.itcast.chapter08.javabean.Employee manager=null;
manager= (cn.itcast.chapter08.javabean.Employee)_jspx_page_context
        .getAttribute("manager",javax.servlet.jsp.PageContext.PAGE_SCOPE);
if(manager==null){
    throw new java.lang.InstantiationException("bean manager not found within
scope");
}
...
```

从上面的代码中可以看到，JSP 容器将 JavaBean 引用变量的类型指定为 type 属性的值“cn. itcast. chapter08. javabean. Employee”，同时将从域范围中查找到的 JavaBean 也转换成了 Employee 类型。

3. class 属性和 type 属性结合使用

由于 type 属性的默认值为 class 属性的设置值，也就是说在<jsp:useBean>标签中只要设置了 class 属性，相当于设置了 type 属性的默认值，因此这种情况和第一种情况相同，这里就不再赘述了。

4. beanName 属性和 type 属性的结合使用

将 useBean. jsp 页面中的 JSP 脚本片段去掉，并对<jsp:useBean>标签进行修改，使用 id、beanName 和 type 属性，示例代码具体如下：

```
<jsp:useBean id="manager" beanName="cn.itcast.chapter08.javabean.Manager"
            type="cn.itcast.chapter08.javabean.Manager" />
```

在浏览器中访问 useBean. jsp 页面，然后查看翻译的 Servlet 文件，可以看到<jsp:useBean>标签翻译成的 Java 代码如下所示：

```
...
cn.itcast.chapter08.javabean.Employee manager=null;
manager= (cn.itcast.chapter08.javabean.Employee)_jspx_page_context
        .getAttribute("manager",javax.servlet.jsp.PageContext.PAGE_SCOPE);
if(manager==null){
    try {
```

```
        manager=(cn.itcast.chapter08.javabean.Employee)java.beans.Beans
                .instantiate(this.getClass().getClassLoader(),
                        "cn.itcast.chapter08.javabean.Employee");
        } catch(java.lang.ClassNotFoundException exc){
            throw new InstantiationException(exc.getMessage());
        } catch(java.lang.Exception exc){
            throw new javax.servlet.ServletException(
                "Cannot create bean of class "
                    +"cn.itcast.chapter08.javabean.Employee",exc);
        }
_jspx_page_context.setAttribute("manager", manager,
        javax.servlet.jsp.PageContext.PAGE_SCOPE);
}
...
```

从上面的代码中可以看到，JSP容器会在scope属性指定的域范围中查找以id属性值为名称的JavaBean对象，如果该域范围中不存在指定JavaBean对象，JSP容器会将加载当前类的对象和beanName属性值作为参数传递给java.beans.Beans类的instantiate()方法，去创建新的JavaBean实例对象，如果创建成功，JSP容器会将该对象以id属性值为名称存储到scope属性指定的域范围中。至于instantiate()方法如何创建JavaBean对象这里就不再讲解了，如果有兴趣可以自己去查看源代码。

多学一招：体验带标签体的<jsp:useBean>标签

在<jsp:useBean>标签中可以使用标签体，其格式如下所示：

```
<jsp:useBean…>
     Body
</jsp:useBean>
```

在上述格式中，Body部分的内容只在<jsp:useBean>标签创建JavaBean的实例对象时才执行，如果在<jsp:useBean>标签的scope属性指定的域范围中存在以id属性值为名称的JavaBean对象，<jsp:useBean>标签的标签体Body将被忽略。接下来，通过一个案例对上述说法进行验证，其步骤如下所示：

（1）修改useBean.jsp页面中的<jsp:useBean>标签，为其增加标签体，具体示例代码如下：

```
<jsp:useBean id="manager" scope="page"
      class="cn.itcast.chapter08.javabean.Manager ">
         这里是标签体的内容
</jsp:useBean>
```

(2) 在浏览器中访问 useBean.jsp 页面，可以看到浏览器的显示结果如图 8-10 所示。

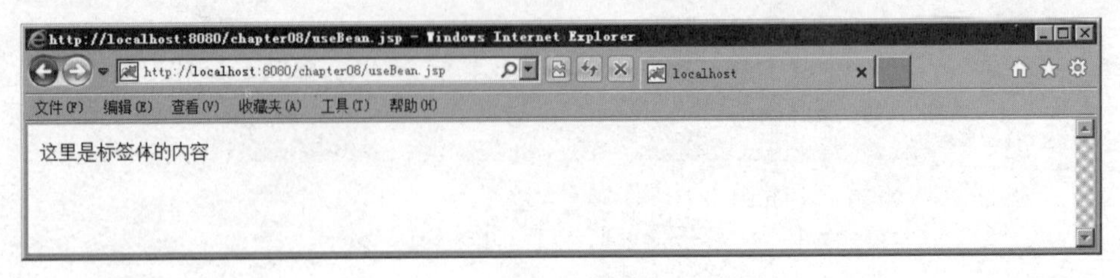

图 8-10 运行结果

从图 8-10 中可以看到，浏览器中显示了<jsp:useBean>标签体的内容，这是因为在访问 useBean.jsp 页面时，由于在当前 pageContext 域范围中不存在名称为"manager"的 Manager 对象，useBean.jsp 将创建该 JavaBean 对象并执行<jsp:useBean>标签体中的内容。刷新浏览器再次访问 useBean.jsp 页面，可以看到浏览器仍然显示出了标签的内容，这是因为 Manager 对象是存储在 pageContext 域中的，而 pageContext 域只在当前 JSP 页面中有效，每次访问 useBean.jsp 页面时，都会创建一个新的 pageContext 对象和 Manager 对象。

(3) 修改 useBean.jsp 页面中的<jsp:useBean>标签，将 scope 属性的值设置为 session，具体示例代码如下：

```
<jsp:useBean id="manager" scope="session"
     class="cn.itcast.chapter08.javabean.Manager">
        这里是标签体的内容
</jsp:useBean>
```

使用浏览器访问修改过的 useBean.jsp 页面，浏览器中显示出了<jsp:useBean>标签的标签体内容。再刷新浏览器，再次访问 useBean.jsp 页面，可以看到浏览器中不再显示标签体内容。这是因为在第一次访问 useBean.jsp 页面时，JSP 容器创建 JavaBean 对象保存在 session 域中，当再次访问 useBean.jsp 页面时，由于在当前会话中，存储在 session 域范围中的 JavaBean 对象为所有 JSP 页面共享，所以，<jsp:useBean>标签的这次执行过程将不再创建 JavaBean 对象，<jsp:useBean>标签体中的内容也就不会被执行。

8.4.2 < jsp:setProperty> 标签

通过 8.4.1 节的学习，了解到<jsp:useBean>标签可以创建 JavaBean 对象。但是，要想为 JavaBean 对象设置属性，还需要通过<jsp:setProperty>标签来实现。<jsp:setProperty>标签的语法格式如下：

```
<jsp:setProperty name="beanInstanceName"
{
    property="propertyName" value="{string |<%=expression %>}" |
```

```
    property="propertyName"  param="parameterName"  |
    property=" propertyName | * "
}/>
```

从上面的语法格式中可以看出，<jsp:setProperty>标签中有 4 个属性，接下来就针对这 4 个属性进行讲解，具体如下。

(1) name：用于指定 JavaBean 实例对象的名称，其值应该和<jsp:useBean>标签的 id 属性值相同。

(2) property：用于指定 JavaBean 实例对象的属性名。

(3) param：用于指定请求消息中参数的名字。在设置 JavaBean 的属性时，如果请求参数的名字和 JavaBean 属性的名字不同，可以使用 param 属性，将其指定的参数的值设置给 JavaBean 的属性。如果当前请求消息中没有 param 属性所指定的请求参数，那么<jsp:setProperty>标签什么事情也不做，它不会将 null 值赋给 JavaBean 属性，所设置的 JavaBean 属性仍将等于其原来的初始值。

(4) value：用于指定为 JavaBean 实例对象的某个属性设置的值。其值可以是一个字符串，也可以是一个 JSP 表达式。如果 value 属性的设置值是字符串，那么它将被自动转换成所要设置的 JavaBean 属性的类型。例如，如果 JavaBean 的属性为 int 类型，而 value 属性的设置值为"123"，JSP 容器会调用 Integer. valueOf 方法将字符串"123"转换成 int 类型的整数 123，然后调用 setter 方法将 123 设置为 JavaBean 属性的值。如果 value 属性的设置值是一个表达式，那么该表达式的结果类型必须与所要设置的 JavaBean 属性的类型一致。需要注意的是，value 属性和 param 属性不能同时使用。

在使用<jsp:setProperty>标签时，name 属性和 property 属性必须指定，property 属性可以单独使用，也可以和 value 属性或者 param 属性配合使用，下面就对 property 属性的三种使用方式进行讲解，具体如下所示。

1. property 属性单独使用

在单独使用 property 属性时，property 的属性值可以设置为 JavaBean 的一个属性名，也可以设置为一个星号(*)通配符。接下来就针对这两种情况进行介绍。

1) proeprty 的属性值为 JavaBean 的属性

当 property 属性的值为 JavaBean 的一个属性名时，JSP 容器会将请求消息中与 property 属性值同名的参数的值赋值给 JavaBean 对应的属性。为了更好地理解这种情况，接下来通过一个案例来进行演示。在 chapter08 工程下创建一个 setProperty. jsp 文件，文件中使用<jsp:useBean>标签和<jsp:setProperty>，其代码如例 8-15 所示。

例 8-15 setProperty. jsp

```
1  <%@page language="java" pageEncoding="GBK"
2      import="cn.itcast.chapter08.javabean.Manager"%>
3  <html>
4  <body>
```

```
5          <jsp:useBean id="manager" class="cn.itcast.chapter08.javabean.Manager" />
6          <jsp:setProperty name="manager" property="bonus" />
7          <%
8              manager= (Manager)pageContext.getAttribute("manager");
9              out.write("bonus属性的值为:"+manager.getBonus());
10         %>
11 </body>
12 </html>
```

在例 8-15 中,第 5 行代码使用<jsp:useBean>标签创建了一个 Manager 对象,并以“manager”为名称存储在 pageContext 域中,第 6 行代码使用<jsp:setProperty>标签,设置 property 属性的值为 Manager 对象的属性 bonus,第 8、9 行代码通过 JSP 脚本片段从 pageContext 域中取出 Manager 对象,然后向浏览器输出 Manager 对象的 bonus 属性值。

在浏览器地址栏中输入 URL 地址 http://localhost:8080/chapter08/setProperty.jsp? bonus=800.0 访问 setProperty.jsp 页面,可以看到浏览器显示的结果如图 8-11 所示。

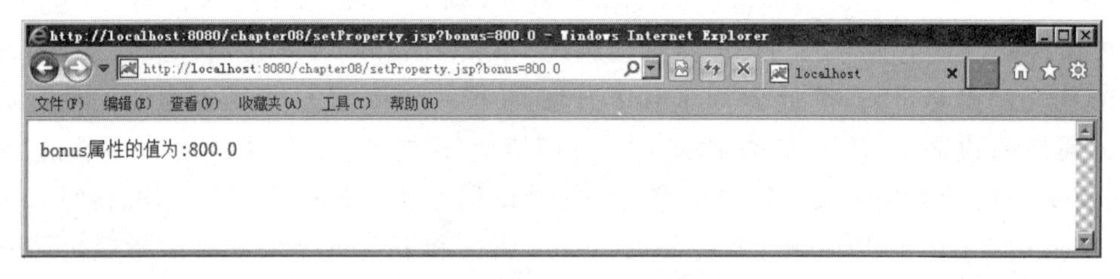

图 8-11 运行结果

从图 8-11 中可以看到,浏览器中显示的 bonus 属性的值为 800.0,和 URL 地址中参数 bonus 的值一致。这是因为在<jsp:setProperty>标签中,property 属性的值为 Manager 对象的属性 bonus,JSP 容器会在请求参数中寻找 bonus 参数,如果找到则把 bonus 参数的值赋给 Manager 对象的 bonus 属性。如果没有 bonus 参数或者 bonus 参数的值为空字符串(""),那么 JSP 容器不会对 Manager 对象的 bonus 属性值进行修改。

下面将例 8-13 中的 Manager 类进行修改,在定义 bonus 属性时赋初始值为 500.0,如例 8-16 所示。

例 8-16 Manager.java

```
1  package cn.itcast.chapter08.javabean;
2  public class Manager extends Employee {
3      private double bonus=500.0;
4      public double getBonus(){
5          return bonus;
6      }
```

```
7       public void setBonus(double bonus){
8           this.bonus=bonus;
9       }
10 }
```

在浏览器地址栏中输入“http://localhost:8080/chapter08/setProperty.jsp? bonus=”访问 setProperty.jsp 页面，浏览器显示的结果如图 8-12 所示。

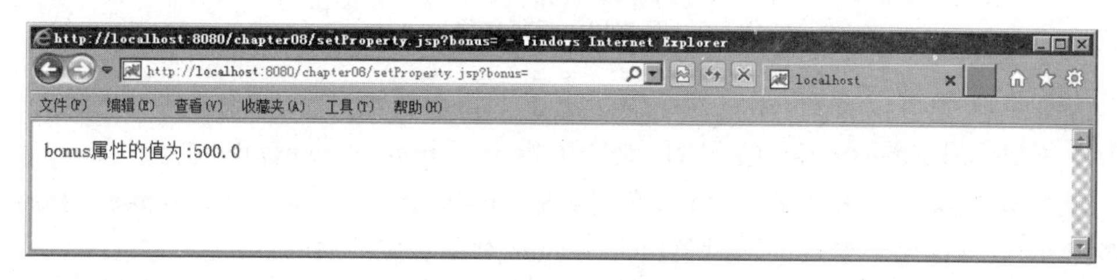

图 8-12　运行结果

从图 8-12 中可以看到，当 URL 地址中 bonus 参数的值为空字符串时，JSP 容器不会对 Manager 对象的 bonus 属性进行修改，其值还是初始值 500.0。

2) property 的属性值为星号(*)通配符

当 property 属性的值为星号(*)通配符时，JSP 容器会在请求消息中查找所有的请求参数，如果有参数的名字和 JavaBean 对象的属性名相同，JSP 容器会将参数的值设置为 JavaBean 对象对应属性的值。接下来通过一个案例对 property 属性的这种情况进行演示。修改 setProperty.jsp 文件，将<jsp:setProperty>标签中的 property 属性设置为星号(*)，并在 JSP 脚本片段中输出 Manager 对象的 bonus 和 company 属性的值，修改后的 setProperty.jsp 文件如例 8-17 所示。

例 8-17　setProperty.jsp

```
1  <%@page language="java" pageEncoding="GBK"
2      import="cn.itcast.chapter08.javabean.Manager"%>
3  <html>
4  <body>
5          <jsp:useBean id="manager" class="cn.itcast.chapter08.javabean.Manager" />
6          <jsp:setProperty name="manager" property="*" />
7          <%
8              manager=(Manager)pageContext.getAttribute("manager");
9              out.write("bonus 属性的值为:"+manager.getBonus()+"<br />");
10             out.write("company 属性的值为:"+manager.getCompany());
11         %>
12 </body>
13 </html>
```

在浏览器地址栏中输入 URL 地址 http://localhost:8080/chapter08/setProperty.jsp? bonus=800.0&company=itcast&address=beijing 访问 setProperty.jsp 页面，可

以看到浏览器的显示结果如图 8-13 所示。

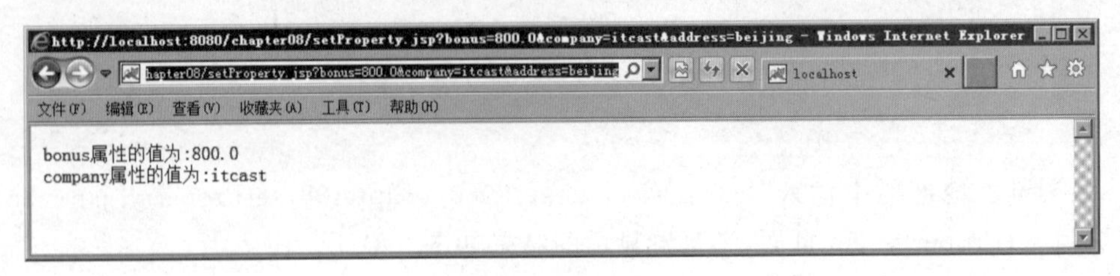

图 8-13 运行结果

从图 8-13 中可以看到，浏览器中显示出了 bonus 属性和 company 属性的值。这是因为在访问 setProperty.jsp 的 URL 地址中指定了 bonus、company 和 address 三个参数，JSP 容器将这三个参数进行遍历，发现参数 bonus 和 company 与 Manager 对象的属性匹配，所以将这两个参数的值赋值给 Manager 对象对应的属性。

2. property 属性和 param 属性配合使用

在实际开发中，很多时候服务器需要使用表单传递的数据为 JavaBean 对象的属性赋值，但是如果表单中表单项 name 属性的值和 JavaBean 中属性名不能对应，该如何对 JavaBean 对象的属性赋值呢？要想实现上述功能，就需要在<jsp:setProperty>标签中使用 param 属性，JSP 容器会将 param 属性指定的参数的值赋值给 JavaBean 的属性。

接下来，通过一个案例来演示这种情况。对 setProperty.jsp 文件进行修改，在其中增加一个表单，并在<jsp:setProperty>标签中使用 property 属性和 param 属性，修改后的 setProperty.jsp 文件如例 8-18 所示。

例 8-18 setProperty.jsp

```
1  <%@page language="java" pageEncoding="GBK"
2     import="cn.itcast.chapter08.javabean.Manager"%>
3  <html>
4  <body>
5        <form action="">
6             公司<input  type="text" name="corp">    <br/>
7             奖金<input  type="text" name="reward"><br/>
8             <input type="submit" value="提交">
9        </form>
10     <jsp:useBean id="manager" class="cn.itcast.chapter08.javabean.Manager" />
11     <jsp:setProperty name="manager" property="company" param="corp" />
12     <jsp:setProperty name="manager" property="bonus" param="reward" />
13     <%
14          manager=(Manager)pageContext.getAttribute("manager");
15          out.write("bonus 属性的值为:"+manager.getBonus()+"<br />");
16          out.write("company 属性的值为:"+manager.getCompany());
17       %>
```

```
18 </body>
19 </html>
```

例 8-18 中，两个表单项的 name 的属性值分别为 corp 和 reward，当提交表单时，它们会作为参数“corp=value&reward=value”添加到 URL 地址后面。由于这两个参数的名字和 Manager 对象的属性名不同，因此需要在<jsp:setProperty>标签中使用 param 属性，指定将参数 corp 和 reward 的值分别赋值给 Manager 对象的 company 属性和 bonus 属性。

在浏览器地址栏中输入 URL 地址 http://localhost:8080/chapter08/setProperty.jsp 访问 setProperty.jsp 文件，可以看到结果如图 8-14 所示。

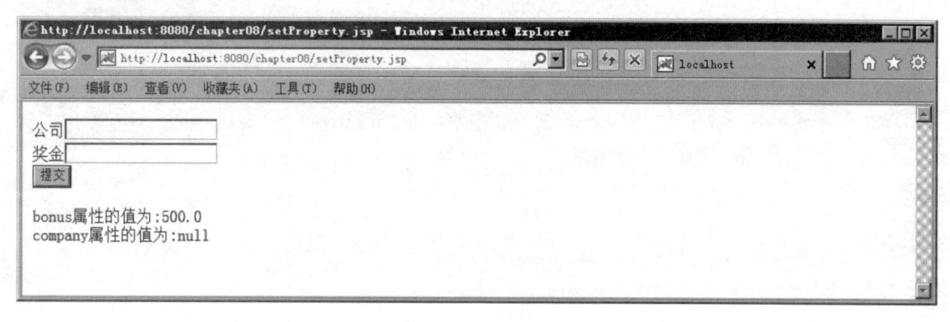

图 8-14 运行结果

从图 8-14 中可以看出，由于访问 setProperty.jsp 页面的 URL 地址没有带参数，因此 Manager 对象的 bonus 和 company 属性为默认值 500.0 和 null。

在表单的“公司”文本框和“奖金”文本框中分别填入“itcast”和“1000.0”，单击“提交”按钮，可以看到 JSP 容器将表单传递的数据分别赋值给了 Manager 对象的 company 属性和 bonus 属性，如图 8-15 所示。

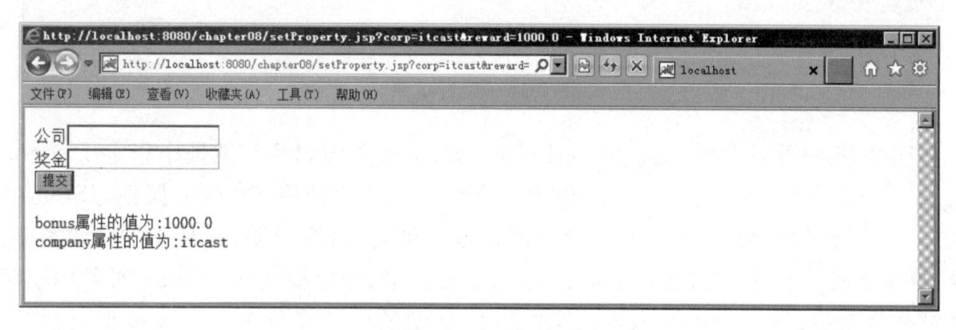

图 8-15 运行结果

3. property 属性和 value 属性配合使用

当 property 属性和 value 属性配合使用时，JSP 容器会使用 value 属性的值为 JavaBean 的属性赋值，即使在访问的 URL 地址中传入了与 JavaBean 属性对应的参数，JSP 容器也会将它们忽略。

接下来通过一个案例来演示上述情况。对 setProperty.jsp 页面进行修改，将页面中的表单删除，并在<jsp:setProperty>标签中使用 value 属性，修改后的 setProperty.jsp 文件如例 8-19 所示。

例 8-19 setProperty.jsp

```
1  <%@page language="java" pageEncoding="GBK"
2      import="cn.itcast.chapter08.javabean.Manager"%>
3  <html>
4  <body>
5          <jsp:useBean id="manager" class="cn.itcast.chapter08.javabean.Manager" />
6          <jsp:setProperty name="manager" property="company" value="itcast" />
7          <jsp:setProperty name="manager" property="bonus" value="1000.0" />
8          <%
9              manager=(Manager)pageContext.getAttribute("manager");
10             out.write("bonus属性的值为:"+manager.getBonus()+"<br />");
11             out.write("company属性的值为:"+manager.getCompany());
12         %>
13 </body>
14 </html>
```

在浏览器中输入 URL 地址 http://localhost:8080/chapter08/setProperty.jsp?company=baidu&bonus=750.0 访问 setProeprty.jsp 文件，可以看到浏览器的显示结果如图 8-16 所示。

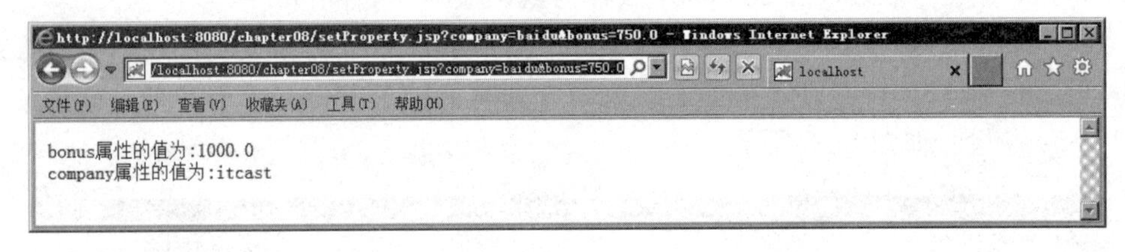

图 8-16 运行结果

从图 8-16 中可以看到，在访问 setProperty.jsp 文件时，URL 地址中指定了 company 参数和 bonus 参数，但由于在<jsp:setProperty>标签中使用了 value 属性，JSP 容器会使用 value 属性的值为 JavaBean 对象的属性进行赋值，而将 URL 地址中的参数忽略。

value 属性的值还可以通过 JSP 动态元素来指定，如果要为 JavaBean 对象中引用类型成员变量赋值，例如，为 Manager 类中 Date 类型的成员变量 birthday 赋值，就需要使用这种方式。

接下来通过一个案例来演示上述情况。对例 8-13 中的 Manager 类进行修改，为其增加一个可读写的属性 birthday，其代码如例 8-20 所示。

例 8-20 Manager.java

```
1  package cn.itcast.chapter08.javabean;
```

```
2  import java.util.Date;
3  public class Manager extends Employee {
4      private double bonus=500.0;
5      private Date birthday;
6  
7      public Date getBirthday(){
8          return birthday;
9      }
10     public void setBirthday(Date birthday){
11         this.birthday=birthday;
12     }
13     public double getBonus(){
14         return bonus;
15     }
16     public void setBonus(double bonus){
17         this.bonus=bonus;
18     }
19 }
```

对 setProperty.jsp 文件进行修改，将 value 属性的值设置为一个 Date 对象，使用该值为 Manager 对象的 birthday 属性赋值。修改后的 setProperty.jsp 文件如例 8-21 所示。

例 8-21 setProperty.jsp

```
1  <%@page language="java" pageEncoding="GBK"
2      import="cn.itcast.chapter08.javabean.Manager" import="java.util.Date"
3      import="java.text.SimpleDateFormat"%>
4  <html>
5  <body>
6      <%
7          Date date=new Date();
8          pageContext.setAttribute("date", date);
9      %>
10     <jsp:useBean id="manager" class="cn.itcast.chapter08.javabean.Manager" />
11     <jsp:setProperty name="manager" property="birthday" value="${date }" />
12     <%
13         manager=(Manager)pageContext.getAttribute("manager");
14         String formatDate=
15                 new SimpleDateFormat("yyyy-MM-dd hh:mm:ss").
16                 format(manager.getBirthday());
17         out.write("birthday属性的值为:"+formatDate);
18     %>
19 </body>
20 </html>
```

在浏览器地址栏中输入 URL 地址 http://localhost:8080/chapter08/setProperty.jsp 访问 setProperty.jsp 页面，可以看到 ${date}获取 pageContext 对象设置的值，并将这个值通过<jsp:setProperty>的 value 属性赋值给 Manager 对象的 birthday 属性，所以浏览器中显示出 birthday 属性的值为一个字符串形式的 Date 日期，如图 8-17 所示。

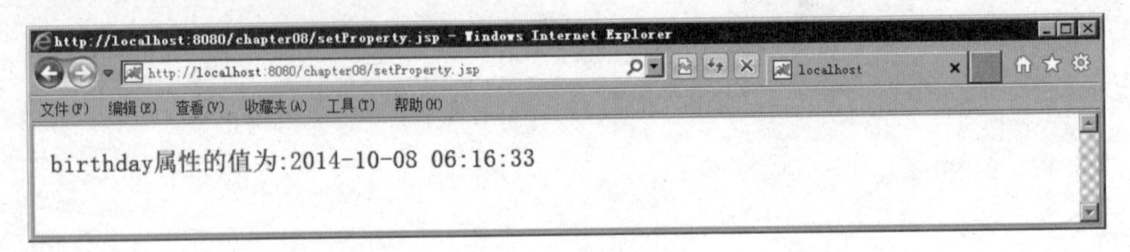

图 8-17 运行结果

8.4.3 <jsp:getProperty> 标签

为了获取 JavaBean 的属性值，JSP 规范提供了<jsp:getProperty>标签，它可以访问 JavaBean 的属性，并把属性的值转换成一个字符串发送到响应输出流中。如果 JavaBean 的属性值是一个引用数据类型的对象，<jsp:getProperty>标签会调用该对象的 toString()方法，如果 JavaBean 的属性值为 null，<jsp:getProperty>标签将会输出字符串"null"。<jsp:getProperty>标签的语法格式如下所示：

```
<jsp:getProperty name="beanInstanceName" property="PropertyName" />
```

从上面的语法格式中可以看出，<jsp:getProperty>标签中有两个属性，其含义具体如下所示。

(1) name：用于指定 JavaBean 实例对象的名称，其值应该和<jsp:useBean>标签的 id 属性值相同。

(2) property：用于指定 JavaBean 实例对象的属性名。

需要注意的是，在使用<jsp:getProperty>标签时，它的 name 属性和 property 属性都必须设置，不能省略。

至此，用于在 JSP 页面中操作 JavaBean 的三个标签都学习完了。为了让初学者更好地掌握这三个标签，接下来编写一个案例，在这个案例中将<jsp:useBean>、<jsp:setProperty>和<jsp:getProperty>这三个标签配合使用，其步骤如下所示。

(1) 编写 JavaBean 类 User，在 User 类中定义 name、gender、education 和 email 4 个可读写属性，具体如例 8-22 所示。

例 8-22 User.java

```
1  package cn.itcast.chapter08.javabean;
2  public class User {
3      private String name;
4      private String gender;
```

```
5      private String education;
6      private String email;
7      public String getName(){
8          return name;
9      }
10     public void setName(String name){
11         this.name=name;
12     }
13     public String getGender(){
14         return gender;
15     }
16     public void setGender(String gender){
17         this.gender=gender;
18     }
19     public String getEducation(){
20         return education;
21     }
22     public void setEducation(String education){
23         this.education=education;
24     }
25     public String getEmail(){
26         return email;
27     }
28     public void setEmail(String email){
29         this.email=email;
30     }
31 }
```

(2) 编写注册表单页面 login.jsp 用于填写用户信息，具体如例 8-23 所示。

例 8-23 login.jsp

```
1  <%@page language="java" pageEncoding="GBK"%>
2  <html>
3  <head>
4       <title>注册信息</title>
5  </head>
6  <body>
7       <form action="/chapter08/userInfo.jsp" method="post">
8           姓名:<input type="text" name="name" /><br/>
9           性别:<input type="radio" name="gender" value="man"
10              checked="checked" />man
11              <input type="radio" name="gender" value="woman" />woman  <br/>
12          学历:<select name="education">
```

```
13                    <option value="select">请选择</option>
14                    <option value="high_school_student">
15                    high_school_student</option>
16                    <option value="undergraduate">undergraduate</option>
17                    <option value="graduate">graduate</option>
18                    <option value="doctor">doctor</option>
19                 </select>  <br/>
20            邮箱:<input type="text" name="mail" /><br />
21                 <input type="submit" value="提交"/>
22        </form>
23 </body>
24 </html>
```

需要注意的是，例 8-23 中的表单项名称 name、性别 gender、学历 education 与 User 对象的属性名称一致，而邮箱名称 mail 与 User 对象的属性名称不一致。

(3) 编写处理表单的页面 userInfo.jsp，在 userInfo.jsp 中使用三个标签将表单提交信息封装到一个 User 对象中，同时将这些信息在浏览器页面中显示出来。userInfo.jsp 文件如例 8-24 所示。

例 8-24 userInfo.jsp

```
1  <%@page language="java" pageEncoding="GBK"%>
2  <html>
3  <head>
4  <title>用户信息</title>
5  </head>
6  <body>
7        <jsp:useBean id="user" class="cn.itcast.chapter08.javabean.User" />
8        <jsp:setProperty name="user" property="*" />
9        <jsp:setProperty name="user"  property="email" param="mail" />
10       姓名:<jsp:getProperty name="user" property="name" />  <br />
11       性别:<jsp:getProperty name="user" property="gender" /><br />
12       学历:<jsp:getProperty name="user" property="education" /><br />
13       邮箱:<jsp:getProperty name="user" property="email" />
14 </body>
15 </html>
```

在例 8-24 中，使用了两个<jsp:setProperty>标签，第一个标签将 property 属性的值设置为星号(*)，它用于设置 User 对象中和请求参数同名的属性的值，第二个标签中设置了 param 属性，它将 name 属性值为 mail 的表单项传递的值赋值给 User 的 email 属性。在代码的第 10～13 行，使用 4 个<jsp:getProperty>标签分别获得 User 对象属性的值并输出到浏览器页面。

(4) 在浏览器地址栏中输入 URL 地址 http://localhost:8080/chapter08/login.jsp 访问 login.jsp,并填入用户信息,浏览器显示结果如图 8-18 所示。

注册信息 - Windows Internet Explorer
http://localhost:8080/chapter08/login.jsp
文件(F) 编辑(E) 查看(V) 收藏夹(A) 工具(T) 帮助(H)
姓名:Rose
性别: man woman
学历:doctor
邮箱:rose@itcast.cn
提交

图 8-18 运行结果

单击图 8-18 中的"提交"按钮,可以看到浏览器显示出了 User 对象 4 个属性的值,如图 8-19 所示。

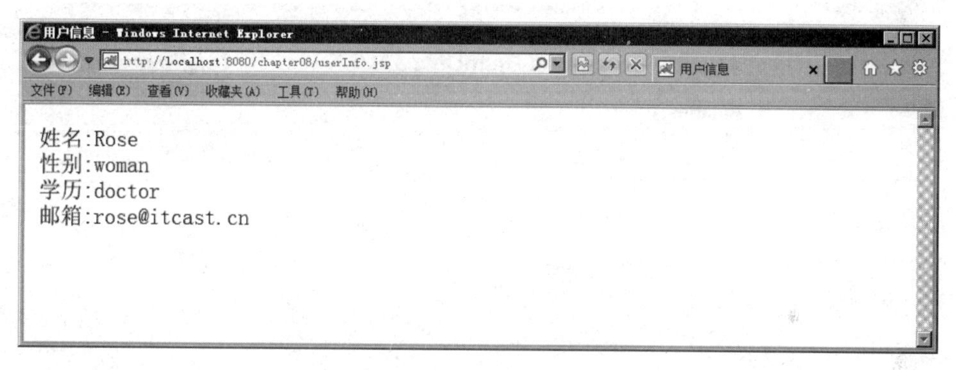

图 8-19 运行结果

由程序的运行结果可以看出,<jsp:useBean>、<jsp:setProperty>和<jsp:getProperty>这三个标签配合使用,成功完成了 JSP 标签访问 JavaBean 实现提交用户信息的功能。

8.5 BeanUtils 工具

BeanUtils 工具是由 Apache 软件基金会提供的,用于操作 JavaBean 的 API,它提供了比反射和内省更为简单和易用的操作,掌握它的使用将有助于提高程序的开发效率。本节将针对什么是 BeanUtils 工具及 BeanUtils 工具的应用案例进行详细的讲解。

8.5.1 什么是 BeanUtils

大多数 Java 程序开发人员过去习惯于创建 JavaBean 然后通过调用 JavaBean 属性对应的 getXxx 和 setXxx 方法来访问属性。但是,由于各种 Java 工具和框架层出不穷,并不能保证属性对应的getXxx和setXxx方法总能被调用，因此动态访问Java对象的属性是必要的，尽管Java语言提供了反射和内省的API，但是这些API相当复杂且操作非常烦琐。为此，Apache软件基金会提供了一套简单、易用的API——BeanUtils工具。

截至目前，BeanUtils的最新版本为Apache Commons BeanUtils 1.9.2，读者可以根据需要下载相应的版本。BeanUtils工具包的官网首页地址为http://commons.apache.org/proper/commons-beanutils，登录到官网首页后，单击左边菜单栏BEANUTILS→Download选项，即可跳转到BeanUtils的下载页面，如图8-20所示。

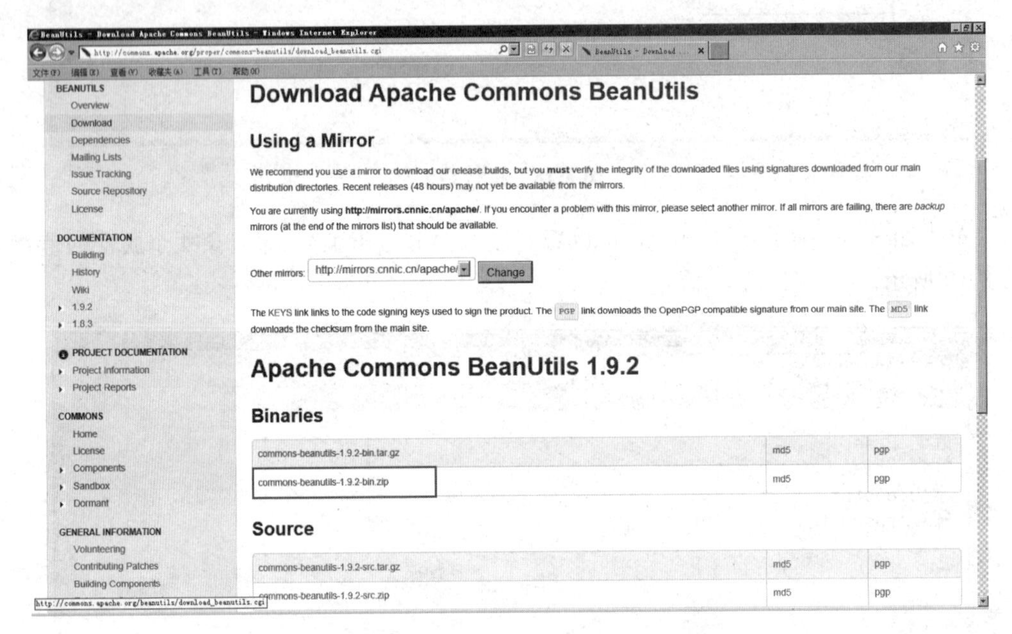

图8-20 BeanUtils下载页面

在图8-20中单击方框标识的链接就可以进行下载，解压下载后的文件便可获得BeanUtils开发所需的jar包。需要注意的是，BeanUtils工具包还需要一个logging包来配合使用，logging包中包装了各种日志API的实现，感兴趣的读者可以进入官网(http://commons.apache.org/proper/commons-logging)下载。

BeanUtils工具中封装了许多类，其中最核心的是org.apache.commons.beanutils包下的BeanUtils类，接下来，针对BeanUtils类的常用方法进行简单的介绍，具体如表8-3所示。

表8-3 BeanUtils类的常用方法

方法声明	功能描述
static String getMappedProperty(Object bean, String name)	返回指定bean中指定索引属性的值，返回值类型为String类型
static String getMappedProperty(Object bean, String name, String key)	返回指定bean中指定索引属性的值，返回值类型为String类型

续表

方法声明	功能描述
static String getProperty(Object bean, String name)	返回指定 bean 指定属性的值，返回值类型为 String 类型
static void populate(Object bean, Map <String,? extends Object> properties)	根据指定的名称/值对为相应的 JavaBean 属性设置值
static void setProperty(Object bean, String name, Object value)	设置指定的属性值，传入的类型要求能转换成相应属性的类型

表 8-3 中列举了 BeanUtils 类的常用方法及其功能的描述，掌握这些方法对灵活运用 BeanUtils 工具尤为重要。

为了让读者熟悉 BeanUtils 类的常用方法，接下来通过一个案例来演示使用 setProperty()和 getProperty()方法访问 JavaBean 的属性，具体如例 8-25 所示。

例 8-25 BeanUtilsDemo01. java

```
1  package cn.itcast.chapter08.beanutils;
2  import org.apache.commons.beanutils.BeanUtils;
3  import cn.itcast.chapter08.javabean.Person;
4  public class BeanUtilsDemo01 {
5      public static void main(String[] args)throws Exception{
6          Person p=new Person();
7          //使用 BeanUtils 为属性赋值
8          BeanUtils.setProperty(p, "name", "Jack");
9          BeanUtils.setProperty(p, "age", 10);
10         //使用 BeanUtils 获取属性值
11         String name=BeanUtils.getProperty(p, "name");
12         String age=BeanUtils.getProperty(p, "age");
13         System.out.println("我的名字是"+name+",我今年"+age+"岁了!");
14     }
15 }
```

运行结果如图 8-21 所示。

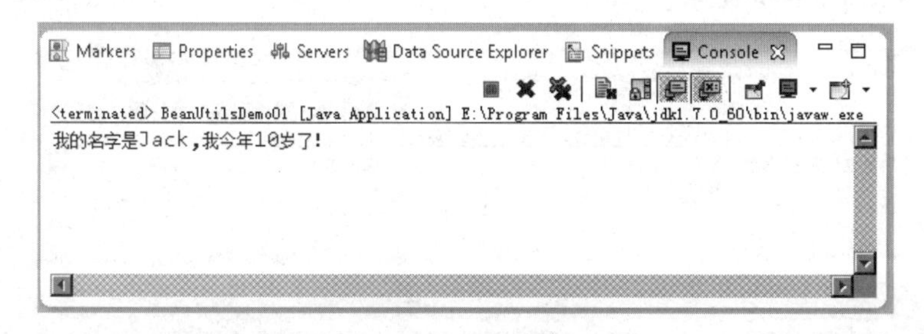

图 8-21 运行结果

例 8-25 实现了使用 BeanUtils 为 JavaBean 的属性先赋值然后再取值的功能，第 8、

9 行代码使用 setProperty()方法分别为 name 和 age 属性赋值为 Jack 和 10，第 11、12 行代码使用 getProperty()方法分别获取 name 和 age 属性的值，第 13 行代码打印出这些值。

8.5.2 案例——BeanUtils 工具访问 JavaBean 的属性

为了帮助读者更好地掌握 BeanUtils 工具的使用，接下来通过一个案例来演示如何使用 BeanUtils 工具访问 JavaBean 的属性，如例 8-26 所示。

例 8-26 BeanUtilsDemo02. java

```
1  package cn.itcast.chapter08.beanutils;
2  import java.util.HashMap;
3  import java.util.Map;
4  import org.apache.commons.beanutils.BeanUtils;
5  import cn.itcast.chapter08.javabean.Person;
6  public class BeanUtilsDemo02 {
7      public static void main(String[] args) throws Exception {
8          //获取指定 JavaBean 的 Class 对象
9          Class clazz=Class.forName("cn.itcast.chapter08.javabean.Person");
10         //创建对象
11         Person p= (Person) clazz.newInstance();
12         //创建 map 集合,用于存放属性及其属性值
13         Map<String, Object>map=new HashMap<String, Object>();
14         map.put("name", "张三");
15         map.put("age", 10);
16         //使用 populate()方法为对象的属性赋值
17         BeanUtils.populate(p, map);
18         //打印赋值后对象的信息
19         System.out.println(p);
20     }
21 }
```

运行结果如图 8-22 所示。

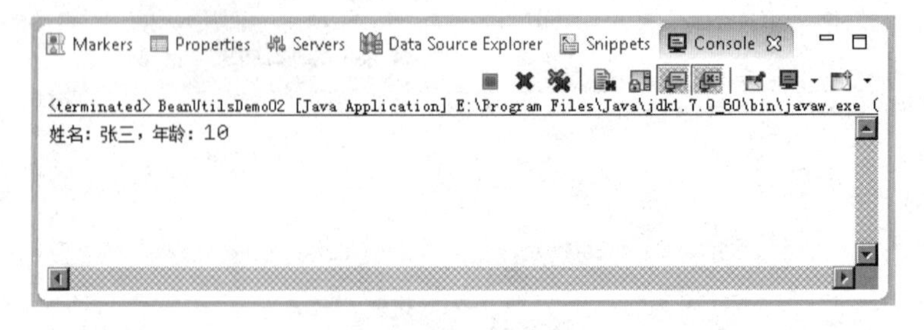

图 8-22 运行结果

在例 8-26 中，第 9～11 行代码使用反射创建了 Person 对象，第 13～15 代码创建了

一个map集合,并将属性name和age及其对应的值以键值对的形式存放到map中,第17行代码使用BeanUtils类中的populate()方法一次性为多个属性赋值,第19行代码打印赋值后对象的信息,从运行结果可以看出,成功为name和age两个属性赋值。

小　结

本章主要讲解了JavaBean、反射、内省、JSP标签访问JavaBean以及BeanUtils工具等知识,通过本章的学习,能够了解什么是JavaBean,熟练掌握通过内省、JSP标签和BeanUtils工具访问JavaBean,并掌握反射的基本操作。

测　一　测

1. 请编写一个类,实现通过对象得到完整的"包.类"名称的功能。

2. 设计程序,使用BeanUtils工具为Person对象(JavaBean类)赋值。

(1) 直接生成User对象。

(2) 使用BeanUtils工具为name属性赋值youjun,age赋值为31。

(3) 使用BeanUtils工具取出属性值,并在控制台输出。

第9章 chapter 9

JSP 开发模型

学习目标

- 了解什么是JSP开发模型。
- 掌握MVC设计模式的原理。
- 掌握JSP Model1和JSP Model2模型的原理。
- 学会使用JSP Model1和JSP Model2模型开发程序。

思政案例

JSP技术在Web应用程序的开发过程中运用十分广泛,它功能强大,是当前流行的动态网页技术标准之一。使用JSP技术开发Web应用程序,有两种开发模型可供选择,通常称为JSP Model1和JSP Model2。本章将主要针对JSP的两种模型以及MVC模式进行详细讲解。

9.1 JSP 开发模型

9.1.1 JSP Model

JSP Model即JSP的开发模型,在Web开发中,为了更方便地使用JSP技术,Sun公司为JSP技术提供了两种开发模型:JSP Model1和JSP Model2。JSP Model1简单轻便,适合小型Web项目的快速开发;JSP Model2模型是在JSP Model1的基础上提出的,它提供了更清晰的代码分层,更适用于多人合作开发的大型Web项目,实际开发过程中可以根据项目需求,选择合适的模型。接下来就针对这两种开发模型分别进行详细介绍。

1. JSP Model1

在讲解JSP Model1前,先来了解一下JSP开发的早期模型。在早期使用JSP开发的Java Web应用中,JSP文件是一个独立的、能自主完成所有任务的模块,它负责处理业务逻辑、控制网页流程和向用户展示页面等,接下来通过一张图来描述JSP早期模型的工作原理,如图9-1所示。

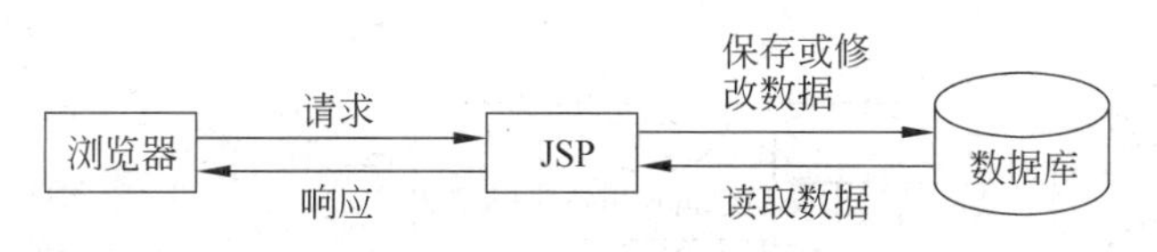

图 9-1　早期模型的工作原理图

从图 9-1 中可以看出，浏览器请求 JSP，JSP 直接对数据库进行各种操作，将结果响应给浏览器。但是在程序中，JSP 页面功能的“过于复杂”给开发带来了一系列的问题，例如 JSP 页面中 HTML 代码和 Java 代码强耦合在一起，代码的可读性很差，数据、业务逻辑、控制流程混合在一起，使得程序难以修改和维护。为了解决上述问题，Sun 公司提供了一种 JSP 开发的架构模型——JSP Model1。

JSP Model1 采用 JSP+JavaBean 的技术，将页面显示和业务逻辑分开。其中，JSP 实现流程控制和页面显示，JavaBean 对象封装数据和业务逻辑。接下来通过一张图来描述 JSP Model1 的工作原理，如图 9-2 所示。

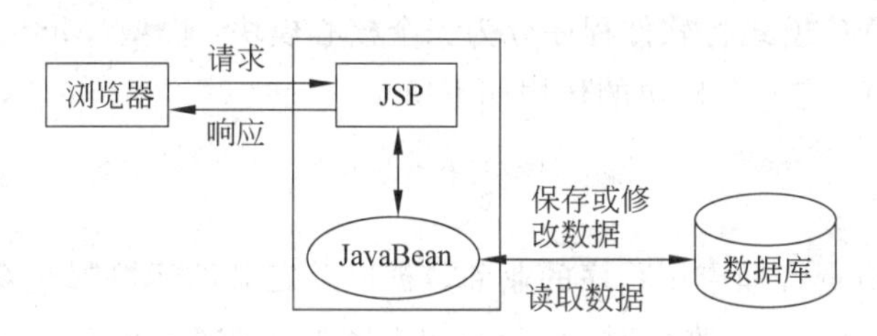

图 9-2　JSP Model1 模型的工作原理图

从图 9-2 中可以看出，JSP Model1 模型将封装数据以及处理数据的业务逻辑的任务交给了 JavaBean 组件，JSP 只负责接受用户请求和调用 JavaBean 组件来响应用户的请求，这种设计实现了数据、业务逻辑和页面显示的分离，在一定程度上实现了程序开发的模块化，降低了程序修改和维护的难度。

2. JSP Model2

JSP Model1 虽然将数据和部分的业务逻辑从 JSP 页面中分离出去，但是 JSP 页面仍然需要负责流程控制和产生用户界面，对于一个业务流程复杂的大型应用程序来说，在 JSP 页面中依旧会嵌入大量的 Java 代码，给项目管理带来很大的麻烦。为了解决这样的问题，Sun 公司在 Model1 的基础上提出了 JSP Model2 架构模型。

JSP Model2 架构模型采用 JSP+Servlet+JavaBean 的技术，此技术将原本 JSP 页面中的流程控制代码提取出来，封装到 Servlet 中，从而实现了整个程序页面显示、流程控制和业务逻辑的分离。实际上 JSP Model2 模型就是 MVC 设计模式，其中控制器的角色是由 Servlet 实现，视图的角色是由 JSP 页面实现，模型的角色是由 JavaBean 实现。接下来通过一张图来描述 Model2 的工作原理，如图 9-3 所示。

从图 9-3 中可以看出，Servlet 充当了控制器的角色，它接受用户请求，并实例化 JavaBean 对象封装数据和对业务逻辑进行处理，然后将调用 JSP 页面显示 JavaBean 中的数据信息。

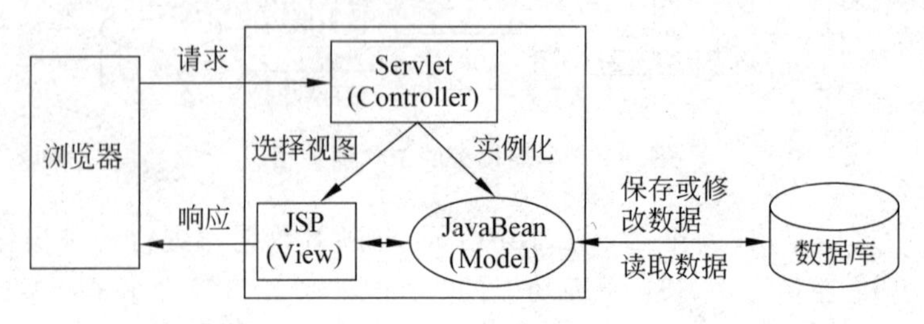

图 9-3 JSP Model2 模型的工作原理图

9.1.2 MVC 设计模式

在学习 9.1.1 节时，提到了 MVC 设计模式，它是施乐帕克研究中心在 20 世纪 80 年代为编程语言 Smalltalk-80 发明的一种软件设计模式，提供了一种按功能对软件进行模块划分的方法。MVC 模式将软件程序分为三个核心模块：模型(Model)、视图(View)和控制器(Controller)，这三个模块的作用如下所示。

1. 模型

模型(Model)负责管理应用程序的业务数据以及定义访问控制和修改这些数据的业务规则。当模型的状态发生改变时，它会通知视图发生改变，并为视图提供查询模型状态的方法。

2. 视图

视图(View)负责与用户进行交互，它从模型中获取数据向用户展示，同时也能将用户请求传递给控制器进行处理。当模型的状态发生改变时，视图会对用户界面进行同步更新，从而保持与模型数据的一致性。

3. 控制器

控制器(Controller)是负责应用程序中处理用户交互的部分，它负责从视图中读取数据，控制用户输入，并向模型发送数据。为了帮助读者更加清晰直观地看到这三个模块之间的关系，接下来通过一张图来描述 MVC 组件类型的关系和功能图，如图 9-4 所示。

从图 9-4 可以看出这三个模块的关系，借助这个图例来梳理一下 MVC 模式的工作流程：当控制器接收到用户的请求后，它根据请求信息调用模型组件的业务方法，控制器调用模型组件处理完毕后，根据模型的返回结果选择相应的视图组件来显示处理结果和模型中的数据。

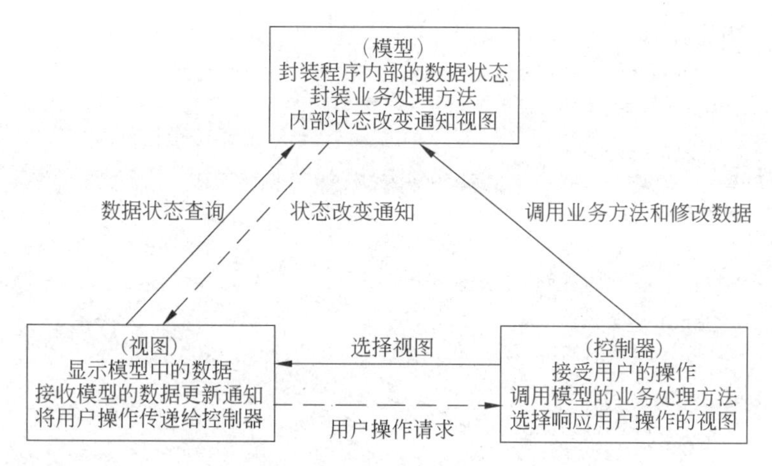

图 9-4 MVC 模型组件类型的关系和功能图

9.2 JSP Model1 案例

通过对 JSP Model 的学习基本了解了什么是 JSP Model1，接下来通过一个简单的网络计算器程序来深化对该模型的理解，实现加、减、乘、除运算的功能，具体步骤如下所示。

1. 编写 Calculator 类

在 Eclipse 中创建工程 chapter09，在 chapter09 工程下编写 Calculator 类，该类用于封装计算器中的数据，如运算符号、运算数等。Calculator 类的代码如例 9-1 所示。

例 9-1 Calculator. java

```
1  package cn.itcast.chapter09.model1.domain;
2  import java.math.BigDecimal;
3  import java.util.HashMap;
4  import java.util.Map;
5  import java.util.regex.Pattern;
6  public class Calculator {
7      //firstNum 表示第一个运算数
8      private String firstNum;
9      //secondNum 表示第二个运算数
10     private String secondNum;
11     //operator 表示运算符
12     private char operator;
13     //error 用于封装错误信息
14     private Map<String, String>errors=new HashMap<String, String> ();
15
```

```
16    //属性 setter 和 getter 方法
17    public Map<String, String>getErrors(){
18        return errors;
19    }
20    public void setErrors(Map<String, String>errors){
21        this.errors=errors;
22    }
23    public String getFirstNum(){
24        return firstNum;
25    }
26    public void setFirstNum(String firstNum){
27        this.firstNum=firstNum;
28    }
29    public String getSecondNum(){
30        return secondNum;
31    }
32    public void setSecondNum(String secondNum){
33        this.secondNum=secondNum;
34    }
35    public char getOperator(){
36        return operator;
37    }
38    public void setOperator(char operator){
39        this.operator=operator;
40    }
41    /*
42     * calculate()方法根据传入的运算数和符号进行运算
43     */
44    public String calculate(){
45        BigDecimal result=null;
46        BigDecimal first=new BigDecimal(firstNum);
47        BigDecimal second=new BigDecimal(secondNum);
48        switch(operator){
49        case '+':
50            result=first.add(second);
51            break;
52        case '-':
53            result=first.subtract(second);
54            break;
55        case '*':
56            result=first.multiply(second);
57            break;
58        case '/':
```

```
59              if("0".equals(secondNum)){
60                  throw new RuntimeException("除数不能为 0!");
61              }
62              result=first.divide(second);
63              break;
64          default:
65              break;
66          }
67          return result.toString();
68      }
69      /*
70       * validate()方法用于验证表单传入的数据是否合法
71       */
72      public boolean validate(){
73          //flag是标识符,如果数据合法 flag为 true,反之为 false
74          boolean flag=true;
75          Pattern p=Pattern.compile("\\d+");              //正则表达式,匹配数字
76          if(firstNum==null || "".equals(firstNum)){      //判断不能为空
77              errors.put("firstNum", "第一个运算数不能为空");
78              flag=false;
79          } else if(!p.matcher(firstNum).matches()){      //判断不能为非数字
80              errors.put("firstNum", "第一个运算数必须为数字");
81              flag=false;
82          }
83          if(secondNum==null || "".equals(secondNum)){
84              errors.put("secondNum", "第二个运算数不能为空");
85              flag=false;
86          } else if(!p.matcher(secondNum).matches()){
87              errors.put("secondNum", "第二个运算数必须为数字");
88              flag=false;
89          }
90          return flag;
91      }
92  }
```

从例 9-1 中可以看出,Calculator 类除了定义 4 个封装数据的属性,同时定义了 calculate()和 validate()方法进行业务逻辑的处理,其中 calculate()方法用于对传入的运算数进行运算,该方法为了避免运算时发生精度的丢失,将字符串类型的运算数转换成了 BigDecimal 类型。需要注意的是,当运算符为"/"时,参数 secondNum 的值不能是"0",否则程序会抛出除 0 异常。

2. 编写 calculator.jsp 文件

该文件中实现了两个功能，第一是显示网络计算器的页面，接收用户输入的运算数和运算符号信息，第二是将用户输入的数据封装在 Calculator 类中，并将运算结果显示出来。calculator.jsp 文件的代码如例 9-2 所示。

例 9-2 calculator.jsp

```
1  <%@page language="java" pageEncoding="GBK" import="java.util.Map"%>
2  <!DOCTYPE html PUBLIC "-//W3C//DTD HTML 4.01
3  Transitional//EN" "http://www.w3.org/TR/html4/loose.dtd">
4  <html>
5      <head>
6          <title>calculator</title>
7      </head>
8      <body>
9          <jsp:useBean id="calculator"
10             class="cn.itcast.chapter09.model1.domain.Calculator" />
11         <jsp:setProperty property="*" name="calculator" />
12         <%
13             if(calculator.validate()){
14         %>
15         <font color="green">运算结果:
16         <jsp:getProperty property="firstNum" name="calculator" />
17         <jsp:getProperty property="operator" name="calculator" />
18         <jsp:getProperty property="secondNum" name="calculator" />
19         =<%=calculator.calculate()%></font>
20         <%
21             } else {
22                 Map<String, String>errors=calculator.getErrors();
23                 pageContext.setAttribute("errors", errors);
24             }
25         %>
26         <form action="" method="post">
27             第一个运算数:<input type="text" name="firstNum" />
28             <font color="red">${errors.firstNum}</font><br />
29             运算符:<select name="operator" style="margin-left: 100px">
30                         <option value="+">+</option>
31                         <option value="-">-</option>
32                         <option value="*">*</option>
33                         <option value="/">/</option>
34                     </select><br />
35             第二个运算数:<input type="text" name="secondNum" />
36             <font color="red">${errors.secondNum}</font><br />
```

```
37            <input type="submit" value="计算" />
38        </form>
39    </body>
40 </html>
```

在例 9-2 中，首先使用标签<jsp:useBean>创建 Calculator 对象，并使用<jsp:setProperty>标签为对象中的 firstNum、secondNum 和 operator 属性赋值。接着，调用 calculator 的 validate()方法对 firstNum 和 secondNum 属性值的合法性进行验证，如果验证通过，则使用<jsp:getProperty>标签分别获得这个三属性的值，并调用 calculator 的 calculate()方法得到运算结果，将 4 个值组成一个字符串算式，如“5 * 3=15”。如果不能验证通过，调用 calculator 的 getErrors()方法获得封装错误信息的 Map 集合，将集合存储在 pageContext 域中，这些错误信息会在计算器输入框的后面进行显示。

3. 运行程序

将 chapter09 工程添加到 Tomcat 服务器，并启动服务器，然后在浏览器地址栏中输入 URL 地址 http://localhost:8080/chapter09/calculator.jsp 访问 calculator.jsp 页面，结果如图 9-5 所示。

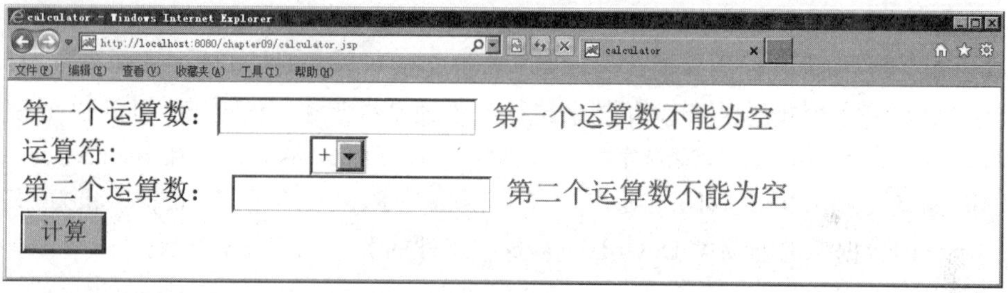

图 9-5 运行结果

从图 9-5 中可以看出，页面提示运算数不能为空。这是因为第一次访问 calculator.jsp 页面，URL 地址中没有带任何参数，Calculator 对象中 firstNum 属性和 secondNum 属性的值为默认值 null，因此在调用 validate()方法时无法通过验证。这时，在如图 9-5 所示的页面中填写运算数 5 和 3，选择运算符“ * ”，单击“计算”按钮提交表单，可以看到浏览器显示出了 5 * 3 的运算结果，具体如图 9-6 所示。

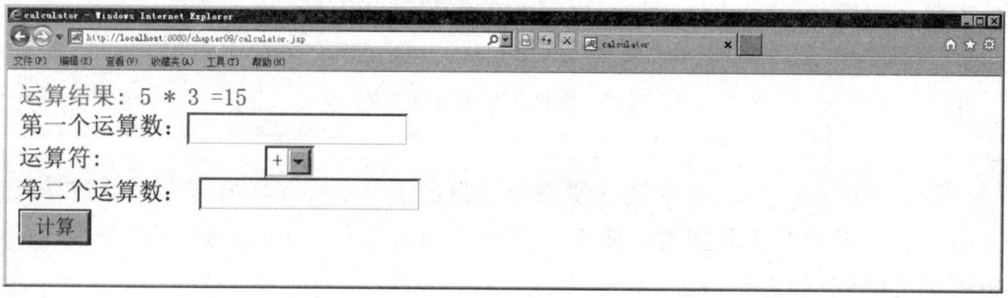

图 9-6 5 * 3 的运算结果

需要注意的是,如果在 calculator. jsp 的文本框中输入的不是数字,而是符号或者字母,在调用 validate()方法验证时,浏览器会有输入错误的提示,具体如图 9-7 所示。

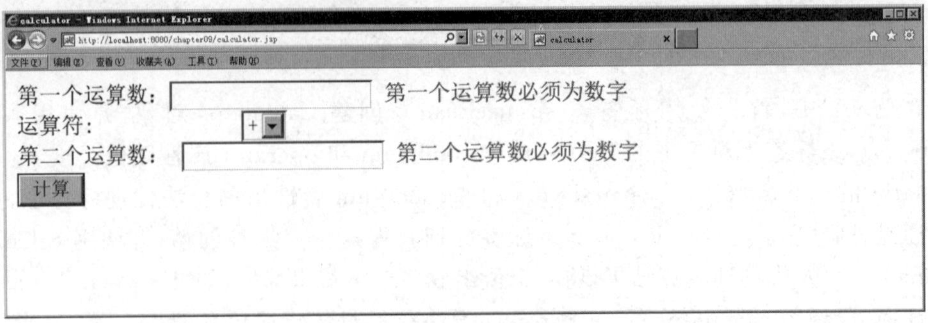

calculator - Windows Internet Explorer
http://localhost:8080/chapter09/calculator.jsp
第一个运算数: 第一个运算数必须为数字
运算符: +
第二个运算数: 第二个运算数必须为数字
计算

图 9-7 验证失败的运行结果

9.3 JSP Model2 案例

9.3.1 案例分析

通过前面章节的学习知道,JSP Model2 模型是一种 MVC 模式。由于 MVC 模式中的功能模块相互独立,并且使用该模式的软件具有极高的可维护性、可扩展性和可复用性,因此,使用 MVC 开发模式的 Web 应用越来越受到欢迎。接下来,按照 JSP Model2 的模型思想编写一个用户注册的程序,该程序中包含两个 JSP 页面 register. jsp 和 loginSuccess. jsp、一个 Servlet 类 ControllerServlet. java、两个 JavaBean 类 RegisterFormBean. java 和 UserBean. java、一个访问数据库的辅助类 DbUtil. java,这些组件的关系如图 9-8 所示。

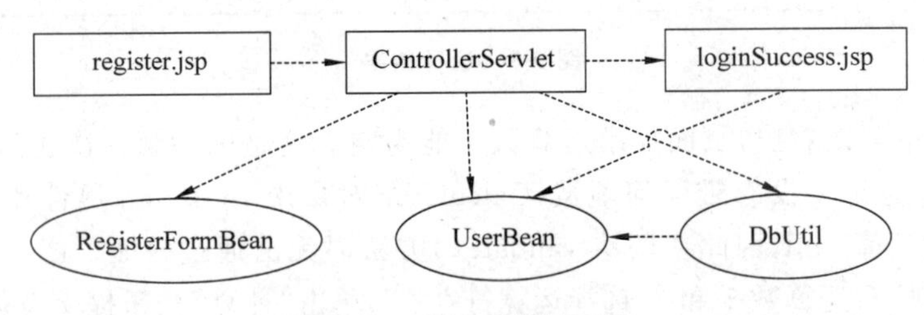

图 9-8 程序组件关系图

关于各个程序组件的功能和相互之间的工作关系如下所示。

(1) UserBean 是代表用户信息的 JavaBean,ControllerServlet 根据用户注册信息创建出一个 UserBean 对象,并将对象添加到 DbUtil 对象中,loginSuccess. jsp 页面从 UserBean 对象中提取用户信息进行显示。

(2) RegisterFormBean 是封装注册表单信息的 JavaBean,其内部定义的方法用于对从 ControllerServlet 中获取到的注册表单信息中的各个属性(也就是注册表单内的各个字段中所填写的数据)进行校验。

(3) DbUtil 是用于访问数据库的辅助类,它相当于一个 DAO(数据访问对象),在

DbUtil类中封装了一个HashMap对象来模拟数据库，HashMap对象中的每一个元素即为一个UserBean对象。

(4) ControllerServlet是控制器，它负责处理用户注册的请求，如果注册成功，就会跳到loginSuccess.jsp页面；如果注册失败，重新跳回到register.jsp页面并显示错误信息。

(5) register.jsp是显示用户注册表单的页面，它将注册请求提交给ControllerServlet程序处理。

(6) loginSuccess.jsp是用户登录成功后进入的页面，新注册成功的用户自动完成登录，直接进入loginSuccess.jsp页面。

9.3.2 案例实现

通过上面的案例分析，了解了用户登录程序中所需要的组件以及各个组件的作用，接下来分步骤实现用户登录程序，具体如下。

1. 编写UserBean类

在chapter09工程下创建包cn.itcast.chapter09.model2.domain，在包中定义UserBean类用于封装用户信息，UserBean类中定义三个String类型的属性name、password和email，UserBean类的代码如例9-3所示。

例9-3 UserBean.java

```
1  package cn.itcast.chapter09.model2.domain;
2  public class UserBean {
3      private String name;
4      private String password;
5      private String email;
6      public String getName(){
7          return name;
8      }
9      public void setName(String name){
10         this.name=name;
11     }
12     public String getPassword(){
13         return password;
14     }
15     public void setPassword(String password){
16         this.password=password;
17     }
18     public String getEmail(){
19         return email;
```

```
20      }
21      public void setEmail(String email){
22          this.email=email;
23      }
24 }
```

2. 编写 RegisterFormBean 类

在 cn. itcast. chapter09. model2. domain 包中定义 RegisterFormBean 类封装注册表单信息。RegisterFormBean 类中定义了 4 个 String 类型的属性 name、password、password2 和 emails 以及一个 Map 类型的成员变量 errors，其中 name、password、password2 和 emails 属性用于引用注册表单页面传入的用户名、密码、确认密码和 email 信息，errors 成员变量用于封装表单验证时的错误信息。RegisterFormBean 类的代码如例 9-4 所示。

例 9-4 RegisterFormBean. java

```
1  package cn.itcast.chapter09.model2.domain;
2  import java.util.HashMap;
3  import java.util.Map;
4  public class RegisterFormBean {
5      private String name;
6      private String password;
7      private String password2;
8      private String email;
9      private Map<String, String>errors=new HashMap<String, String>();
10     public String getName() {
11         return name;
12     }
13     public void setName(String name) {
14         this.name=name;
15     }
16     public String getPassword() {
17         return password;
18     }
19     public void setPassword(String password) {
20         this.password=password;
21     }
22     public String getPassword2() {
23         return password2;
24     }
25     public void setPassword2(String password2) {
26         this.password2=password2;
```

```
27      }
28      public String getEmail() {
29          return email;
30      }
31      public void setEmail(String email) {
32          this.email=email;
33      }
34      public boolean validate() {
35          boolean flag=true;
36          if (name==null || name.trim().equals("")) {
37              errors.put("name", "请输入姓名.");
38              flag=false;
39          }
40          if (password==null || password.trim().equals("")) {
41              errors.put("password", "请输入密码.");
42              flag=false;
43          } else if (password.length() >12 || password.length()<6) {
44              errors.put("password", "请输入 6-12 个字符.");
45              flag=false;
46          }
47          if (password !=null && !password.equals(password2)) {
48              errors.put("password2", "两次输入的密码不匹配.");
49              flag=false;
50          }
51          //对 email 格式的校验采用了正则表达式
52          if (email==null || email.trim().equals("")) {
53              errors.put("email", "请输入邮箱.");
54              flag=false;
55          } else if (!email
56          .matches("[a-zA-Z0-9_-]+@[a-zA-Z0-9_-]+(\.[a-zA-Z0-9_-]+)+")) {
57              errors.put("email", "邮箱格式错误.");
58              flag=false;
59          }
60          return flag;
61      }
62      //向 Map 集合 errors 中添加错误信息
63      public void setErrorMsg(String err, String errMsg) {
64          if ((err !=null) && (errMsg !=null)) {
65              errors.put(err, errMsg);
66          }
67      }
68      //获取 errors 集合
```

```
69     public Map<String, String>getErrors() {
70         return errors;
71     }
72 }
```

从例 9-4 中可以看出，除了定义一些属性和成员变量，还定义了三个方法。其中，setErrorsMsg()方法用于向 errors 集合中存放错误信息，getErrors()方法用于获取封装错误信息的 errors 集合，validate()方法用于对注册表单内的各个字段中所填写的数据进行校验，其实现原理和例 9-1 中的 validate()方法相同，这里就不再赘述。

3. 编写 DBUtil 类

在 chapter09 工程下创建包 cn. itcast. chapter09. model2. util，在包中定义 DBUtil 类，具体代码如例 9-5 所示。

例 9-5 DBUtil. java

```
1  package cn.itcast.chapter09.model2.util;
2  import java.util.HashMap;
3  import cn.itcast.chapter09.model2.domain.UserBean;
4  public class DBUtil {
5      private static DBUtil instance=new DBUtil();
6      private HashMap<String,UserBean>users=new HashMap<String,UserBean>();
7      private DBUtil()
8      {
9          //向数据库(users)中存入两条数据
10         UserBean user1=new UserBean();
11         user1.setName("Jack");
12         user1.setPassword("12345678");
13         user1.setEmail("jack@it315.org");
14         users.put("Jack ",user1);
15 
16         UserBean user2=new UserBean();
17         user2.setName("Rose");
18         user2.setPassword("abcdefg");
19         user2.setEmail("rose@it315.org");
20         users.put("Rose ",user2);
21     }
22     public static DBUtil getInstance()
23     {
24         return instance;
25     }
26     //获取数据库(users)中的数据
27     public UserBean getUser(String userName)
```

```
28      {
29          UserBean user= (UserBean)users.get(userName);
30          return user;
31      }
32      //向数据库(users)插入数据
33      public boolean insertUser(UserBean user)
34      {
35          if(user==null)
36          {
37              return false;
38          }
39          String userName=user.getName();
40          if(users.get(userName)!=null)
41          {
42              return false;
43          }
44          users.put(userName,user);
45          return true;
46      }
47 }
```

例9-5定义的DBUtil是一个单例类，它实现了两个功能。第一个功能是定义一个HashMap集合users，用于模拟数据库，并向数据库中存入了两条学生的信息。第二个功能是定义了getUser()方法和insertUser()方法来操作数据库，其中getUser()方法用于获取数据库中的用户信息，insertUser()方法用于向数据库中插入用户信息。需要注意的是，在insertUser()方法进行信息插入操作之前会判断数据库中是否存在同名的学生信息，如果存在则不执行插入操作，方法返回false，反之表示插入操作成功，方法返回true。

4. 编写ControllerServlet类

在chapter09工程下创建包cn.itcast.chapter09.model2.web，在包中定义ControllerServlet类，具体代码如例9-6所示。

例9-6 ControllerServlet.java

```
1 package cn.itcast.chapter09.model2.web;
2 import java.io.IOException;
3 import javax.servlet.ServletException;
4 import javax.servlet.http.HttpServlet;
5 import javax.servlet.http.HttpServletRequest;
6 import javax.servlet.http.HttpServletResponse;
7 import cn.itcast.chapter09.model2.domain.RegisterFormBean;
8 import cn.itcast.chapter09.model2.domain.UserBean;
```

```
9  import cn.itcast.chapter09.model2.util.DBUtil;
10 public class ControllerServlet extends HttpServlet {
11     public void doGet(HttpServletRequest request,
12         HttpServletResponse response)throws ServletException, IOException {
13         this.doPost(request, response);
14     }
15     public void doPost(HttpServletRequest request,
16         HttpServletResponse response)throws ServletException, IOException {
17         response.setHeader("Content-type", "text/html;charset=GBK");
18         response.setCharacterEncoding("GBK");
19         String name=request.getParameter("name");
20         String password=request.getParameter("password");
21         String password2=request.getParameter("password2");
22         String email=request.getParameter("email");
23         RegisterFormBean formBean=new RegisterFormBean();
24         formBean.setName(name);
25         formBean.setPassword(password);
26         formBean.setPassword2(password2);
27         formBean.setEmail(email);
28         if(!formBean.validate()){
29             request.setAttribute("formBean", formBean);
30             request.getRequestDispatcher("/register.jsp")
31             .forward(request, response);
32             return;
33         }
34         UserBean userBean=new UserBean();
35         userBean.setName(name);
36         userBean.setPassword(password);
37         userBean.setEmail(email);
38         boolean b=DBUtil.getInstance().insertUser(userBean);
39         if(!b){
40             request.setAttribute("DBMes", "你注册的用户已存在");
41             request.setAttribute("formBean", formBean);
42             request.getRequestDispatcher("/register.jsp")
43             .forward(request, response);
44             return;
45         }
46         response.getWriter().print("恭喜你注册成功,3秒钟自动跳转");
47         request.getSession().setAttribute("userBean", userBean);
48         response.setHeader("refresh", "3;url=loginSuccess.jsp");
49     }
50 }
```

在例 9-6 中，创建的 RegisterFormBean 对象用于封装表单提交的信息。当对 RegisterFormBean 对象进行校验时，如果校验失败，程序就会跳转到 regsiter.jsp 注册页面，让用户重新填写注册信息。如果校验通过，那么注册信息就会封装到 UserBean 对象中，并通过 DBUtil 的 insertUser()方法将 UserBean 对象插入到数据库。insertUser()方法有一个 boolean 类型的返回值，如果返回为 false，表示插入操作失败，程序跳转到 regsiter.jsp 注册页面；反之，程序跳转到 loginsuccess.jsp，表示用户登录成功。

5. 编写 register.jsp 文件

register.jsp 文件是用户注册的表单，接受用户的注册信息，具体代码如例 9-7 所示。

例 9-7 register.jsp

```
1  <%@page language="java" pageEncoding="GBK"%>
2  <!DOCTYPE html PUBLIC "-//W3C//DTD HTML 4.01
3  Transitional//EN" "http://www.w3.org/TR/html4/loose.dtd">
4  <html>
5      <head>
6      <title>用户注册</title>
7      <style type="text/css">
8          h3 {
9              margin-left: 100px;
10         }
11         #outer {
12             width: 750px;
13 }
14 span {
15             color: #ff0000
16 }
17 div {
18 height:20px;
19             margin-bottom: 10px;
20 }
21 .ch {
22             width: 80px;
23             text-align: right;
24             float: left;
25 }
26 .ip {
27             width: 500px;
28             float: left
29 }
30 .ip>input {
31             margin-right: 20px
```

```
32 }
33 #bt {
34             margin-left: 50px;
35 }
36 #bt>input {
37             margin-right: 30px;
38 }
39 </style>
40 </head>
41 <body>
42         <form action="ControllerServlet" method="post">
43             <h3>用户注册</h3>
44             <div id="outer">
45                 <div>
46                     <div class="ch">姓名:</div>
47                     <div class="ip">
48                         <input type="text" name="name"
49                         value="${formBean.name }" />
50                         <span>${formBean.errors.name}${DBMes}</span>
51                     </div>
52                 </div>
53                 <div>
54                     <div class="ch">密码:</div>
55                     <div class="ip">
56                         <input type="text" name="password">
57                         <span>${formBean.errors.password}</span>
58                     </div>
59                 </div>
60                 <div>
61                     <div class="ch">确认密码:</div>
62                     <div class="ip">
63                         <input type="text" name="password2">
64                         <span>${formBean.errors.password2}</span>
65                     </div>
66                 </div>
67                 <div>
68                     <div class="ch">邮箱:</div>
69                     <div class="ip">
70                         <input type="text" name="email"
71                         value="${formBean.email }">
72                         <span>${formBean.errors.email}</span>
73                     </div>
74                 </div>
```

```
75                <div id="bt">
76                    <input type="reset" value="重置 " />
77                    <input type="submit" value="注册" />
78                </div>
79            </div>
80        </form>
81 </body>
82 </html>
```

6. 编写 loginSuccess.jsp 文件

loginSuccess.jsp 文件是用户登录成功的页面,其代码如例 9-8 所示。

例 9-8 loginSuccess.jsp

```
1  <%@page language="java" pageEncoding="GBK"
2      import="cn.itcast.chapter09.model2.domain.UserBean"%>
3  <!DOCTYPE html PUBLIC "-//W3C//DTD HTML 4.01
4  Transitional//EN" "http://www.w3.org/TR/html4/loose.dtd">
5  <html>
6  <head>
7  <title>login successfully</title>
8  <style type="text/css">
9  #main {
10             width: 500px;
11             height: auto;
12 }
13 #main div {
14             width: 200px;
15             height: auto;
16 }
17 ul {
18             padding-top: 1px;
19             padding-left: 1px;
20             list-style: none;
21 }
22 </style>
23 </head>
24 <body>
25         <%
26             if(session.getAttribute("userBean")==null){
27         %>
28         <jsp:forward page="register.jsp" />
29         <%
```

```
30              return;
31              }
32          %>
33          <jsp:useBean id="userBean"
34              class="cn.itcast.chapter09.model2.domain.UserBean"
35              scope="session" />
36          <div id="main">
37              <div id="welcome">恭喜你,登录成功</div>
38              <hr />
39              <div>您的信息</div>
40              <div>
41                  <ul>
42                      <li>您的姓名:${userBean.name }</li>
43                      <li>您的邮箱:${userBean.email }</li>
44                  </ul>
45              </div>
46          </div>
47  </body>
48  </html>
```

在例 9-8 中,程序首先判断 session 域中是否存在以“userBean”为名称的属性,如果不存在,说明用户没有注册直接访问这个页面,程序跳转到 register.jsp 注册页面;否则,表示用户注册成功,在页面中会显示注册用户的信息。

7. 运行程序

启动 Tomcat 服务器,然后在浏览器地址栏中输入 URL 地址 http://localhost:8080/chapter09/register.jsp 访问 register.jsp 页面,浏览器显示的结果如图 9-9 所示。

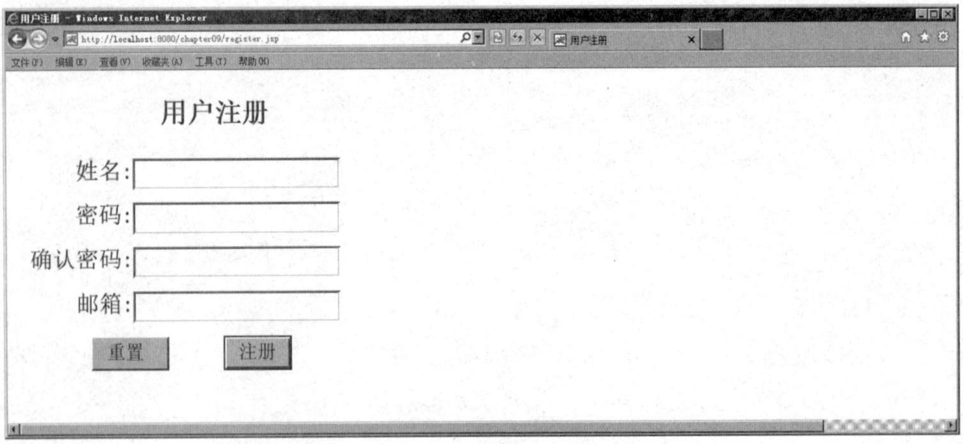

图 9-9 运行结果

在如图 9-9 所示的表单中填写用户信息进行注册,如果注册的信息不符合表单验证规则，那么当单击“注册”按钮后，程序会再次跳回到注册页面，提示注册信息错误。例如，用户填写注册信息时，如果两次填写的密码不一致，并且邮箱格式错误，那么当单击“注册”按钮后，页面显示的结果如图 9-10 所示。

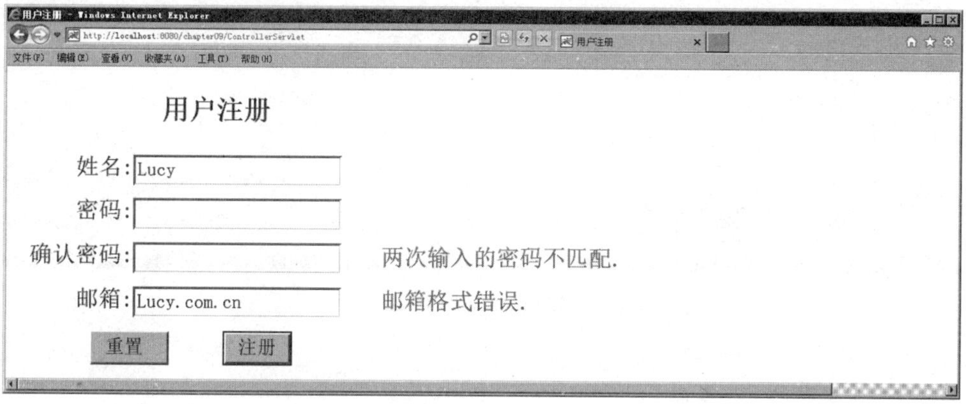

图 9-10　运行结果

重新填写用户信息，如果用户信息全部正确，那么单击“注册”按钮后，可以看到页面会提示“恭喜你注册成功，3 秒钟自动跳转”，如图 9-11 所示。

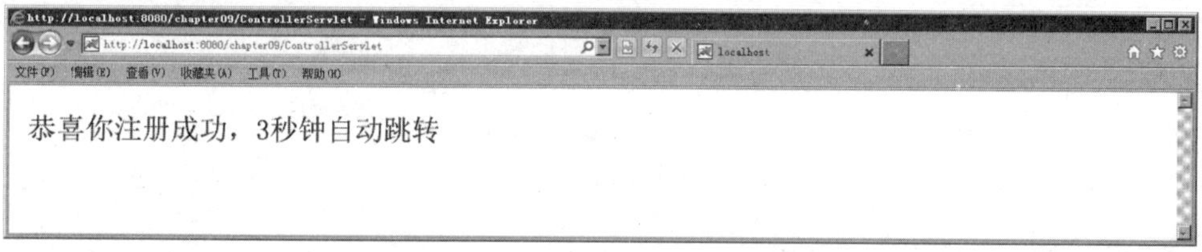

图 9-11　运行结果

等待 3 秒钟后，页面会自动跳转到用户成功登录页面 loginSuccess.jsp，显示出用户信息，如图 9-12 所示。

图 9-12　运行结果

需要注意的是，在用户名为“Lucy”的用户注册成功后，如果再次以“Lucy”为用户名进行注册，程序同样会跳转到 register.jsp 注册页面，并提示“你注册的用户已存在”，具体如图 9-13 所示。

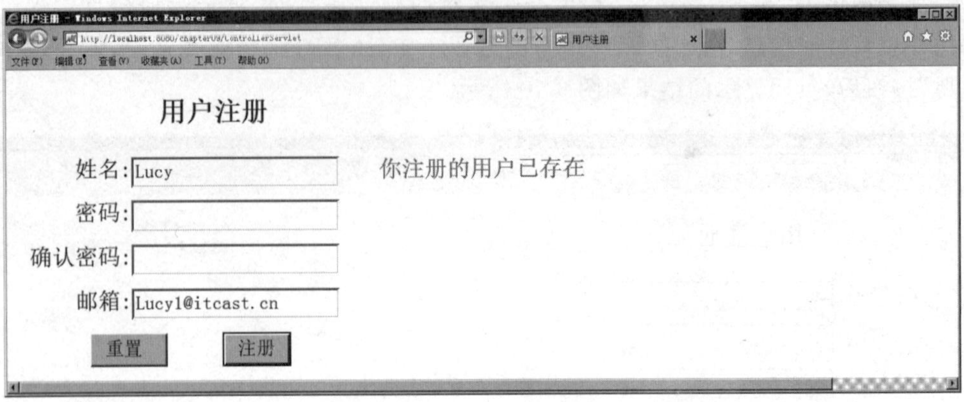

图 9-13 运行结果

小 结

本章首先讲解了 JSP 的两种开发模型：JSP Model1 和 JSP Model2，然后讲解了 MVC 设计模式，最后通过案例的形式帮助读者掌握 JSP 开发模型的应用。通过本章的学习，应该对 JSP 开发模型的工作原理有所了解，并重点学会使用 MVC 模型开发程序。

测 一 测

1. 简述什么是 MVC 设计模式。
2. 简述 MVC 设计模式中模型(Model)模块的作用。